H. K. Iben

Tensorrechnung

Tensorrechnung

Von Prof. Dr.-Ing. habil. Hans Karl Iben

2., durchgesehene Auflage

 B. G. Teubner Stuttgart · Leipzig 1999

Das Lehrwerk wurde 1972 begründet und wird herausgegeben von:

Prof. Dr. Otfried Beyer, Prof. Dr. Horst Erfurth,
Prof. Dr. Christian Großmann, Prof. Dr. Horst Kadner,
Prof. Dr. Karl Manteuffel, Prof. Dr. Manfred Schneider,
Prof. Dr. Günter Zeidler

Verantwortlicher Herausgeber dieses Bandes:
Prof. Dr. Karl Manteuffel

Autor:

Prof. Dr.-Ing. habil. Hans Karl Iben
Otto-von-Guericke-Universität Magdeburg

ISBN-13: 978-3-519-00246-8   e-ISBN-13: 978-3-322-84792-8
DOI: 10.1007/978-3-322-84792-8
Gedruckt auf chlorfrei gebleichtem Papier.

Die Deutsche Bibliothek – CIP-Einheitsaufnahme

Iben, Hans Karl:
Tensorrechnung / von Hans Karl Iben.
[Verantw. Hrsg. dieses Bd.: Karl Manteuffel]. –
2., durchges. Aufl. – Stuttgart ; Leipzig : Teubner, 1999
    (Mathematik für Ingenieure und Naturwissenschaftler)

© 1999 B. G. Teubner Stuttgart · Leipzig
Softcover reprint of the hardcover 2nd edition 1999
Druck und Bindung: Druckhaus „Thomas Müntzer" GmbH, Bad Langensalza
Umschlaggestaltung: E. Kretschmer, Leipzig

Vorwort

Die Tensorrechnung entstand Anfang des 19. Jahrhunderts. Sie wird vor allem in der Physik und im engeren Sinn in der Kontinuumsmechanik, in der auch die nicht-newtonschen Fluide mit behandelt werden, angewendet. Der Tensorkalkül ist eine wichtige Methode, um physikalisch-technische Vorgänge mathematisch zu formulieren. Mit ihm lassen sich die Grundgleichungen der Physik universell und für die numerische Behandlung geeignet darstellen. Die physikalischen Vorgänge sind dabei unabhängig von der Wahl des benutzten Koordinatensystems. Das Koordinatensystem paßt man oft den Rändern des zu lösenden Problems an.

Der Tensorkalkül eignet sich auch zur Beschreibung von Stoffgleichungen [Bac83] der Materialien und Fluide, die sich nichtlinear und nicht isotrop verhalten und bei denen große Verformungsgeschwindigkeiten oder Verformungsbeschleunigungen auftreten.

Während in der Physik die tensorielle Darstellung der Gleichungen schon seit langem üblich ist, setzt sie sich in der technischen Fachliteratur gegenwärtig erst durch.

Das vorliegende Buch geht auf Anregungen zurück, die ich zum einen aus Vorlesungen meines verehrten Lehrers, Herrn Prof. em. Dr. W. Schultz-Piszachich, und zum anderen aus meiner eigenen Lehrtätigkeit an der Otto-von-Guericke-Universität Magdeburg erhielt. Als Einführung in die Tensorrechnung erhebt es selbstverständlich keinen Anspruch auf Vollständigkeit. Auf umfangreiche technische Anwendungen der Tensorrechnung wurde bewußt verzichtet; im Literaturverzeichnis wird der Leser auf weitergehende und umfassendere Darstellungen verwiesen.

Um in der symbolischen Darstellung die Vektoren (Tensoren 1. Stufe) von den häufig benutzten Tensoren 2. Stufe optisch zu unterscheiden, werden die Vektoren mit einem Pfeil versehen. Die Tensoren 2. und höherer Stufe werden dagegen durch halbfette große Buchstaben gekennzeichnet. Dadurch wird dem Anfänger das Verständnis erleichtert.

Das Buch wendet sich vornehmlich an Ingenieur- und Physikstudenten. Gleichwohl kann es auch den Studenten der Mathematik sowie den Studenten für das

Lehramt Mathematik oder Physik als Einführung dienen.

Die dargestellten Sachverhalte werden ausführlich besprochen, um den Leser bei der Durcharbeit zu unterstützen. Die Lösungshinweise enthalten Erläuterungen zu den gestellten Aufgaben. Dennoch sollte die Arbeit mit diesem Buch nicht nur im Lesen bestehen. Die Darbietung des Stoffes und die Fülle des notwendigerweise zu vermittelnden Wissens erfordern oftmals eine kurze und prägnante Darstellung. Daher ist es ratsam, Herleitungen und Beweise nachzuvollziehen und Beispiele durchzurechnen, um sich einerseits von deren Richtigkeit zu überzeugen und um andererseits den Umgang mit der Indexschreibweise zu üben. Auch sollten hin und wieder stark abgekürzt dargestellte Gleichungen vollständig ausgeschrieben werden. Die Mühe solcher Arbeit wird mit wachsendem Verständnis, mit Interesse am Gegenstand und mit der Fähigkeit zur praktischen Anwendung belohnt.

Für Hinweise, Anregungen und Verbesserungsvorschläge bin ich den Lesern dankbar.

Mein Dank gilt dem verantwortlichen Herausgeber dieses Bandes, Herrn Prof. em. Dr. K. Manteuffel, für seine nützlichen Hinweise und Anregungen, Herrn Prof. em. Dr. W. Schultz-Piszachich für seine Ratschläge, meinem Sohn, Herrn Dipl.-Math. U. Iben, TU Dresden, Institut für Numerische Mathematik, für seine Unterstützung bei der inhaltlichen und äußeren Gestaltung des Buches und für die Hilfe beim Korrekturlesen, Herrn Dipl.-Ing. P. Wehner für die Anfertigung der Bilder, Herrn Dr.rer.nat. B. Thiele, Otto-von-Guericke-Universität Magdeburg, Institut für Mathematische Stochastik, für die gewährte Unterstützung bei der Wahl des Latex-Dokumentenstils und Herrn J. Weiß vom Teubner-Verlag in Leipzig für die vertrauensvolle Zusammenarbeit.

Magdeburg, im Mai 1995   Hans Karl Iben

Inhalt

Kapitel 1

Tensorielle Aspekte der Vektoralgebra

1.1 Vektoren

Die Vektoralgebra ist Gegenstand der Linearen Algebra [MSV89], [Wa81]. Hier wollen wir deshalb jene Begriffe und Zusammenhänge der Vektorrechnung herausstellen, die für die Tensorrechnung wichtig sind. Unsere Betrachtungen führen wir im dreidimensionalen Euklidischen Vektorraum durch, den wir mit $\Re^3$ bezeichnen. Der Euklidische Raum ist der uns umgebende dreidimensionale physikalische Raum, den Euklid (ca. 300 v. Chr.) durch die Einführung abstrakter geometrischer Begriffe wie Punkt, Gerade, Ebene usw. axiomatisch beschrieb. Die Erweiterung auf den $n > 3$ dimensionalen Vektorraum ist bis auf wenige Ausnahmen möglich, auf die wir an gegebener Stelle hinweisen. In der Algebra [Wa81] führt man Vektoren bzw. Tensoren axiomatisch an Hand der zwischen ihnen vereinbarten Rechenregeln ein. Wir benutzen in diesem Kapitel die anschauliche Definition des Vektors und erst in Abschnitt 1.1.5 die axiomatische Definition.

> **Definition 1.1 :** *Ein Vektor $\vec{A}$ ist eindeutig bestimmt durch seinen Betrag $|\vec{A}| \geq 0$, durch Richtung und durch Richtungssinn (Orientierung).*

Der Vektor kann als Repräsentant einer Translation angesehen werden, wobei alle Punkte des $\Re^3$ oder ein Teil derselben die gleiche Parallelverschiebung erfahren (Bild 1.1). Vektoren mit dieser Eigenschaft nennt man freie Vektoren. Bei technischen Aufgabenstellungen, z.B. in der Mechanik bei der Biegung eines Balkens, treten Kräfte auf, die nur entlang ihrer Wirkungslinie verschoben werden dürfen. Solche Vektoren bezeichnet man als liniengebunden . Schließlich läßt sich der Abstand eines Raumpunktes P von dem fest vorgegebenen

Ursprung eines Koordinatensystems durch den Ortsvektor $\vec{A}$ beschreiben. $\vec{A}$ nennt man einen ortsgebundenen Vektor. Der Unterschied zwischen den freien, liniengebundenen und ortsgebundenen Vektoren ist anwendungsbezogen und nicht von grundsätzlicher mathematischer Bedeutung. Wie z.B. bei der Geschwindigkeit, der Beschleunigung, der Kraft, der elektrischen oder magnetischen Feldstärke handelt es sich hier um sogenannte eigentliche Vektoren, die wir noch als Tensoren 1. Stufe identifizieren werden. Damit ist gemeint, daß das geometrische Bild des eigentlichen Vektors als gerichtete Strecke mit Länge, die den Betrag des Vektors charakterisiert, Richtung und Richtungssinn ein geometrisches Objekt darstellt, das sich bei einer Parallelverschiebung nicht ändert und nicht vom zufällig benutzten Koordinatensystem abhängt.

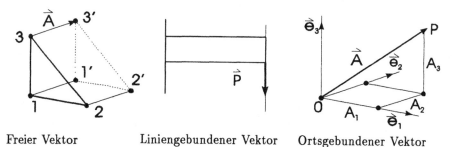

Freier Vektor   Liniengebundener Vektor   Ortsgebundener Vektor

Bild 1.1 Physikalische Klassifizierung von Vektoren

Vektoren und Tensoren, letztere werden noch definiert, beschreiben in der Regel geometrische oder physikalische Sachverhalte in Raum und Zeit. Beispielsweise gibt der Geschwindigkeitsvektor eine wichtige kinematische Eigenschaft eines Fluidelementes in der Strömungsmechanik an. Zur eineindeutigen Charakterisierung und Beschreibung dieser Eigenschaften bedarf es eines Koordinatensystems. Es gibt Koordinatensysteme mit geradlinigen Koordinatenlinien und solche mit krummlinigen Koordinatenlinien. Die Koordinatensysteme können ortsunabhängig oder auch räumlich veränderlich bzw. zeitunabhängig oder zeitabhängig sein. Auf die verschiedenen Koordinatensysteme kommen wir noch zu sprechen. Unter ihnen nimmt das zeit- und ortsunabhängige kartesische Koordinatensystem eine besondere Stellung ein.

Das kartesische Koordinatensystem ist ein orthogonales und normiertes (orthonormiertes) Koordinatensystem. Es wird durch die Basisvektoren $\vec{e}_1, \vec{e}_2, \vec{e}_3$ gebildet (Bild 1.2). Die Koordinatenlinien x_i für $i = 1,2,3$ ergeben sich als Schnittkurven der Koordinatenflächen x_i = const durch den Ursprung O. Beim kartesischen Koordinatensystem sind die Koordinatenlinien Geraden. Sie stehen sämtlich senkrecht aufeinander. Die Basisvektoren weisen in Richtung der Tangenten an die Koordinatenlinien. Jeder Raumpunkt $P \in \Re^3$ liegt im Schnittpunkt von drei Koordinatenflächen, deren Schnittlinien in P ein Koordinatensystem aufspannen. Das kartesische Koordinatensystem ist ortsunabhängig und daher in jedem Raumpunkt das gleiche System. Unter den unendlich vielen Raumpunkten des $\Re^3$ wählen wir einen aus, den wir als Ursprung O eines somit bevorzugten kartesischen Koordinatensystems festlegen. Von diesem Koordinatensystem aus beschreibt man z.B. die Bahn eines bewegten Fluidelementes oder Festkörpers.

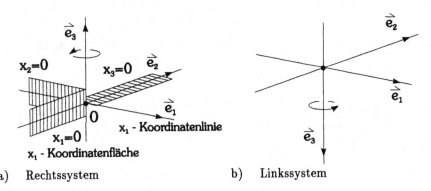

a)   Rechtssystem   b)   Linkssystem

Bild 1.2 Kartesische Koordinatensysteme

Dreht man in Bild 1.2 den Basisvektor $\vec{e_1}$ um die x_3-Koordinatenlinie auf $\vec{e_2}$ zu und hebt die dabei entstehende Kurve in Richtung $\vec{e_3}$ an, dann entsteht eine Schraubenlinie. Ergibt sich wie in Bild 1.2a eine Rechtsschraube, so bilden die Basisvektoren in der Reihenfolge $\vec{e_1}, \vec{e_2}, \vec{e_3}$ ein Rechtssystem. Man sagt auch, das Koordinatensystem ist rechtsorientiert. Bildet die Schraubenlinie eine Linksschraube wie in Bild 1.2b, dann ist das Koordinatensystem linksorientiert. Den Ortsvektor $\vec{A}$, der vom Koordinatenursprung O zum Raumpunkt $P \in \Re^3$ weist (Bild 1.1), zerlegen wir in die drei Komponenten in Richtung der Tangenten an die Koordinatenlinien in O:

$$\vec{A} = A_1\vec{e_1} + A_2\vec{e_2} + A_3\vec{e_3} = \sum_{i=1}^{3} A_i\vec{e_i} \equiv A_i\,\vec{e_i}\,. \qquad (1.1)$$

Dabei sind die $A_i\vec{e_i}$ für $i = 1,2,3$ die vektoriellen und die A_i für $i = 1,2,3$ die skalaren Komponenten des Vektors $\vec{A}$. Die rechte abgekürzte Darstellung in Gl.(1.1) benutzt die Summationsvereinbarung nach Einstein, wonach über einen doppelt auftretenden Index in einem Produkt zu summieren ist.

Vereinbarung 1.1: Überall dort, wo zwei gleiche lateinische Buchstabenindizes in einem Term auftreten, ist über diese von 1 bis 3 zu summieren, sofern nicht ausdrücklich etwas anderes gesagt wird.

Die Summationsvereinbarung ist eine formale Vereinbarung, die für die Tensorrechnung benötigt wird. Mit ihr sparen wir uns das Aufschreiben des Summationszeichens. Der Index i in Gl. (1.1) ist ein sogenannter stummer oder gebundener Index. Er tritt nach außen, d.h. im Ergebnis, nicht in Erscheinung, da er an die Operation der Summation gebunden ist. So ist in

$$\sum_{k=1}^{3} A_{ik}V_k = A_{i1}V_1 + A_{i2}V_2 + A_{i3}V_3 \equiv A_{ik}V_k$$

k ein stummer Index, und dagegen ist i ein freier Index. Zu beachten sind

$$(A_{ii})^2 = (A_{11} + A_{22} + A_{33})^2 \quad \text{und} \quad A_{ii}^2 = A_{11}^2 + A_{22}^2 + A_{33}^3 .$$

Wir werden später im Zusammenhang mit der Einführung kovarianter und kontravarianter Basissysteme die Basisvektoren des kartesischen Koordinatensystems auch wie folgt bezeichnen:

$$\mathbf{g}_{0i} = \mathbf{g}^{0i} = \vec{e}_i . \tag{1.2}$$

1.1.1 Vektoreigenschaften

Wir stellen hier die wichtigsten Definitionen und Eigenschaften von Vektoren zusammen. Die näheren Erläuterungen dazu lassen sich in der Linearen Algebra [MSV89] nachlesen.

Wenn Operationen mit Vektoren vornehmlich in der Komponentenschreibweise dargestellt werden und kein Zweifel darüber besteht, auf welche Basis die Vektoren bezogen sind, dann läßt man häufig die Basisvektoren weg und kennzeichnet die Vektoren durch ihr Komponentenschema in Gestalt einer einspaltigen Matrix

$$\vec{A} \Rightarrow \begin{pmatrix} A_1 \\ A_2 \\ A_3 \end{pmatrix} = (A_i) \quad . \tag{1.3}$$

Vektor und Matrix sind nicht identisch, da zum Vektor außer den Komponenten A_i auch die Basisvektoren gehören. Transponiert man die Matrix (A_i), so entsteht aus dem Spaltenvektor ein Zeilenvektor

$$(A_i)^T = (A_1 \, A_2 \, A_3) .$$

Mit der Matrix der Basisvektoren $(\vec{e}_i)^T = (\vec{e}_1 \, \vec{e}_2 \, \vec{e}_3)$ ergibt sich der Vektor $\vec{A}$ im kartesischen Koordinatensystem zu:

$$\vec{A} = (A_i)^T (\vec{e}_i) = (A_1 \, A_2 \, A_3) \begin{pmatrix} \vec{e}_1 \\ \vec{e}_2 \\ \vec{e}_3 \end{pmatrix} = A_1 \vec{e}_1 + A_2 \vec{e}_2 + A_3 \vec{e}_3 \,.$$

Im Rahmen des Tensorkalküls sind die Matrizen nur Hilfsmittel. Mit ihnen lassen sich die Komponentendarstellungen der Gleichungen numerisch auswerten.

> **Definition 1.2 :** *Zwei Vektoren $\vec{A}$ und $\vec{B}$ sind genau dann gleich, wenn sie in Betrag $|\vec{A}| = |\vec{B}|$, Richtung und Richtungssinn übereinstimmen.*

> **Definition 1.3 :** *Ein Vektor $\vec{A}$, dessen Betrag $|\vec{A}| = 1$ ist, wird Einheitsvektor $\vec{A}^0$ genannt.*

> **Definition 1.4 :** *Ein Vektor $\vec{A}$ ist Nullvektor $\vec{O}$, wenn $|\vec{A}| = 0$ ist.*

Der Nullvektor $\vec{O}$ besitzt keine Richtung und keinen Richtungssinn.
Bemerkung: Jedem vom Nullvektor verschiedenen Vektor $\vec{B}$ kann man einen Einheitsvektor $\vec{B}^0$ zuordnen. $\vec{B}^0 = \frac{\vec{B}}{|\vec{B}|}$, mit $|\vec{B}^0| = 1$.
Mithin ist $\vec{B} = |\vec{B}| \cdot \vec{B}^0$.

> **Definition 1.5 :** *Zwei Vektoren $\vec{A}$ und $\vec{B}$, die gleiche Richtung haben, aber verschiedenen Richtungssinn, sind kollinear .*

> **Definition 1.6 :** *Zwei Vektoren $\vec{A}$ und $\vec{B}$, die parallel zu einer Ebene liegen, heißen komplanar .*

Die Addition von Vektoren des $\Re^3$ ist komponentenweise definiert, d.h.

$$\vec{A} + \vec{B} = (A_1 + B_1)\vec{e}_1 + (A_2 + B_2)\vec{e}_2 + (A_3 + B_3)\vec{e}_3 \,.$$

1.1.2 Lineare Abhängigkeit von Vektoren

Im weiteren sei $\mathcal{K}$ der Körper der reellen Zahlen. Für die Multiplikation eines Vektors mit einer reellen Zahl $\lambda \in \mathcal{K}$ gilt

$$\lambda \cdot \vec{A} = \lambda A_1 \, \vec{e}_1 + \lambda A_2 \, \vec{e}_2 + \lambda A_3 \, \vec{e}_3 \,.$$

> **Satz 1.1 :** *Zwei Vektoren $\vec{A}$ und $\vec{B} \in \Re^3$, für die $\vec{A} = \lambda \vec{B}$ mit $\lambda \in \mathcal{K} \backslash \{0\}$ gilt, sind linear abhängig .*

Vektor $\vec{B}$ kann durch Vektor $\vec{A}$ ausgedrückt werden, d.h., $\vec{A}$ und $\vec{B}$ sind in diesem Fall kollinear. Dagegen spannen zwei Vektoren $\vec{A}$ und $\vec{B}$, die linear unabhängig sind, wo also die Gleichung $\lambda_1\vec{A} + \lambda_2\vec{B} = \vec{O}$ nur für $\lambda_1 = \lambda_2 = 0$ erfüllt ist, eine Ebene auf.

Satz 1.2 : *Drei Vektoren $\vec{A}, \vec{B}$ und $\vec{C} \in \Re^3$ sind genau dann linear abhängig, wenn $\lambda_1\vec{A} + \lambda_2\vec{B} + \lambda_3\vec{C} = \vec{O}$ gilt, wobei mindestens ein $\lambda_i \neq 0$ ist.*

In der Komponentenschreibweise ergeben sich für die λ_i drei Gleichungen

$$\begin{aligned}
\lambda_1 A_1 &+ \lambda_2 B_1 &+ \lambda_3 C_1 &= 0\,, \\
\lambda_1 A_2 &+ \lambda_2 B_2 &+ \lambda_3 C_2 &= 0\,, \\
\lambda_1 A_3 &+ \lambda_2 B_3 &+ \lambda_3 C_3 &= 0\,.
\end{aligned} \tag{1.4}$$

Diese drei Gleichungen haben nur dann eine nichttriviale Lösung, wenn die Koeffizientendeterminante D von Gl. (1.4) verschwindet, d.h. die der Determinante D zugehörige Koeffizientenmatrix mindestens den Rangabfall Eins hat. $D = 0$ ist notwendig und hinreichend dafür, daß $\vec{A}, \vec{B}, \vec{C}$ linear abhängig sind. Die Vektoren $\vec{A}, \vec{B}$ und $\vec{C}$ liegen dann in einer Ebene oder sie sind kollinear. Gilt $D \neq 0$, dann existiert nur die Lösung $\lambda_1 = \lambda_2 = \lambda_3 = 0$, und die Vektoren $\vec{A}, \vec{B}$ und $\vec{C}$ sind linear unabhängig. In diesem Fall spannen sie ein Dreibein auf. Hieraus folgt allgemein, daß $n + 1$ Vektoren in einem n-dimensionalen Raum stets linear abhängig sind.

1.1.3 Das Skalarprodukt von Vektoren

Das Skalarprodukt zweier Vektoren läßt sich physikalisch anschaulich erklären. Wirkt eine Kraft $\vec{F}(t)$ längs des Weges $d\vec{s}(t)$, t ist Kurvenparameter, so wird die Arbeit

$$W = \int_t \vec{F}(t) \cdot d\vec{s}(t) = \int_t \vec{F}(t) \cdot \frac{d\vec{s}(t)}{dt}\, dt = \int_t F_s\, \overset{\bullet}{s}(t)\, dt$$

geleistet. F_s ist die Komponente von $\vec{F}$ in Wegrichtung $d\vec{s}$. Bei geradlinigem Weg und konstantem Kraftbetrag folgt:

$$W = F_s\, s = |\vec{F}|\, |\vec{s}|\, \cos(\vec{F}, \vec{s})\,.$$

W ist eine skalare Größe.

Definition 1.7 : *Das skalare oder innere Produkt der Vektoren $\vec{A}$ und $\vec{B}$ wird durch*

$$U = \vec{A} \cdot \vec{B} = |\vec{A}||\vec{B}| \cos(\vec{A}, \vec{B}), \quad 0 \leq \arg(\vec{A}, \vec{B}) \leq \pi, \qquad (1.5)$$

gebildet.

Das Skalarprodukt ist nur von den Beträgen der beiden Vektoren und dem Kosinus des eingeschlossenen Winkels abhängig.

Satz 1.3 : *Es gibt keine eindeutige Umkehrung des Skalarproduktes.*

Die Behauptung ist offensichtlich. Angenommen, es gäbe eine eindeutige Umkehrung des Skalarproduktes, dann müßte mittels der Gleichung $\vec{A} \cdot \vec{B} = U$ bei vorgegebenem Vektor $\vec{A}$ und vorgegebener skalarer Größe U der Vektor $\vec{B}$ eindeutig bestimmbar sein. Für $\vec{A} \neq \vec{0}$ und $U \neq 0$ gibt es aber unendlich viele Vektoren $\vec{B}$, nämlich alle die, die bezüglich $\vec{A}$ die gleiche Komponente besitzen, womit der Satz bewiesen ist.

Da die kartesischen Basisvektoren vom Betrage Eins sind und senkrecht aufeinander stehen, ergibt ihr Skalarprodukt nach Gl. (1.5):

$$\vec{e}_i \cdot \vec{e}_k = \delta_{ik} \, . \qquad (1.6)$$

Das Kronecker-Symbol δ_{ik} ist durch

$$\delta_{ik} = 0 \quad \text{für} \quad i \neq k, \quad \delta_{ik} = 1 \quad \text{für} \quad i = k \qquad (1.7)$$

definiert. Nach Gl. (1.7) gilt $\delta_{11} = \delta_{22} = \delta_{33} = 1, \quad \delta_{12} = \delta_{21} = 0$ usw. Wenn aber zusätzlich über k summiert werden muß, ist

$$\delta_{kk} = \delta_{11} + \delta_{22} + \delta_{33} = 3 \, . \qquad (1.8)$$

In der Gl. (1.6) darf bezüglich $\delta_{ik} = 1$ für $i = k$ nicht summiert werden, was man in Zweifelsfällen mit $\delta_{(kk)} = 1$ andeuten kann.

Für den Kosinus zwischen den Vektoren $\vec{A}$ und $\vec{B}$ erhalten wir nach Gl. (1.5) die Beziehung $\cos(\vec{A}, \vec{B}) = \frac{\vec{A} \cdot \vec{B}}{|\vec{A}||\vec{B}|}$. Diese kann mit

$$\vec{A} = |\vec{A}| \cos(\vec{A}, \vec{e}_i) \, \vec{e}_i = A_i \, \vec{e}_i \quad \text{und} \quad \vec{B} = |\vec{B}| \cos(\vec{B}, \vec{e}_k) \, \vec{e}_k = B_k \, \vec{e}_k$$

auch in die Form

$$\cos(\vec{A}, \vec{B}) = \cos(\vec{A}, \vec{e}_1) \cos(\vec{B}, \vec{e}_1) + \cos(\vec{A}, \vec{e}_2) \cos(\vec{B}, \vec{e}_2) + \cos(\vec{A}, \vec{e}_3) \cos(\vec{B}, \vec{e}_3)$$

gebracht werden. Das Skalarprodukt der beiden Vektoren $\vec{A}$ und $\vec{B}$ lautet in Komponentendarstellung:

$$\vec{A} \cdot \vec{B} = A_i B_j \vec{e}_i \cdot \vec{e}_j = A_i B_j \delta_{ij} = A_i B_i = A_1 B_1 + A_2 B_2 + A_3 B_3 = U \qquad (1.9)$$

oder in Matrixschreibweise $(A_i)^T (B_j) = U, \quad i, j \quad$ unabhängig $\quad 1, 2, 3.$

Aufgabe 1.1 : Berechnen Sie die Arbeit, die der Kraftvektor $\vec{F} = a\vec{e}_1 + b\vec{e}_2, \quad a, b > 0$, an einem Punkt leistet, der längs der ebenen Kurve $\vec{s}(t) = t\vec{e}_1 + c \sin(t) \vec{e}_2$ mit $c > 0$ und $t \in I = [0, \pi]$ wandert!

1.1.4   Orthogonale Koordinatentransformation

Die orthogonale Koordinatentransformation überführt ein orthogonales Basissystem $\mathcal{B}$ in ein anderes orthogonales Basissystem $\overline{\mathcal{B}}$. Die Koordinatentransformation umfaßt die Drehung und das Umlegen (Spiegelung an einer Ebene durch den Ursprung) eines kartesischen Bezugssystems. $\vec{x} = x_i \vec{e}_i$ sei der Vektor zwischen dem Aufpunkt $P \in \Re^3$ und dem Ursprung O des kartesischen Koordinatensystems $\mathcal{B}$. Wir betrachten nun den gleichen Abstandsvektor $\vec{x}$ von einem zweiten kartesischen Koordinatensystem $\overline{\mathcal{B}}$ aus, das mit $\mathcal{B}$ den gleichen Ursprung O hat, gegenüber $\mathcal{B}$ aber um eine Achse, die durch O führt, gedreht ist. Eine solche Transformation ist eine lineare Koordinatentransformation . Sie wird von der regulären Transformationsmatrix C vermittelt. Wir beschränken uns auf homogene lineare Transformationen, indem wir Parallelverschiebungen des Koordinatensystems ausschließen.
Für die Ortsvektoren $\vec{x}$ und $\overline{\vec{x}}$ des Aufpunktes P in den beiden Systemen gilt

$$\vec{x} = \overline{\vec{x}} \quad \text{bzw.} \quad x_i \vec{e}_i = \overline{x}_k \overline{\vec{e}}_k \, . \qquad (1.10)$$

Das gegenüber $\mathcal{B}$ gedrehte System $\overline{\mathcal{B}}$ wird ebenfalls durch kartesische Basisvektoren $\overline{\vec{e}}_k$ gebildet. In $\mathcal{B}$ und $\overline{\mathcal{B}}$ gilt somit die Orthogonalitätsrelation

$$\vec{e}_i \cdot \vec{e}_k = \delta_{ik} \quad \text{und} \quad \overline{\vec{e}}_i \cdot \overline{\vec{e}}_k = \delta_{ik} \qquad (1.11)$$

gleichermaßen. Nach Bild 1.3 hat der Basisvektor $\overline{\vec{e}}_k$ des neuen Bezugssystems $\overline{\mathcal{B}}$ in $\mathcal{B}$ die Komponenten

$$\overline{\vec{e}}_k = \vec{e}_i \cos(\overline{\vec{e}}_k, \vec{e}_i) = \vec{e}_1 \cos(\overline{\vec{e}}_k, \vec{e}_1) + \vec{e}_2 \cos(\overline{\vec{e}}_k, \vec{e}_2) + \vec{e}_3 \cos(\overline{\vec{e}}_k, \vec{e}_3) \, .$$

Also gilt für $k = 1, 2, 3 :$ $\quad \overline{\vec{e}}_k = \overline{c}_{ki} \vec{e}_i \quad$ mit $\quad \overline{c}_{ki} = \cos(\overline{\vec{e}}_k, \vec{e}_i) \, ,$

$$\text{bzw. in Matrixschreibweise:} \quad (\overline{\vec{e}}_k) = \overline{C} (\vec{e}_i) \, . \qquad (1.12)$$

Zerlegen wir umgekehrt einen Basisvektor $\vec{e}_i$ in dem neuen System $\overline{\mathcal{B}}$, dann ist:

$$\vec{e}_i = c_{il}\overline{\vec{e}}_l \quad \text{mit} \quad c_{il} = \cos(\vec{e}_i, \overline{\vec{e}}_l) \quad \text{bzw.} \quad (\vec{e}_i) = C\,(\overline{\vec{e}}_l). \tag{1.13}$$

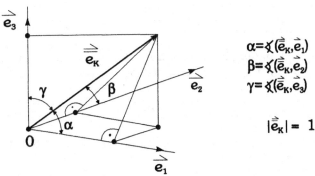

Bild 1.3 Zerlegung des Vektors $\overline{\vec{e}}_k$ im Basissystem $\mathcal{B}$

Die $\bar{c}_{ki}$ und c_{il} sind die Transformationskoeffizienten. Der erste Koeffizienten-index ist der Zeilenindex, der zweite Index ist der Spaltenindex. Da man im Argument des Kosinus die Basisvektoren vertauschen darf, also $\cos(\overline{\vec{e}}_k, \vec{e}_i) = \cos(\vec{e}_i, \overline{\vec{e}}_k)$ gilt (der Kosinus ist eine gerade Funktion), folgt daraus für die Transformationskoeffizienten

$$c_{ik} = \bar{c}_{ki} \tag{1.14}$$

und entsprechend in Matrixdarstellung und symbolischer Schreibweise:

$$(c_{ik}) = (\bar{c}_{ki}) = (\bar{c}_{ik})^T \quad \text{und} \quad C = \overline{C}^T. \tag{1.15}$$

Die Transformationsmatrix $C = (c_{ik})$, die das Basissystem $\overline{\mathcal{B}}$ nach Gl. (1.13) in das System $\mathcal{B}$ überführt, ist gleich der Transponierten der Transformations-matrix $\overline{C} = (\bar{c}_{ik})$. Auf die Wahl der Buchstabenindizes kommt es nicht an. Bei einer Umbenennung müssen die vorher gleichen Buchstaben aber wieder durch gleiche Buchstaben ersetzt werden.

Beispiel 1.1 : Bei Drehung um die x_3-Achse gilt $\overline{\vec{e}}_3 = \vec{e}_3$, aber $\overline{\vec{e}}_1 \neq \vec{e}_1$ und $\overline{\vec{e}}_2 \neq \vec{e}_2$. Bei einer Spiegelung an der x_1, x_2-Ebene gilt $\overline{\vec{e}}_1 = \vec{e}_1, \overline{\vec{e}}_2 = \vec{e}_2$, aber $\overline{\vec{e}}_3 = -\vec{e}_3$.

Die Orthogonalitätsrelation (1.11) führt mit den Gln. (1.12) und (1.13) auf

$$\overline{\vec{e}}_i \cdot \overline{\vec{e}}_k = \bar{c}_{im}\vec{e}_m \cdot \vec{e}_n\bar{c}_{kn} = \bar{c}_{im}\bar{c}_{kn}\delta_{mn} = \bar{c}_{im}\bar{c}_{km} = \delta_{ik}$$

und

$$\vec{e}_i \cdot \vec{e}_k = c_{im}\overline{\vec{e}}_m \cdot \overline{\vec{e}}_n c_{kn} = c_{im}c_{kn}\delta_{mn} = c_{im}c_{km} = \delta_{ik}.$$

Diese beiden Beziehungen lauten in Matrixschreibweise:

$$(\bar{c}_{im})(\bar{c}_{km})^T = (\delta_{ik}) \quad \text{bzw.} \quad \overline{C} \cdot \overline{C}^T = E \tag{1.16}$$

und

$$(c_{im})(c_{km})^T = (\delta_{ik}) \quad \text{bzw.} \quad C \cdot C^T = E = \overline{C}^T \cdot \overline{C}. \tag{1.17}$$

Die letzte Beziehung ergibt sich auch mit Gl. (1.15). E ist die Einheitsmatrix. Andererseits ergibt Gl. (1.13) in Gl. (1.12) eingesetzt

$$\vec{e}_k = \bar{c}_{ki} \, c_{il} \, \vec{e}_l \,.$$

Diese Relation ist aber nur für $k = l$ erfüllt, so daß wir in Komponentenschreibweise

$$\bar{c}_{ki} \, c_{il} = \bar{c}_{k1} \, c_{1l} + \bar{c}_{k2} \, c_{2l} + \bar{c}_{k3} \, c_{3l} = \delta_{kl}$$

und in Matrixschreibweise

$$(\bar{c}_{ki})(c_{il}) = (\delta_{kl}) \quad \text{bzw.} \quad \overline{C} \cdot C = E \tag{1.18}$$

erhalten.
Gl. (1.18) von links mit der Kehrmatrix $(\overline{C})^{-1}$ multipliziert ergibt

$$C = (\overline{C})^{-1}. \tag{1.19}$$

Wegen Gl. (1.15) gilt dann

$$C = \overline{C}^T = (\overline{C})^{-1}. \tag{1.20}$$

Durch die Eigenschaft (1.20) sind $\overline{C}$ und C orthogonale Matrizen, und die untersuchte Koordinatentransformation ist eine orthogonale Transformation. In Abschnitt 2.2.4 beweisen wir den

---

Satz 1.4 : *Die Determinante der Transformationsmatrix C, die das kartesische Koordinatensystem $\overline{B}$ in das kartesische Koordinatensystem B überführt, hat im Falle der Drehung um den Ursprung von B den Wert* $\det(C) = 1$ *und im Falle der Spiegelung an einer durch den Ursprung von B führenden Ebene den Wert* $\det(C) = -1$.

Aufgabe 1.2 : Wie obenstehend gezeigt wurde, ist $\overline{C}$ eine orthogonale Matrix. Beweisen Sie, daß diese Eigenschaft auch für C gilt!

Satz 1.5 : *Die Komponenten A_i des Vektors $\vec{A}$, der vom verwendeten Bezugssystem unabhängig ist, transformieren sich bei Drehung und Umlegen des Koordinatensystems nach den Transformationsbeziehungen* (1.12) *und* (1.13) *der kartesischen Basisvektoren.*

Beweis: Der Vektor $\vec{A}$ habe in $\mathcal{B}$ und $\overline{\mathcal{B}}$ die Darstellungen

$$\vec{A} = A_i \vec{e}_i \quad \text{bzw.} \quad \vec{A} = \overline{A}_k \vec{\overline{e}}_k \,.$$

Wegen der vorausgesetzten Invarianz von $\vec{A}$ gilt in $\mathcal{B}$ und $\overline{\mathcal{B}}$

$$\vec{A} = \vec{\overline{A}} \quad \text{bzw.} \quad A_i \vec{e}_i = \overline{A}_k \vec{\overline{e}}_k \,. \tag{1.21}$$

In dieser Beziehung ersetzen wir zum einen $\vec{e}_i$ durch Gl. (1.13) und zum anderen $\vec{\overline{e}}_k$ durch Gl. (1.12), was

$$A_i c_{ik} \vec{\overline{e}}_k = \overline{A}_k \vec{\overline{e}}_k \quad \text{bzw.} \quad A_i \vec{e}_i = \overline{A}_k \overline{c}_{ki} \vec{e}_i$$

ergibt. Aus diesen Beziehungen erhalten wir die Komponentendarstellungen

$$\overline{A}_k = c_{ik} A_i \quad \text{bzw.} \quad A_i = \overline{c}_{ki} \overline{A}_k \,. \tag{1.22}$$

Wegen $c_{ik} = \overline{c}_{ki}$ nach Gl. (1.15) gilt auch

$$\overline{A}_k = \overline{c}_{ki} A_i \quad \text{bzw.} \quad A_i = c_{ik} \overline{A}_k \tag{1.23}$$

und in Matrixschreibweise

$$(\overline{A}_k) = (\overline{c}_{ki})(A_i) \quad \text{bzw.} \quad (A_i) = (\overline{c}_{ki})^T (\overline{A}_k) \tag{1.24}$$

oder

$$\overline{A} = \overline{C} \cdot A \quad \text{bzw.} \quad A = \overline{C}^T \cdot \overline{A} \,. \tag{1.25}$$

Die Vektorkomponenten (1.23) transformieren sich in der Tat nach den gleichen Gesetzen wie die Basisvektoren.

An Hand der symbolischen Schreibweise erkennt man unmittelbar die Orthogonalitätseigenschaft der Transformationsmatrix $\overline{C}$. Bei der Bildung der Matrizenprodukte, ausgehend von Gl. (1.22), ist auf die Stellung der Indizes untereinander zu achten. Zwei Matrizen M und N sind in der Anordnung $M \cdot N$ multiplikativ verknüpfbar, wenn die Anzahl der Spalten von M gleich der Anzahl der Zeilen von N ist. In der Komponentendarstellung (1.22) weisen in der ersten Gleichung der stumme Index i und in der zweiten Gleichung der Index k darauf hin, daß zwischen den entsprechenden Matrizen eine Multiplikation vereinbart ist, Gl. (1.24). Da in der zweiten Gleichung von (1.22) der Zeilenindex k

der Komponente $\bar{c}_{ki}$ mit dem Zeilenindex k der Komponente $\overline{A}_k$ übereinstimmt, ergibt sich die Matrix (A_i) als Spaltenvektor nur aus dem Produkt der Transponierten von $(\bar{c}_{ki})$ mit der Matrix $(\overline{A}_k)$, Gl. (1.24). In der zweiten Gleichung von (1.24) stimmt nun der Spaltenindex ($(\bar{c}_{ki})^T = (\bar{c}_{ik})$) mit dem Zeilenindex von $(\overline{A}_k)$ überein.

Wir definieren den Tensor 1. Stufe.

Definition 1.8 : $\mathcal{B}$ *und* $\overline{\mathcal{B}}$ *seien zwei verschiedene kartesische Koordinatensysteme mit gleichem Koordinatenursprung. Der Vektor mit der Komponentendarstellung* $\vec{A} = A_i \vec{e}_i$ *in* $\mathcal{B}$ *und* $\vec{\overline{A}} = \overline{A}_k \vec{\overline{e}}_k$ *in* $\overline{\mathcal{B}}$ *ist ein Tensor 1. Stufe, wenn die Invarianzbedingung* $\vec{A} = \vec{\overline{A}}$ *bzw.* $A_i \vec{e}_i = \overline{A}_k \vec{\overline{e}}_k$ *beim Übergang von* $\mathcal{B}$ *auf* $\overline{\mathcal{B}}$ *und umgekehrt erfüllt ist.*

Notwendig und hinreichend für die Invarianz des Vektors $\vec{A}$ ist, daß sich seine Komponenten nach den Gesetzen (1.23) transformieren. Aus dieser Definition folgt weiterhin, daß das System der kartesischen Basisvektoren $\vec{e}_1, \vec{e}_2, \vec{e}_3$ insgesamt nicht mit Tensoren 1. Stufe gebildet werden kann. Denn beim Übergang von $\mathcal{B}$ nach $\overline{\mathcal{B}}$ läßt sich die Invarianzforderung (1.21) nicht für alle Basisvektoren in der Form $\vec{e}_1 = \vec{\overline{e}}_1, \vec{e}_2 = \vec{\overline{e}}_2, \vec{e}_3 = \vec{\overline{e}}_3$ erfüllen. Liegen Drehachse und Spiegelebene schräg zu den Koordinatenlinien von $\mathcal{B}$, dann gilt sogar $\vec{e}_i \neq \vec{\overline{e}}_i \quad \forall$ (für alle) $i = 1,2,3$.

Beispiel 1.2 : Bei Drehung um die x_3-Achse gilt zwar $\vec{e}_3 = \vec{\overline{e}}_3$, aber $\vec{e}_1 \neq \vec{\overline{e}}_1$ und $\vec{e}_2 \neq \vec{\overline{e}}_2$. Bei Spiegelung an der x_1, x_2-Ebene gilt zwar $\vec{e}_1 = \vec{\overline{e}}_1, \vec{e}_2 = \vec{\overline{e}}_2$, aber $\vec{e}_3 \neq \vec{\overline{e}}_3$, nämlich $\vec{e}_3 = -\vec{\overline{e}}_3$.

Wir können nun den Satz 1.6 beweisen.

Satz 1.6 : *Das mit Tensoren 1. Stufe gebildete Skalarprodukt ist invariant gegenüber Koordinatentransformationen.*

Wegen der Invarianz der Vektoren $\vec{A}$ und $\vec{B}$ beim Übergang von dem Bezugssystem $\mathcal{B}$ auf $\overline{\mathcal{B}}$ folgt für das Skalarprodukt nach den Gln. (1.22) und (1.16)

$$U = \vec{\overline{A}} \cdot \vec{\overline{B}} = \vec{A} \cdot \vec{B} = A_i B_i = \bar{c}_{ki} \bar{c}_{mi} \overline{A}_k \overline{B}_m = \delta_{km} \overline{A}_k \overline{B}_m = \overline{A}_k \overline{B}_k$$

die Behauptung des Satzes.

1.1.5   Der Vektorraum über dem Körper der reellen Zahlen

In diesem Abschnitt fassen wir die eingeführten Operationen zwischen den Vektoren zusammen und definieren den Vektorraum über dem Körper der reellen

Zahlen als allgemeine algebraische Struktur. $\mathcal{V}$ sei eine nicht leere Menge mathematischer Objekte und $\mathcal{K}$ der Körper der reellen Zahlen.

Wir nennen $(\mathcal{V}, +, \cdot)$ einen Vektorraum über dem Körper $\mathcal{K}$, falls gilt:

a) Die Addition (+) von Vektoren ist eine Abbildung der Form $\mathcal{V} \times \mathcal{V} \to \mathcal{V}$ mit:

(f1) Innere Verknüpfung
$$\forall \vec{A}, \vec{B} \in \mathcal{V}: \quad \vec{A} + \vec{B} \in \mathcal{V} \ .$$

(f2) Assoziativität
$$\forall \vec{A}, \vec{B}, \vec{C} \in \mathcal{V}: \quad \vec{A} + (\vec{B} + \vec{C}) = (\vec{A} + \vec{B}) + \vec{C} \in \mathcal{V} \ .$$

(f3) Existenz des neutralen Elementes (Nullvektor $\vec{O}$)
$$\forall \vec{A} \in \mathcal{V}: \quad \vec{A} + \vec{O} = \vec{O} + \vec{A} = \vec{A} \ .$$

(f4) Existenz des Inversen
$$\forall \vec{A} \in \mathcal{V}: \quad \vec{A} + (-\vec{A}) = (-\vec{A}) + \vec{A} = \vec{O} \ .$$

(f5) Kommutativität der Addition
$$\forall \vec{A}, \vec{B} \in \mathcal{V}: \quad \vec{A} + \vec{B} = \vec{B} + \vec{A} \ .$$

b) Die Multiplikation ($\cdot$) eines Vektors mit einer reellen Zahl ist eine Abbildung der Form $\mathcal{K} \times \mathcal{V} \to \mathcal{V}$ mit:

(g1) Existenz des neutralen Elementes
$$\forall \vec{A} \in \mathcal{V}: \quad 1 \cdot \vec{A} = \vec{A} \cdot 1 = \vec{A} \ .$$

(g2) Assoziativität
$$\forall \lambda, \mu \in \mathcal{K}, \quad \forall \vec{A} \in \mathcal{V}: \quad \lambda \cdot (\mu \cdot \vec{A}) = (\lambda \cdot \mu \cdot \vec{A}) \ .$$

(g3) Distributivität
$$\forall \lambda, \mu \in \mathcal{K}, \quad \forall \vec{A}, \vec{B} \in \mathcal{V}:$$
$$(\lambda + \mu) \cdot \vec{A} = \lambda \cdot \vec{A} + \mu \cdot \vec{A} \quad \text{und} \quad \lambda \cdot (\vec{A} + \vec{B}) = \lambda \cdot \vec{A} + \lambda \cdot \vec{B} \ .$$

Den Punkt als Kennzeichen der Multiplikation zwischen der reellen Zahl und dem Vektor schreiben wir künftig nicht mit.

$\mathcal{V}$ wird auch als affiner Vektorraum bezeichnet [Kli93]. Die Spalten und Zeilen-matrizen erweisen sich als affine Vektoren. Der Betrag des Vektors tritt in den algebraischen Strukturen (f) und (g) nicht in Erscheinung. Deshalb definieren wir eine Abbildung der Form $\| \cdot \|$: $\mathcal{V} \to \Re$ mit den Eigenschaften:

$\alpha)$ $\quad \forall \vec{A} \in \mathcal{V}: \ \| \vec{A} \| \geq 0 \ ,$

$\beta)$ $\quad \| \vec{A} \| = 0 \quad \Leftrightarrow \quad \vec{A} = \vec{O} \ ,$

$\gamma)$ $\forall \lambda \in \mathcal{K}, \quad \forall \vec{A} \in \mathcal{V} : \quad \parallel \lambda \cdot \vec{A} \parallel = |\lambda| \cdot \parallel \vec{A} \parallel$,

$\delta)$ $\forall \vec{A}, \vec{B} \in \mathcal{V} : \quad \parallel \vec{A} + \vec{B} \parallel \leq \parallel \vec{A} \parallel + \parallel \vec{B} \parallel$ (Dreiecksungleichung).

Diese Abbildung nennt man Norm eines Elementes des Vektorraumes $\mathcal{V}$. Ein Vektorraum mit Norm heißt **normierter Vektorraum** .

Gilt für jedes Element des Vektorraumes $\parallel \vec{A} \parallel = \sqrt{A_1^2 + A_2^2 + A_3^2} = |\vec{A}|$, so repräsentiert diese Norm den Betrag des Vektors $\vec{A}$. Mit $|\vec{A} - \vec{B}|$ ist der Euklidische Abstand zwischen den beiden Vektoren $\vec{A}$ und $\vec{B}$ definiert. Der Vektorraum mit Norm ist ein spezieller metrischer Raum [KA78].

c) Das gemäß Definition 1.7 eingeführte Skalarprodukt zwischen den Vektoren ist eine Abbildung der Form $\mathcal{V} \times \mathcal{V} \rightarrow \Re$ mit:

(h1) Kommutativität
$$\forall \vec{A}, \vec{B} \in \mathcal{V} : \quad \vec{A} \cdot \vec{B} = \vec{B} \cdot \vec{A} \in \mathcal{K} .$$

(h2) Assoziativität
$$\forall \lambda \in \mathcal{K}, \quad \forall \vec{A}, \vec{B} \in \mathcal{V} : \quad \lambda(\vec{A} \cdot \vec{B}) = (\lambda \vec{A}) \cdot \vec{B} = \vec{A} \cdot (\lambda \vec{B}) .$$

(h3) Distributivität
$$\forall \vec{A}, \vec{B}, \vec{C} \in \mathcal{V} : \quad \vec{A} \cdot (\vec{B} + \vec{C}) = \vec{A} \cdot \vec{B} + \vec{A} \cdot \vec{C} .$$

(h4) $\forall \vec{A} \in \mathcal{V} : \quad \vec{A} \cdot \vec{A} \geq 0$.

(h5) $\vec{A} \cdot \vec{A} = 0 \Leftrightarrow \vec{A} = \vec{O}$.

Mit $|\vec{A}| = \sqrt{\vec{A} \cdot \vec{A}}$ läßt sich stets eine Norm definieren. Vektoren, die die Eigenschaften f, g, h erfüllen, nennt man Euklidische Vektoren oder einfach Vektoren.

Aufgabe 1.3 : Man zeige, daß die Abbildungen

$$\parallel \vec{A} \parallel_1 = \max_{i=1,2,3} |A_i| \quad \text{und} \quad \parallel \vec{A} \parallel_2 = \sqrt{\vec{A} \cdot \vec{A}}$$

Normen des $\Re^3$ sind.

1.1.6 Das Vektorprodukt von Vektoren

Eine zweite Verknüpfungsart der Vektoren $\vec{A}, \vec{B} \in \Re^3$ stellt das Vektorprodukt dar. Es existiert allerdings nur im $\Re^3$. Anschaulich läßt sich das Vektorprodukt an einem physikalischen Beispiel einführen. Die Kraft $\vec{F}$ erzeugt am Hebelarm $|\vec{r}| \sin(\alpha)$ um die Drehachse das Drehmoment (Bild 1.4)

$$|\vec{M}| = |\vec{F}||\vec{r}| \sin(\vec{r}, \vec{F}) .$$

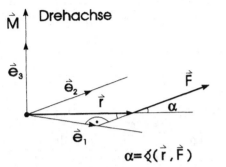

Bild 1.4 Momentenvektor $\vec{M}$

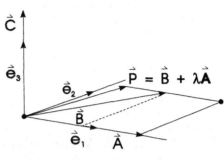

Bild 1.5 Geometrische Darstellung des
Vektorproduktes

Die Drehachse D steht dabei senkrecht auf der von $\vec{r}$ und $\vec{F}$ aufgespannten
Ebene. Der Momentenvektor $\vec{M}$ fällt mit der Drehachse zusammen. Er ist
so orientiert, daß $\vec{r}, \vec{F}, \vec{M}$ in dieser Reihenfolge ein Rechtssystem bilden. Man
schreibt $\vec{M} = \vec{r} \times \vec{F}$.

Definition 1.9 : *Das vektorielle oder äußere Produkt der beiden Vektoren*
$\vec{A}$ *und* $\vec{B} \in \Re^3$ *ist der Vektor* $\vec{C}$ *mit der Eigenschaft:*

$$\vec{C} = \vec{A} \times \vec{B} = |\vec{A}||\vec{B}| \sin(\vec{A}, \vec{B}) \, \vec{C}^0 \,. \tag{1.26}$$

$\vec{C}^0$ *ist der Einheitsvektor von* $\vec{C}$. *Es gilt:* $0 \leq arg(\vec{A}, \vec{B}) \leq \pi$. *Der Vektor*
$\vec{C}$ *steht senkrecht auf der von den Vektoren* $\vec{A}$ *und* $\vec{B}$ *aufgespannten Ebene.*
$\vec{A}, \vec{B}, \vec{C}$ *bilden in dieser Reihenfolge ein Rechtssystem.*

Der Betrag von $|\vec{C}| = |\vec{A}||\vec{B}| \sin(\vec{A}, \vec{B})$ ist gleich der Maßzahl der Fläche des von
den beiden Vektoren $\vec{A}$ und $\vec{B}$ gebildeten Parallelogramms. In [Lag56] wird das
orientierte Parallelogramm als Plangröße bezeichnet und $\vec{C}$ als seine Ergänzung.
An der Darstellung in Bild 1.5 erkennt man, daß die Umkehrung des Vektorproduktes, also die Auflösung der Gleichung

$$\vec{A} \times (\vec{B} + \lambda \vec{A}) = \vec{C}$$

nach $\vec{P} = (\vec{B} + \lambda \vec{A})$, keine eindeutige Lösung besitzt. Falls $\vec{A} \perp \vec{C}$ und $\vec{B} \perp \vec{C}$
gilt, existiert überhaupt erst obige Gleichung.
Nach dem noch zu beweisenden distributiven Gesetz ist

$$\vec{A} \times (\vec{B} + \lambda \vec{A}) = \vec{A} \times \vec{B} + \lambda \vec{A} \times \vec{A} = \vec{A} \times \vec{B} = \vec{C} \,.$$

Da $\lambda \in \mathcal{K}$ beliebig ist, existieren unendlich viele Vektoren $\vec{P} = \vec{B} + \lambda \vec{A}$ mit
obiger Eigenschaft.

Satz 1.7 : *Das vektorielle Produkt der beiden Vektoren $\vec{A}$ und $\vec{B}$ ist gleich dem Nullvektor $\vec{O}$, wenn*

1. $\vec{A} \equiv \vec{O}$ oder $\vec{B} \equiv \vec{O}$,

2. $\vec{A}$ und $\vec{B}$ kollinear sind.

Bemerkung: In der Bedingung 1 wird das *logische oder* verwendet.

Aus der Definition des Vektorproduktes folgt unmittelbar die Gültigkeit des assoziativen Gesetzes für die Multiplikation mit einem Skalar $\lambda \in \mathcal{K}$:

$$\lambda \vec{A} \times \vec{B} = \vec{A} \times \lambda \vec{B} = \lambda(\vec{A} \times \vec{B}). \tag{1.27}$$

Nach der Definition 1.9 gilt das kommutative Gesetz nicht; statt dessen gilt das alternative Gesetz

$$\vec{A} \times \vec{B} = -(\vec{B} \times \vec{A}). \tag{1.28}$$

Bilden $\vec{C} = \vec{A} \times \vec{B}$ und $\vec{D} = \vec{B} \times \vec{A}$ je für sich ein Rechtssystem, dann muß $\vec{D}$ die entgegengesetzte Orientierung wie $\vec{C}$ haben. Wegen $|\vec{C}| = |\vec{A}||\vec{B}||\sin(\vec{A},\vec{B})| = |\vec{B}||\vec{A}||\sin(\vec{B},\vec{A})| = |\vec{D}|$ ist Gl. (1.28) bewiesen.

Auch das assoziative Gesetz gilt nicht für die vektorielle Multiplikation, d.h., es ist

$$\vec{A} \times (\vec{B} \times \vec{C}) \neq (\vec{A} \times \vec{B}) \times \vec{C}. \tag{1.29}$$

Zum Beweis bilden wir $\vec{N} = \vec{A} \times (\vec{B} \times \vec{C}) = \vec{A} \times \vec{H}$. $\vec{N}$ steht $\perp$ auf $\vec{A}$ und $\perp$ auf $\vec{H}$ und liegt daher in der von $\vec{B}$ und $\vec{C}$ aufgespannten Ebene. Also kann man schreiben $\vec{N} = n_1\vec{B} + m_1\vec{C}$, $(m_1, n_1 \in \mathcal{K})$. Ist jetzt $\vec{M} = (\vec{A} \times \vec{B}) \times \vec{C} = \vec{H} \times \vec{C}$, dann steht $\vec{M} \perp$ auf $\vec{H}$ und $\perp$ auf $\vec{C}$. Folglich liegt $\vec{M}$ in der von $\vec{A}$ und $\vec{B}$ aufgespannten Ebene, $\vec{M} = n_2\vec{A} + m_2\vec{B}$, $(m_2, n_2 \in \mathcal{K})$. Im allgemeinen ist daher $\vec{M} \neq \vec{N}$. Mit dem

---

Satz 1.8 : *Die Summe der Plangrößen, einer aus mehreren ebenen Teilflächen bestehenden offenen Fläche, ist gleich der Plangröße durch die Randlinie der offenen Fläche.*

[Lag56] läßt sich auch die Gültigkeit des distributiven Gesetzes der vektoriellen Multiplikation beweisen. Eine Plangröße ist ein ebenes Flächenstück (ebene Teiloberfläche) mit Randlinie, der ein Vektor zugeordnet ist. Der Betrag dieses Vektors ist gleich dem Inhalt des Flächenstückes und dessen Richtung gleich der der Flächennormalen (Bild 1.6). Um analoge Betrachtungen auch an einer gekrümmten Fläche anzustellen, zerlegt man sie in einen infinitesimalen Polygonzug.

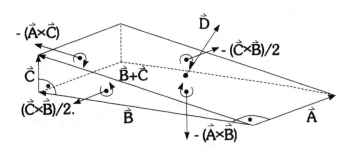

Bild 1.6 Addition von Plangrößen

Zum Beweis des Satzes betrachten wir die nach außen orientierte Oberfläche des Prismas in Bild 1.6. Sie besteht aus den Teiloberflächen $-(\vec{A} \times \vec{B})$, $-(\vec{A} \times \vec{C})$, $(\vec{C} \times \vec{B})/2$, $-(\vec{C} \times \vec{B})/2$ und $\vec{D}$. Für die Summe dieser Plangrößen gilt:

$$-(\vec{A} \times \vec{B}) - (\vec{A} \times \vec{C}) + \vec{D} = \vec{O}, \qquad (1.30)$$

da eine geschlossene Oberfläche keine Randlinie besitzt. Damit ist der obige Satz bewiesen.

Nun gehört zu den Teiloberflächen $-(\vec{A} \times \vec{B})$, $-(\vec{A} \times \vec{C})$, $(\vec{C} \times \vec{B})/2$ und $-(\vec{C} \times \vec{B})/2$ eine Randlinie, die durch die Vektoren $\vec{A}$ und $\vec{B} + \vec{C}$ gebildet wird. Diese Randlinie berandet die Fläche

$$\vec{D} = \vec{A} \times (\vec{B} + \vec{C}). \qquad (1.31)$$

Aus der Gleichheit der Gln. (1.30) und (1.31) ergibt sich das distributive Gesetz:

$$(\vec{A} \times \vec{B}) + (\vec{A} \times \vec{C}) = \vec{A} \times (\vec{B} + \vec{C}). \qquad (1.32)$$

Aufgabe 1.4 : Beweisen Sie, daß die Vektoren $\vec{H} = (\vec{A} \times \vec{B}) + (\vec{A} \times \vec{C})$ und $\vec{D} = \vec{A} \times (\vec{B} + \vec{C})$ den gleichen Betrag besitzen. Gehen Sie dabei von Bild 1.6 aus; benutzen Sie aber nicht Gl. (1.32).

Die vektorielle Multiplikation der kartesischen Basisvektoren $\vec{e}_i \times \vec{e}_j$ ergibt bei zyklischer Vertauschung der Indizes

	i	j	k
$\vec{e}_1 \times \vec{e}_2 = \vec{e}_3$	1	2	3
$\vec{e}_2 \times \vec{e}_3 = \vec{e}_1$	2	3	1
$\vec{e}_3 \times \vec{e}_1 = \vec{e}_2$	3	1	2

und bei antizyklischer Vertauschung der Indizes

$$
\begin{array}{ll}
\vec{e}_1 \times \vec{e}_3 = -\vec{e}_2 & \quad \begin{array}{ccc} i & j & k \\ \hline 1 & 3 & 2 \end{array} \\
\vec{e}_3 \times \vec{e}_2 = -\vec{e}_1 & \quad \begin{array}{ccc} 3 & 2 & 1 \end{array} \\
\vec{e}_2 \times \vec{e}_1 = -\vec{e}_3 & \quad \begin{array}{ccc} 2 & 1 & 3 \end{array} \;.
\end{array}
$$

Weiterhin ist $\vec{e}_i \times \vec{e}_i = \vec{o} \;\; \forall \;\; i = 1, 2, 3$.

Die hier ausführlich dargestellten Fälle lassen sich wie folgt zusammenfassen:

$$
\vec{e}_i \times \vec{e}_j = \left\{ \begin{array}{lll} \vec{e}_k & \text{für} \quad i\,j\,k \quad \text{zykl.} \quad 1,2,3\,, \\ -\vec{e}_k & \text{für} \quad i\,j\,k \quad \text{antizykl.} \quad 1,2,3\,, \\ 0 & \text{sonst.} \end{array} \right. \tag{1.33}
$$

Das vektorielle Produkt zweier Vektoren $\vec{A}$ und $\vec{B}$ kann in kartesischen Koordinaten als Determinante geschrieben werden. Die Rechnung ergibt nach Gl. (1.33)

$$
\vec{A} \times \vec{B} = (A_2 B_3 - A_3 B_2)\,\vec{e}_1 + (A_3 B_1 - A_1 B_3)\,\vec{e}_2 + (A_1 B_2 - A_2 B_1)\,\vec{e}_3
$$

bzw. in gekürzter Schreibweise

$$
\vec{A} \times \vec{B} = (A_j B_k - A_k B_j)\,\vec{e}_i \quad \text{mit} \quad i, j, k \quad \text{zyklisch 1,2,3}
$$

oder

$$
\vec{A} \times \vec{B} = \begin{vmatrix} \vec{e}_1 & \vec{e}_2 & \vec{e}_3 \\ A_1 & A_2 & A_3 \\ B_1 & B_2 & B_3 \end{vmatrix} \;. \tag{1.34}
$$

Aufgabe 1.5 : Man bestätige mit Hilfe der Darstellung (1.34) das distributive Gesetz der vektoriellen Multiplikation am Beispiel $\vec{A} \times (\vec{B} + \vec{C}) = \vec{A} \times \vec{B} + \vec{A} \times \vec{C}$.

Satz 1.9 : *Sind $\vec{A}$ und $\vec{B}$ Tensoren 1. Stufe , so ist das mit $\vec{A}$ und $\vec{B}$ gebildete Vektorprodukt $\vec{C} = \vec{A} \times \vec{B}$ ebenfalls ein Tensor 1. Stufe.*

Zum Beweis zeigen wir die Invarianz gegenüber Koordinatentransformation. Mit der Gl. (1.13) erhalten wir

$$
\vec{A} \times \vec{B} = A_i \vec{e}_i \times \vec{e}_j B_j = A_i c_{im} \vec{\bar{e}}_m \times \vec{\bar{e}}_n c_{jn} B_j \,.
$$

Nach den Gln. (1.14) und (1.23) ist

$$
\overline{A}_m = \bar{c}_{mi}\,A_i \quad \text{und} \quad \overline{B}_n = \bar{c}_{nj}\,B_j \,,
$$

und demzufolge ergibt sich unmittelbar die Behauptung des Satzes

$$
\vec{A} \times \vec{B} = \overline{A}_m \vec{\bar{e}}_m \times \vec{\bar{e}}_n \overline{B}_n = \vec{\overline{A}} \times \vec{\overline{B}} \,.
$$

Beispiel 1.3 : Wir bilden den Betrag des vektoriellen Produktes $|\vec{A} \times \vec{B}| = |A||B|\sin(\vec{A}, \vec{B})$. Hieraus ergibt sich zunächst die Ungleichung

$$|\vec{A} \times \vec{B}| \leq |\vec{A}||\vec{B}|,$$

und über das Quadrat

$$|\vec{A}|^2|\vec{B}|^2 \sin^2(\vec{A}, \vec{B}) = |\vec{A}|^2|\vec{B}|^2(1 - \cos^2(\vec{A}, \vec{B}))$$

folgt

$$|\vec{A} \times \vec{B}| = \sqrt{|\vec{A}|^2|\vec{B}|^2 - (\vec{A} \cdot \vec{B})^2}. \qquad (1.35)$$

1.1.7 Das Spatprodukt von Vektoren

Drei Vektoren $\vec{A}, \vec{B}, \vec{C}$, die nicht komplanar sind, spannen ein Parallelepiped auf (Bild 1.7). Das Volumen des Parallelepipedes, auch Spat genannt, ist

$$V = (\vec{A} \times \vec{B}) \cdot \vec{C}. \qquad (1.36)$$

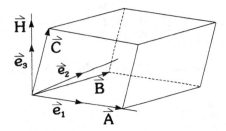

Bild 1.7 Das Spatprodukt der Vektoren $\vec{A}, \vec{B}, \vec{C}$

Da $|\vec{H}| = |\vec{A} \times \vec{B}| = |\vec{A}||\vec{B}|\sin(\vec{A}, \vec{B})$ die Grundfläche des Parallelepipedes ist, ergibt sich das Volumen

$$V = |\vec{H}||\vec{C}|\cos(\vec{C}, \vec{H}) = \vec{H} \cdot \vec{C} = (\vec{A} \times \vec{B}) \cdot \vec{C} = [\vec{A}, \vec{B}, \vec{C}].$$

Das Spatprodukt ist positiv, falls die Vektoren $\vec{A}, \vec{B}, \vec{C}$ - wie in Bild 1.7 - ein Rechtssystem bilden. Das gleiche Ergebnis erhalten wir, wenn wir $\vec{A}, \vec{B}, \vec{C}$ zyklisch vertauschen.
Im Falle der antizyklischen Vertauschung wird $[\vec{B}, \vec{A}, \vec{C}] = -V$.

Folgerungen:

1. Das Spatprodukt $[\vec{A}, \vec{B}, \vec{C}]$ mit $\vec{A} \neq \vec{O}, \vec{B} \neq \vec{O}$ und $\vec{C} \neq \vec{O}$ ist Null, wenn die drei Vektoren komplanar sind.

2. In der Komponentendarstellung des kartesischen Koordinatensystems lautet das Spatprodukt

$$(\vec{A} \times \vec{B}) \cdot \vec{C} = (A_j B_k - A_k B_j)\, \vec{e}_i \cdot \vec{e}_l\, C_l$$

$$= \begin{vmatrix} A_1 & A_2 & A_3 \\ B_1 & B_2 & B_3 \\ C_1 & C_2 & C_3 \end{vmatrix} = [\vec{A}, \vec{B}, \vec{C}]. \qquad (1.37)$$

Ist M die Matrix der Determinante (1.37), so ergibt sich für das Quadrat des Spatproduktes

$$[\vec{A}, \vec{B}, \vec{C}]^2 = \det(M) \cdot \det(M) = \det(M) \cdot \det(M^T).$$

Der Wert der Determinante einer Matrix ist gleich dem Wert der Determinante der transponierten Matrix. Nach dem Satz 2.3 folgt für

$$[\vec{A}, \vec{B}, \vec{C}]^2 = \det(M) \cdot \det(M^T) = \det(M \cdot M^T)$$

$$= \begin{vmatrix} \vec{A} \cdot \vec{A} & \vec{A} \cdot \vec{B} & \vec{A} \cdot \vec{C} \\ \vec{B} \cdot \vec{A} & \vec{B} \cdot \vec{B} & \vec{B} \cdot \vec{C} \\ \vec{C} \cdot \vec{A} & \vec{C} \cdot \vec{B} & \vec{C} \cdot \vec{C} \end{vmatrix}. \qquad (1.38)$$

Diese Determinante des Spatproduktes heißt Gramsche Determinante.

1.1.8   Spiegelungsmatrizen

Die Spiegelung oder das Umlegen eines Vektors $\vec{X}$ an einer Ebene, die durch den Ursprung des kartesischen Koordinatensystems führt, ist eine orthogonale Transformation. Diese Transformation führt man mit der Spiegelungsmatrix A aus.

Definition 1.10 : *Eine Matrix $A \in \Re^{3,3}$ mit*

$$A = E - 2N \cdot N^T \qquad (1.39)$$

heißt Spiegelungsmatrix, wenn $E \in \Re^{3,3}$ die Einheitsmatrix ist, $N = (N_i)$ die dem Normalenvektor $\vec{N} \in \Re^3$ der Spiegelungsebene zugeordnete Spaltenmatrix ist und $|\vec{N}| = 1$ gilt.

Der zum Vektor $\vec{X}$ gespiegelte Vektor $\vec{Y}$ ist dann

$$\vec{Y} = A \cdot \vec{X} \,. \tag{1.40}$$

Satz 1.10 : *Die Spiegelungsmatrix A ist eine symmetrische, orthogonale Matrix, d.h., es gilt $A = A^T = A^{-1}$.*

Wir beweisen den Satz indem wir zeigen, daß unter der Voraussetzung $\vec{N} \cdot \vec{N} = |\vec{N}|^2 = N^T \cdot N = 1$ die Beziehung $A \cdot A^T = E$ gilt. Dann ist nämlich $A^T = A^{-1}$. Die Symmetrie ergibt sich unmittelbar aus dem Bildungsgesetz (1.39). Es ist

$$\begin{aligned}
A \cdot A^T &= (E - 2N \cdot N^T) \cdot (E - 2N \cdot N^T)^T \\
&= (E - 2N \cdot N^T) \cdot (E - 2N \cdot N^T) \\
&= E - 4N \cdot N^T + 4N \cdot N^T \cdot N \cdot N^T = E \,,
\end{aligned}$$

wegen $N^T \cdot N = 1$.

Vektoren bzw. die Tensoren 1. Stufe klassifiziert man noch bezüglich ihrer Eigenschaft bei der Spiegelung. Darauf gehen wir in Kapitel 3 ein.

Aufgabe 1.6 : Der Basisvektor $\vec{e}_3$ ist an einer Ebene zu spiegeln, deren Spur in der $\vec{e}_1, \vec{e}_3$ - Ebene unter 45 Grad verläuft. Bestimmen Sie den Flächennormalenvektor $\vec{N}$ der Spiegelungsebene und die Spiegelungsmatrix A!

1.1.9 Der Zerlegungssatz

Mit Hilfe des Zerlegungssatzes lassen sich komplizierte Vektorprodukte berechnen.

Satz 1.11 : *Der Zerlegungssatz oder das dreifache Vektorprodukt der Vektoren $\vec{A}, \vec{B}, \vec{C}$ lautet:*

$$\vec{A} \times (\vec{B} \times \vec{C}) = (\vec{A} \cdot \vec{C})\vec{B} - (\vec{A} \cdot \vec{B})\vec{C} \,. \tag{1.41}$$

Wir beweisen den Satz über die Komponentendarstellung. Es sei $\vec{D} = \vec{A} \times (\vec{B} \times \vec{C})$ das Vektorprodukt. Wir bilden

$$\vec{H} = \vec{B} \times \vec{C} = (B_i C_j - B_j C_i)\,\vec{e}_k = H_k\,\vec{e}_k \,, \quad i,j,k \quad \text{zykl.} \quad 1,2,3$$

und

$$\vec{D} = \vec{A} \times \vec{H} = (A_l H_m - A_m H_l)\,\vec{e}_n = D_n\,\vec{e}_n \,, \quad l,m,n \quad \text{zykl.} \quad 1,2,3 \,.$$

Nun ist

$$H_m = B_i C_j - B_j C_i \quad \text{und} \quad H_l = B_p C_q - B_q C_p, \quad m,i,j \text{ und } l,p,q \text{ zykl.} 1,2,3.$$

Da nun m,i,j und l,m,n nur die Werte

m	i	j		l	m	n
1	2	3		1	2	3
2	3	1		2	3	1
3	1	2		3	1	2

annnehmen dürfen, folgt hieraus $j = l$ und $i = n$. Ebenso ergibt sich aus l,p,q und l,m,n zykl. 1,2,3 die Beziehung $p = m$ und $q = n$. Wir erhalten also

$$\vec{D} = \vec{A} \times \vec{H} = [A_l(B_i C_j - B_j C_i) - A_m(B_p C_q - B_q C_p)] \vec{e}_n = D_n \, \vec{e}_n.$$

Mit $i = q = n$, $j = l, p = m$, und l,m,n zykl. 1,2,3 folgt

$$\begin{aligned} D_n = \ & B_n \ (A_l C_l + A_m C_m) \\ & - \ C_n (A_m B_m + A_l B_l), \quad l,m,n \quad \text{zykl.} \quad 1,2,3. \end{aligned}$$

Diesen Ausdruck erweitern wir mit $A_n B_n C_n$, was

$$\begin{aligned} D_n = \ & B_n \ (A_l C_l + A_n C_n + A_m C_m) \\ & - \ C_n (A_m B_m + A_n B_n + A_l B_l), \quad l,m,n \quad \text{zykl.} \quad 1,2,3 \end{aligned}$$

ergibt. Da

$$A_l C_l + A_n C_n + A_m C_m, \quad l,m,n \quad \text{zykl.} \ 1,2,3 \quad \text{mit} \quad A_r C_r, \quad r = 1,2,3$$

identisch ist und ebenso

$$A_l B_l + A_m B_m + A_n B_n, \quad l,m,n \quad \text{zykl.} \ 1,2,3 \quad \text{mit} \quad A_r B_r, \quad r = 1,2,3,$$

erhalten wir $D_n = B_n A_r C_r - C_n A_r B_r = B_n(\vec{A} \cdot \vec{C}) - C_n(\vec{A} \cdot \vec{B})$ oder

$$\vec{D} = (\vec{A} \cdot \vec{C})\vec{B} - (\vec{A} \cdot \vec{B})\vec{C}.$$

Aufgabe 1.7 : Mit Hilfe des Zerlegungssatzes ist zu beweisen:

$$(\vec{A} \times \vec{B}) \cdot (\vec{C} \times \vec{D}) = \begin{vmatrix} \vec{A} \cdot \vec{C} & \vec{A} \cdot \vec{D} \\ \vec{B} \cdot \vec{C} & \vec{B} \cdot \vec{D} \end{vmatrix} \tag{1.42}$$

und

$$(\vec{A} \times \vec{B}) \times (\vec{C} \times \vec{D}) = [\vec{A}, \vec{B}, \vec{D}]\vec{C} - [\vec{A}, \vec{B}, \vec{C}]\vec{D}. \tag{1.43}$$

1.1.10 Multilinearformen

In diesem Abschnitt wollen wir eine Abbildung einführen, die in jeder ihrer Komponenten linear ist. Das Spatprodukt, Gl. (1.37), im orthonormierten oder auch in einem beliebigen Grundsystem stellt eine Abbildung vom $\Re^3 \times \Re^3 \times \Re^3 \Rightarrow \Re^1$ dar. Diese Abbildung sei Anlaß zu folgender Überlegung. Ersetzt man z.B. $\vec{A}$ durch $\vec{A} + \Delta\vec{A}$, dann erhält man für das Spatprodukt

$$[\vec{A} + \Delta\vec{A}, \vec{B}, \vec{C}] = [\vec{A}, \vec{B}, \vec{C}] + [\Delta\vec{A}, \vec{B}, \vec{C}].$$

Um diese und andere Eigenschaften mathematisch darzustellen, benötigen wir folgende Definitionen und Aussagen [v.d.W93], [S-P88]:

Definition 1.11 : *Ein Funktional $L^\star$ ist ein Operator, der jedem Element seines Definitionsbereiches eindeutig eine reelle Zahl zuordnet. Der Definitionsbereich des Funktionals $L^\star$ sei die Menge der Vektoren des $\Re^3$.*

Definition 1.12 : *$L^\star$ heißt lineares Funktional , falls für beliebige $\vec{U}, \vec{V} \in \Re^3$ und $\lambda, \mu \in \mathcal{K}$ gilt:*

$$L^\star(\lambda\vec{U} + \mu\vec{V}) = \lambda L^\star(\vec{U}) + \mu L^\star(\vec{V}). \tag{1.44}$$

Für multilineare Funktionale benutzen wir einheitlich das Operatorzeichen $L^\star$, obwohl $L^\star$ bezüglich $L^\star(\vec{U}), L^\star(\vec{U}, \vec{V}), L^\star(\vec{U}, \vec{V}, \vec{W}), \ldots$ jeweils verschiedene Bedeutung hat.

Definition 1.13 : *Ein bilineares Funktional $L^\star$ ist durch die Eigenschaften*

$$
\begin{aligned}
L^\star(\lambda\vec{A} + \mu\vec{B}, \vec{V}) &= \lambda L^\star(\vec{A}, \vec{V}) + \mu L^\star(\vec{B}, \vec{V}), \\
L^\star(\vec{U}, \lambda\vec{A} + \mu\vec{B}) &= \lambda L^\star(\vec{U}, \vec{A}) + \mu L^\star(\vec{U}, \vec{B})
\end{aligned} \tag{1.45}
$$

charakterisiert und ein trilineares Funktional $L^\star$ durch

$$
\begin{aligned}
L^\star(\lambda\vec{A} + \mu\vec{B}, \vec{V}, \vec{W}) &= \lambda L^\star(\vec{A}, \vec{V}, \vec{W}) + \mu L^\star(\vec{B}, \vec{V}, \vec{W}), \\
L^\star(\vec{U}, \lambda\vec{A} + \mu\vec{B}, \vec{W}) &= \lambda L^\star(\vec{U}, \vec{A}, \vec{W}) + \mu L^\star(\vec{U}, \vec{B}, \vec{W}), \\
L^\star(\vec{U}, \vec{V}, \lambda\vec{A} + \mu\vec{B}) &= \lambda L^\star(\vec{U}, \vec{V}, \vec{A}) + \mu L^\star(\vec{U}, \vec{V}, \vec{B})
\end{aligned} \tag{1.46}
$$

gekennzeichnet.

Es sei $L^\star$ ein einfach oder mehrfach lineares Funktional

$$L^\star(\vec{U}) = T_l\,\vec{e}_l \cdot \vec{U},$$

$$L^\star(\vec{U}, \vec{V}) = T_{lm}\, \vec{e}_l \cdot \vec{U}\, \vec{e}_m \cdot \vec{V}, \tag{1.47}$$

$$L^\star(\vec{U}, \vec{V}, \vec{W}) = T_{lmn}\, \vec{e}_l \cdot \vec{U}\, \vec{e}_m \cdot \vec{V}\, \vec{e}_n \cdot \vec{W},$$

dann weist es je nach Definition jedem Vektor $\vec{U}$, jedem Vektorpaar $\vec{U}, \vec{V}$, jedem Vektortripel $\vec{U}, \vec{V}, \vec{W}$,... des $\Re^3$ immer eindeutig einen bestimmten Zahlenwert zu. Die T_l, T_{lm}, T_{lmn}, ... sind die Komponenten eines Tensors 1., 2., 3.,... Stufe in kartesischen Koordinaten, mit denen jeweils das Funktional gebildet wird. Setzen wir speziell $\vec{U} = \vec{e}_i$, $\vec{V} = \vec{e}_j$, $\vec{W} = \vec{e}_k$, dann folgt

$$L^\star(\vec{e}_k) = T_k, \quad L^\star(\vec{e}_i, \vec{e}_j) = T_{ij}, \quad L^\star(\vec{e}_i, \vec{e}_j, \vec{e}_k) = T_{ijk}. \tag{1.48}$$

Wegen der Homogenität des linearen bzw. multilinearen Funktionals $L^\star$ erhalten wir für (1.47) die Ausdrücke:

$$L^\star(\vec{U}) = L^\star(U_i\vec{e}_i) = U_i L^\star(\vec{e}_i) = U_i\, T_i,$$

$$L^\star(\vec{U}, \vec{V}) = L^\star(U_i\vec{e}_i, V_j\vec{e}_j) = U_i V_j L^\star(\vec{e}_i, \vec{e}_j) = U_i V_j T_{ij},$$

$$L^\star(\vec{U}, \vec{V}, \vec{W}) = L^\star(U_i\vec{e}_i, V_j\vec{e}_j, W_k\vec{e}_k) = U_i V_j W_k L^\star(\vec{e}_i, \vec{e}_j, \vec{e}_k) = U_i V_j W_k T_{ijk},$$

also

$$L^\star(\vec{U}) = T_i U_i, \quad L^\star(\vec{U}, \vec{V}) = T_{ij} V_j U_i, \quad L^\star(\vec{U}, \vec{V}, \vec{W}) = T_{ijk} W_k V_j U_i. \tag{1.49}$$

Die sich jeweils ergebenden Skalare von Gl. (1.49) heißen nach der Reihe Linearform, Biliniarform, Trilinearform. Eine Multilinearform $L^\star(\vec{U}, \vec{V}, \vec{W}, ...)$ ist in jedem ihrer Argumente $\vec{U}, \vec{V}, ...$ linear. Durch die Vorgabe von $L^\star(\vec{e}_i)$, $i = 1, 2, 3$, ist die Linearform eindeutig gegeben.

Satz 1.12 : *Beim Übergang von einem kartesischen Koordinatensystem $\mathcal{B}$ zu einem anderen $\overline{\mathcal{B}}$ bleibt eine Multilinearform genau dann invariant, wenn sie vollständig mit Tensorkomponenten gebildet wird.*

Man sagt dann, daß der Tensor 1., 2., 3. Stufe mit den Komponenten T_i, T_{ij}, T_{ijk} die Linearform, Bilinearform, Trilinearform erzeugt. Die Tensorkomponenten müssen sich beim Übergang von $\mathcal{B}$ auf $\overline{\mathcal{B}}$ nach bestimmten Gesetzen transformieren, um die Invarianz der Multilinearform zu sichern. Die Transformationsgesetze für den Tensor 1. Stufe in kartesischen Koordinaten haben wir mit den Gln. (1.22) und (1.23) bereits kennengelernt (A_i ist durch T_i zu ersetzen). Entsprechend lauten die Transformationsgesetze für die Komponenten T_{ij}, T_{ijk} eines Tensors 2. und 3. Stufe

$$\overline{T}_{ij} = \overline{c}_{ik}\, \overline{c}_{jl}\, T_{kl} = c_{ki}\, c_{lj}\, T_{kl} \quad \text{und} \quad T_{ij} = c_{ik}\, c_{jl}\, \overline{T}_{kl},$$

$$\overline{T}_{ijk} = \overline{c}_{ip}\, \overline{c}_{jq}\, \overline{c}_{kr}\, T_{pqr} \quad \text{und} \quad T_{ijk} = c_{ip}\, c_{jq}\, c_{kr}\, \overline{T}_{pqr}. \tag{1.50}$$

Die ausführliche Herleitung der Transformationsgesetze in beliebigen Koordinatensystemen erfolgt in den Abschnitten 2.2.5 und 4.1.

Um Satz 1.12 zu beweisen, benutzen wir die Transformationsgesetze aus Gl. (1.50) und die Gln. (1.16) und (1.17). Für die Linearform erhalten wir

$$\overline{L}^\star(\overrightarrow{U}) = \overline{U}_i\overline{T}_i = \overline{c}_{im}\,\overline{c}_{in}\,U_mT_n = \delta_{mn}\,U_mT_n = U_mT_m = L^\star(\overrightarrow{U})$$

und damit

$$\overline{U}_i\,\overline{T}_i = U_i\,T_i\,. \tag{1.51}$$

Das ist die Invarianzforderung des Skalarproduktes. Entsprechend ergibt sich für die Bilinearform die Invarianzforderung

$$\begin{aligned}\overline{L}^\star(\overrightarrow{U},\overrightarrow{V}) &= \overline{T}_{ij}\,\overline{U}_i\overline{V}_j = \overline{c}_{im}\,\overline{c}_{jn}\,\overline{c}_{ip}\,\overline{c}_{jq}\,T_{mn}U_pV_q = \delta_{mp}\delta_{nq}\,T_{mn}U_pV_q \\ &= T_{mn}U_mV_n = L^\star(\overrightarrow{U},\overrightarrow{V})\end{aligned}$$

und somit

$$\overline{T}_{ij}\,\overline{U}_i\,\overline{V}_j = T_{ij}\,U_i\,V_j\,. \tag{1.52}$$

Wird die Trilinearform mit Tensoren 1. und 3. Stufe gebildet, so erhalten wir

$$\overline{T}_{ijk}\,\overline{U}_i\,\overline{V}_j\,\overline{W}_k = T_{ijk}\,U_i\,V_j\,W_k\,. \tag{1.53}$$

Die Formulierung 'genau dann' in Satz 1.12 besagt, daß es sich um eine Äquivalenzaussage handelt. In der Tat können wir die Beweisführung umkehren, indem wir die Invarianz der Multilinearform gemäß den Gln. (1.51), (1.52), (1.53) voraussetzen und daraus die Transformationsgesetze (1.22), (1.50) für die Komponenten des Tensors 1., 2. und 3. Stufe herleiten.

Jetzt können wir den Tensorbegriff bezüglich der Gruppe der orthogonalen Transformationen endgültig definieren.

Definition 1.14 : *Ein Tensor n-ter Stufe ist ein n-fach lineares Funktional, das Vektor-n-tupel auf Skalare abbildet. Seine 3^n Komponenten (im m-dimensionalen Raum hat der Tensor n-ter Stufe m^n Komponenten) $T_{i_1i_2\cdots i_n} \in \Re^3$ transformieren sich bei Drehung oder Spiegelung des kartesischen Koordinatensystems - in Verallgemeinerung von (1.50) - nach dem Gesetz*

$$\overline{T}_{i_1i_2\cdots i_n} = \overline{c}_{i_1k_1}\overline{c}_{i_2k_2}\dots\overline{c}_{i_nk_n}T_{k_1k_2\cdots k_n}$$

bzw.

$$T_{i_1i_2\cdots i_n} = c_{i_1k_1}c_{i_2k_2}\dots c_{i_nk_n}\overline{T}_{k_1k_2\cdots k_n}\,. \tag{1.54}$$

Die Transformationskoeffizienten sind nach den Gln. (1.12) und (1.13) definiert.

Ein Tensor 2. bzw. 3. Stufe ist also ein System von 9 bzw. 27 Zahlen, seinen Komponenten T_{ij} bzw. T_{ijk}, die sich bei einer orthogonalen Transformation des kartesischen Koordinatensystems nach dem Gesetz (1.50) transformieren. Ein Vektor ist ein Tensor 1. Stufe, dessen Komponenten sich nach dem Gesetz (1.23) transformieren. Ein Skalar ist ein Tensor 0. Stufe. Das Skalarprodukt ist ein Beispiel für den Tensor 0. Stufe, sofern es mit Tensoren 1. Stufe gebildet wird. Auf relative Tensoren und Skalare gehen wir kurz in Abschnitt 3.6 ein.

Kapitel 2

Einführung beliebiger Grundsysteme

2.1 Das beliebige Grundsystem

Neben dem kartesischen Grundsystem mit den Basisvektoren $\mathbf{g}_{0k} = \mathbf{g}^{0k} = \vec{e}_k$ führen wir jetzt ein beliebiges dreidimensionales, ortsunabhängiges Grundsystem mit den Basisvektoren $\mathbf{g}_1, \mathbf{g}_2, \mathbf{g}_3 \in \Re^3$ ein. Die Vektoren $\mathbf{g}_i$ seien linear unabhängig, und sie bilden ein Rechtssystem. Die $\mathbf{g}_i$ sind im allgemeinen keine Einheitsvektoren. Wegen ihrer linearen Unabhängigkeit ist das Spatprodukt

$$\left.\begin{array}{rcl} [\mathbf{g}_i, \mathbf{g}_j, \mathbf{g}_k] & = & D \neq 0 \\ [\mathbf{g}_i, \mathbf{g}_k, \mathbf{g}_j] & = & -D \end{array}\right\} \quad i, j, k \quad \text{zykl. 1,2,3}$$

von Null verschieden. Um die Lage der $\mathbf{g}_i$ anzugeben, beschreiben wir die neuen Basisvektoren von einem kartesischen Koordinatensystem aus, dessen Koordinatenursprung mit dem des Grundsystems $\mathbf{g}_i$ zusammenfällt. Es gilt:

$$\begin{array}{rcl} \mathbf{g}_1 & = & a_1{}^{01}\,\mathbf{g}_{01} + a_1{}^{02}\,\mathbf{g}_{02} + a_1{}^{03}\,\mathbf{g}_{03}\,, \\ \mathbf{g}_2 & = & a_2{}^{01}\,\mathbf{g}_{01} + a_2{}^{02}\,\mathbf{g}_{02} + a_2{}^{03}\,\mathbf{g}_{03}\,, \\ \mathbf{g}_3 & = & a_3{}^{01}\,\mathbf{g}_{01} + a_3{}^{02}\,\mathbf{g}_{02} + a_3{}^{03}\,\mathbf{g}_{03} \end{array}$$

oder

$$\mathbf{g}_i = a_i{}^{01}\,\mathbf{g}_{01} + a_i{}^{02}\,\mathbf{g}_{02} + a_i{}^{03}\,\mathbf{g}_{03} \tag{2.1}$$

und weiter abgekürzt

$$\mathbf{g}_i = a_i{}^{0j}\,\mathbf{g}_{0j} \quad \text{mit} \quad i, j \quad \text{unabh. 1,2,3}\,. \tag{2.2}$$

Neben der Beziehung (2.2) benötigen wir auch die Umkehrung

$$\mathbf{g}_{0i} = a_{0i}{}^{j}\,\mathbf{g}_j \quad i,j \quad \text{unabh. 1,2,3}. \tag{2.3}$$

Statt $\vec{e}_i$ benutzen wir jetzt die $\mathbf{g}_{0i}$. Die $a_i{}^{0j}$ bzw. $a_{0i}{}^{j}$ sind die Transformationskoeffizienten. Sind i bzw. $0i$ die Zeilenindizes, so lauten die Gleichungen (2.2) und (2.3) in Matrixschreibweise:

$$(\mathbf{g}_i) = (a_i{}^{0j})\,(\mathbf{g}_{0j}) \quad \text{und} \quad (\mathbf{g}_{0i}) = (a_{0i}{}^{j})\,(\mathbf{g}_j)\,. \tag{2.4}$$

Die Transformationskoeffizienten $a_{0i}{}^{j}$ hängen von den $a_i{}^{0j}$ ab und umgekehrt. Wir geben den zwischen ihnen bestehenden Zusammenhang an. Zunächst gehen wir davon aus, daß die $a_i{}^{0j}$ bekannt sind und die $a_{0i}{}^{j}$ gesucht. In $\mathbf{g}_l = a_l{}^{0k}\,\mathbf{g}_{0k}$ ersetzen wir $\mathbf{g}_{0k} = a_{0k}{}^{n}\,\mathbf{g}_n$, was

$$\mathbf{g}_l = a_l{}^{0k}\,a_{0k}{}^{n}\,\mathbf{g}_n \tag{2.5}$$

ergibt. Diese Beziehung ist aber identisch mit

$$a_l{}^{0k}\,a_{0k}{}^{n} = \delta_l{}^{n} \quad \text{bzw.} \quad (a_l{}^{0k})\,(a_{0k}{}^{n}) = (\delta_l{}^{n}) \tag{2.6}$$

in Matrixschreibweise, wenn der untere Index als Zeilenindex vereinbart wird. Wie wir im nächsten Abschnitt erkennen, ist es nicht zweckmäßig, generell den unteren Index als Zeilenindex und den oberen Index als Spaltenindex zu vereinbaren. Entscheidend ist, was dargestellt werden soll. Die Vergabe von Zeilen- und Spaltenindex wird daher einige Aufmerksamkeit erfordern.
Die Index- bzw. Matrixschreibweise von Gl. (2.6) ist die Abkürzung von drei Gleichungssystemen zu je drei Gleichungen für die gesuchten Koeffizienten $a_{0k}{}^{n}$. Zum besseren Verständnis schreiben wir die Gleichungen einzeln auf. Die Multiplikation von (2.6) führt auf die Gleichungssysteme:

$$\begin{aligned}
a_1{}^{01}\,a_{01}{}^{1} + a_1{}^{02}\,a_{02}{}^{1} + a_1{}^{03}\,a_{03}{}^{1} &= 1 \\
a_2{}^{01}\,a_{01}{}^{1} + a_2{}^{02}\,a_{02}{}^{1} + a_2{}^{03}\,a_{03}{}^{1} &= 0 \\
a_3{}^{01}\,a_{01}{}^{1} + a_3{}^{02}\,a_{02}{}^{1} + a_3{}^{03}\,a_{03}{}^{1} &= 0,
\end{aligned} \tag{2.7}$$

$$\begin{aligned}
a_1{}^{01}\,a_{01}{}^{2} + a_1{}^{02}\,a_{02}{}^{2} + a_1{}^{03}\,a_{03}{}^{2} &= 0 \\
a_2{}^{01}\,a_{01}{}^{2} + a_2{}^{02}\,a_{02}{}^{2} + a_2{}^{03}\,a_{03}{}^{2} &= 1 \\
a_3{}^{01}\,a_{01}{}^{2} + a_3{}^{02}\,a_{02}{}^{2} + a_3{}^{03}\,a_{03}{}^{2} &= 0,
\end{aligned} \tag{2.8}$$

$$\begin{aligned}
a_1{}^{01}\,a_{01}{}^{3} + a_1{}^{02}\,a_{02}{}^{3} + a_1{}^{03}\,a_{03}{}^{3} &= 0 \\
a_2{}^{01}\,a_{01}{}^{3} + a_2{}^{02}\,a_{02}{}^{3} + a_2{}^{03}\,a_{03}{}^{3} &= 0 \\
a_3{}^{01}\,a_{01}{}^{3} + a_3{}^{02}\,a_{02}{}^{3} + a_3{}^{03}\,a_{03}{}^{3} &= 1.
\end{aligned} \tag{2.9}$$

Die Gln. (2.7) bis (2.9) haben eine gemeinsame Koeffizientenmatrix $(a_l{}^{0k})$. Diese ist regulär, da das Spatprodukt der Basisvektoren von Null verschieden ist. Ersetzen wir andererseits in $g_{0k} = a_{0k}{}^n g_n$ den Basisvektor $g_n = a_n{}^{0i} g_{0i}$, so erhalten wir die Matrixgleichung

$$(a_{0k}{}^n)(a_n{}^{0i}) = (\delta_k{}^i), \qquad (2.10)$$

aus der sich die $a_{0k}{}^n$ ebenfalls bestimmen lassen. Die Gln. (2.6) und (2.10) dienen andererseits auch der Bestimmung der $a_n{}^{0i}$ bei gegebenen $a_{0k}{}^n$.

Beispiel 2.1 :
Wir wählen als Grundsystem 1 [Käs54]

$$\begin{aligned}
g_1 &= g_{01}, \\
g_2 &= g_{01} + g_{02}, \\
g_3 &= g_{01} + g_{02} + g_{03}
\end{aligned} \qquad (2.11)$$

und suchen die Darstellung $g_{0k} = a_{0k}{}^i g_i$.
Das Grundsystem $g_i = a_i{}^{0j} g_{0j}$ ist in Abhängigkeit des kartesischen Koordinatensystems gegeben. Ersetzen wir jetzt g_i, so ergibt sich die Gl. (2.10)

$$(a_{0k}{}^i)(a_i{}^{0j}) = (\delta_k{}^j)$$

und ausgeschrieben:

$$\begin{aligned}
& \begin{pmatrix} a_{01}{}^1 & a_{01}{}^2 & a_{01}{}^3 \\ a_{02}{}^1 & a_{02}{}^2 & a_{02}{}^3 \\ a_{03}{}^1 & a_{03}{}^2 & a_{03}{}^3 \end{pmatrix} \cdot \begin{pmatrix} 1 & 0 & 0 \\ 1 & 1 & 0 \\ 1 & 1 & 1 \end{pmatrix} \\
= & \begin{pmatrix} a_{01}{}^1 + a_{01}{}^2 + a_{01}{}^3 & a_{01}{}^2 + a_{01}{}^3 & a_{01}{}^3 \\ a_{02}{}^1 + a_{02}{}^2 + a_{02}{}^3 & a_{02}{}^2 + a_{02}{}^3 & a_{02}{}^3 \\ a_{03}{}^1 + a_{03}{}^2 + a_{03}{}^3 & a_{03}{}^2 + a_{03}{}^3 & a_{03}{}^3 \end{pmatrix} = \begin{pmatrix} 1 & 0 & 0 \\ 0 & 1 & 0 \\ 0 & 0 & 1 \end{pmatrix}.
\end{aligned}$$

Hieraus folgt unmittelbar die Lösung:

$$(a_{0k}{}^i) = \begin{pmatrix} 1 & 0 & 0 \\ -1 & 1 & 0 \\ 0 & -1 & 1 \end{pmatrix} \quad \text{und damit} \quad \begin{aligned} g_{01} &= g_1, \\ g_{02} &= -g_1 + g_2, \\ g_{03} &= -g_2 + g_3. \end{aligned}$$

Aufgabe 2.1 : Gegeben ist das Grundsystem 2 [Käs54]

$$\begin{aligned}
g_1 &= -g_{01} + g_{03}, \\
g_2 &= g_{02} + g_{03}, \\
g_3 &= 2 g_{03}.
\end{aligned} \qquad (2.12)$$

Gesucht werden die Koeffizienten $a_{0k}{}^i$. Geben Sie eine Skizze der Basisvektoren g_i im kartesischen Koordinatensystem an!

2.1.1   Das ko- und kontravariante Grundsystem

Die meisten Beziehungen lassen sich in der Vektor- und Tensoranalysis über-sichtlicher darstellen, wenn man neben dem kovarianten Grundsystem $\mathbf{g}_1, \mathbf{g}_2, \mathbf{g}_3$ noch das kontravariante Grundsystem $\mathbf{g}^1, \mathbf{g}^2, \mathbf{g}^3$ einführt. Beide Systeme bilden das Bezugssystem.

Voraussetzung: Die $\mathbf{g}_k \in \Re^3$, $k = 1, 2, 3$, seien linear unabhängig. Sie bilden das kovariante Grundsystem. In der Regel sind die $\mathbf{g}_k$ keine Einheitsvektoren.

Definition 2.1 :   *Es sei $\mathbf{g}_i$ ein kovariantes Grundsystem. $\mathbf{g}^k$, $k = 1, 2, 3$, heißt kontravariantes Grundsystem, falls*

$$\mathbf{g}_i \cdot \mathbf{g}^k = \delta_i^k \quad \forall\, i, k = 1, 2, 3 \qquad (2.13)$$

gilt.

Im einzelnen folgt daraus:

$$
\begin{array}{llll}
\mathbf{g}^1 \cdot \mathbf{g}_1 & = 1, & \mathbf{g}^1 \cdot \mathbf{g}_2 = 0, & \mathbf{g}^1 \cdot \mathbf{g}_3 = 0, \\
\mathbf{g}^2 \cdot \mathbf{g}_1 & = 0, & \mathbf{g}^2 \cdot \mathbf{g}_2 = 1, & \mathbf{g}^2 \cdot \mathbf{g}_3 = 0, \\
\mathbf{g}^3 \cdot \mathbf{g}_1 & = 0, & \mathbf{g}^3 \cdot \mathbf{g}_2 = 0, & \mathbf{g}^3 \cdot \mathbf{g}_3 = 1.
\end{array}
$$

Das Paar $(\{\mathbf{g}_i\}, \{\mathbf{g}^k\})$ bezeichnet man als biorthogonales System. Solche Sy-steme werden in der Mathematik häufig benutzt.

Satz 2.1 :   *Ist $\mathbf{g}_i$ ein kovariantes Grundsystem, dann ist das kontravariante Grundsystem $\mathbf{g}^k$ nach Gl. (2.13) eindeutig festgelegt und umgekehrt.*

Beweis: Angenommen $\mathbf{g}^k$ und $\mathbf{g}^{*k}$ seien zwei voneinander verschiedene kontra-variante Grundsysteme, dann existiert mindestens ein Index l mit $\mathbf{g}^l \neq \mathbf{g}^{*l}$. Nun gelten:

$$\mathbf{g}_k \cdot \mathbf{g}^l = \delta_k^l \quad \text{und} \quad \mathbf{g}_k \cdot \mathbf{g}^{*l} = \delta_k^l .$$

Hieraus folgt $\mathbf{g}_k \cdot \mathbf{g}^l = \mathbf{g}_k \cdot \mathbf{g}^{*l}$ und $\mathbf{g}_k \cdot (\mathbf{g}^l - \mathbf{g}^{*l}) = 0$.

Mithin ist $\mathbf{g}^l = \mathbf{g}^{*l}$, was aber zur Voraussetzung ein Widerspruch ist.   □

Es stellt sich die Frage, wie man das eindeutig festgelegte kontravariante Grund-system berechnet. Hier gilt der

---

Satz 2.2 :   *Ist $\mathbf{g}_k$ ein kovariantes Grundsystem, dann ist das kontravariante Grundsystem durch*

$$\mathbf{g}^i = \frac{\mathbf{g}_j \times \mathbf{g}_k}{[\mathbf{g}_1, \mathbf{g}_2, \mathbf{g}_3]}, \quad i, j, k \quad \text{zykl.} \quad 1, 2, 3 \qquad (2.14)$$

festgelegt.

Beweis: Wir müssen zeigen, daß die $\mathbf{g}^i$ nach Gl. (2.14) wieder den $\Re^3$ aufspannen und das $\mathbf{g}_k \cdot \mathbf{g}^i = \delta_k^i$ gilt.

(i) Durch $\mathbf{g}_j \times \mathbf{g}_k$ mit i, j, k zykl. $1, 2, 3$ werden drei linear unabhängige Vektoren $\mathbf{g}^i$ definiert. Das Spatprodukt $[\mathbf{g}_1, \mathbf{g}_2, \mathbf{g}_3]$ ist nach Voraussetzung von Null verschieden, da die $\mathbf{g}_k$ ein Grundsystem bilden. Somit sind die $\mathbf{g}^i$ eine Basis des $\Re^3$.

(ii) Mit der Eigenschaft des Spatproduktes folgt

$$\mathbf{g}^i \cdot \mathbf{g}_l = \frac{(\mathbf{g}_j \times \mathbf{g}_k) \cdot \mathbf{g}_l}{[\mathbf{g}_1, \mathbf{g}_2, \mathbf{g}_3]} = \begin{cases} 1 & \text{für} \quad i = l \quad \text{und} \quad i, j, k \quad \text{zykl. } 1, 2, 3, \\ 0 & \text{sonst.} \end{cases}$$

$\square$

Aus Gl. (2.14) ergibt sich im einzelnen:

$$\mathbf{g}^1 = \frac{\mathbf{g}_2 \times \mathbf{g}_3}{[\mathbf{g}_1, \mathbf{g}_2, \mathbf{g}_3]}, \quad \mathbf{g}^2 = \frac{\mathbf{g}_3 \times \mathbf{g}_1}{[\mathbf{g}_1, \mathbf{g}_2, \mathbf{g}_3]}, \quad \mathbf{g}^3 = \frac{\mathbf{g}_1 \times \mathbf{g}_2}{[\mathbf{g}_1, \mathbf{g}_2, \mathbf{g}_3]}.$$

Umgekehrt ist bei Vorgabe des kontravarianten Grundsystems das kovariante durch die Beziehung

$$\mathbf{g}_k = \frac{\mathbf{g}^l \times \mathbf{g}^m}{[\mathbf{g}^1, \mathbf{g}^2, \mathbf{g}^3]}, \quad k, l, m \quad \text{zykl. } 1, 2, 3 \tag{2.15}$$

festgelegt. Die Vektoren beider Grundsysteme sind so gerichtet, daß jeweils ein Vektor des einen Grundsystems senkrecht auf zwei anderen Vektoren des zweiten Grundsystems steht. Die beiden Grundsysteme stehen also in einem symmetrischen, reziproken Verhältnis zueinander. Aus dieser Zuordnung ergibt sich folgende Beziehung zwischen den Spatprodukten beider Grundsysteme. Ersetzt man z.B. in

$$\mathbf{g}_1 = \frac{\mathbf{g}^2 \times \mathbf{g}^3}{[\mathbf{g}^1, \mathbf{g}^2, \mathbf{g}^3]}$$

die kontravarianten Basisvektoren durch Gl. (2.14), so erhält man

$$\mathbf{g}_1 = \frac{1}{[\mathbf{g}^1, \mathbf{g}^2, \mathbf{g}^3]} (\mathbf{g}_3 \times \mathbf{g}_1) \times (\mathbf{g}_1 \times \mathbf{g}_2) \frac{1}{[\mathbf{g}_1, \mathbf{g}_2, \mathbf{g}_3]^2}. \tag{2.16}$$

Nach dem Zerlegungssatz (1.43) ist

$$(\mathbf{g}_3 \times \mathbf{g}_1) \times (\mathbf{g}_1 \times \mathbf{g}_2) = [\mathbf{g}_1, \mathbf{g}_2, \mathbf{g}_3]\mathbf{g}_1 - [\mathbf{g}_3, \mathbf{g}_1, \mathbf{g}_1]\mathbf{g}_1 = [\mathbf{g}_1, \mathbf{g}_2, \mathbf{g}_3]\mathbf{g}_1,$$

und in Gl. (2.16) eingesetzt ergibt sich die gesuchte Beziehung

$$[\mathbf{g}^1, \mathbf{g}^2, \mathbf{g}^3] = \frac{1}{[\mathbf{g}_1, \mathbf{g}_2, \mathbf{g}_3]} \, . \tag{2.17}$$

Das Produkt der Volumina der von den kovarianten und kontravarianten Basisvektoren aufgespannten Parallelepipede ist gleich Eins.
Die kontravarianten Basisvektoren lassen sich mit Hilfe der Transformationskoeffizienten $a^i{}_{0j}$ wie die kovarianten Basisvektoren in Abhängigkeit von den kartesischen Basisvektoren darstellen

$$\mathbf{g}^i = a^i{}_{0j}\, \mathbf{g}^{0j} \quad \text{und umgekehrt} \quad \mathbf{g}^{0i} = a^{0i}{}_{j}\, \mathbf{g}^j \, . \tag{2.18}$$

Dabei gelten die Beziehungen

$$a^i{}_{0j}\, a^{0j}{}_k = \delta^i{}_k \quad \text{und} \quad a^{0i}{}_j\, a^j{}_{0k} = \delta^i{}_k \, . \tag{2.19}$$

Um die Gln. (2.19) in Matrixschreibweise zu überführen, vereinbaren wir nun den oberen Index der Koeffizienten in (2.19) als Zeilenindex, was auch die Darstellung (2.18) nahelegt. Die Gln. (2.19) lauten dann in Matrixschreibweise:

$$\left(a^i{}_{0j}\right)\left(a^{0j}{}_k\right) = \left(\delta^i{}_k\right) \quad \text{und} \quad \left(a^{0i}{}_j\right)\left(a^j{}_{0k}\right) = \left(\delta^i{}_k\right) . \tag{2.20}$$

Die durch die Gln. (2.18) definierten Transformationskoeffizienten $a^i{}_{0j}$ und $a^{0i}{}_j$ sind mit den durch die Gln. (2.3) und (2.2) definierten Koeffizienten identisch. Es gilt nämlich

$$a^{0i}{}_j = a_j{}^{0i} = a^{0i}_j \quad \text{und} \quad a^i{}_{0j} = a_{0j}{}^i = a^i_{0j}, \tag{2.21}$$

wie wir in Abschnitt 2.1.2 zeigen werden. Die Stellung der Indizes als vorderer oder hinterer Index ist bedeutungslos. Damit sind bei bekannten kovarianten Basisvektoren, Gln. (2.2) und (2.3), über Gl. (2.21) auch die Transformationskoeffizienten der kontravarianten Basisvektoren, Gl. (2.18), bekannt und umgekehrt.

Beispiel 2.2 : Wir bestimmen die zum Grundsystem 1, Gl. (2.11), gehörigen kontravarianten Basisvektoren. Der kürzeste Weg zu diesem Ziel führt über die bereits in Beispiel (2.1) bestimmten Koeffizienten $a_{0k}{}^i$. Denn, wie wir gezeigt haben gilt

$$\mathbf{g}_{0k} = a_{0k}{}^i\, \mathbf{g}_i \quad \text{und andererseits auch} \quad \mathbf{g}^i = a^i{}_{0k}\, \mathbf{g}^{0k}.$$

Ungeachtet dieser Möglichkeit lassen sich die kontravarianten Basisvektoren auch über die in Satz 2.2 gegebene Beziehung

$$\mathbf{g}^i = \frac{\mathbf{g}_j \times \mathbf{g}_k}{[\mathbf{g}_1, \mathbf{g}_2, \mathbf{g}_3]}, \quad i, j, k \quad \text{zykl.} \ 1, 2, 3 \tag{2.22}$$

bilden. Wir berechnen zunächst das Spatprodukt der kovarianten Basisvektoren $\mathbf{g}_i = a_i{}^{0k}\mathbf{g}_{0k}$, was

$$[\mathbf{g}_1, \mathbf{g}_2, \mathbf{g}_3] = (\mathbf{g}_1 \times \mathbf{g}_2) \cdot \mathbf{g}_3 = \begin{vmatrix} a_1{}^{01} & a_1{}^{02} & a_1{}^{03} \\ a_2{}^{01} & a_2{}^{02} & a_2{}^{03} \\ a_3{}^{01} & a_3{}^{02} & a_3{}^{03} \end{vmatrix} = \begin{vmatrix} 1 & 0 & 0 \\ 1 & 1 & 0 \\ 1 & 1 & 1 \end{vmatrix} = 1$$

ergibt. Weiterhin ist

$$\mathbf{g}_j \times \mathbf{g}_k = a_j{}^{0m} a_k{}^{0n} \mathbf{g}_{0m} \times \mathbf{g}_{0n} \quad \begin{cases} j, k & \text{zykl.} & 1, 2, 3, \\ m, n & \text{unabhängig} & 1, 2, 3. \end{cases}$$

Mit

$$\mathbf{g}_{0m} \times \mathbf{g}_{0n} = \begin{cases} \mathbf{g}_{0l} & \text{für} & m, n, l \text{ zykl.} & 1, 2, 3, \\ -\mathbf{g}_{0l} & \text{für} & m, n, l \text{ antizykl.} & 1, 2, 3, \\ 0 & \text{sonst} \end{cases}$$

ergibt sich

$$\mathbf{g}^i = \frac{\mathbf{g}_j \times \mathbf{g}_k}{[\mathbf{g}_1, \mathbf{g}_2, \mathbf{g}_3]} = \frac{1}{[\mathbf{g}_1, \mathbf{g}_2, \mathbf{g}_3]}(a_j{}^{0m} a_k{}^{0n} - a_j{}^{0n} a_k{}^{0m})\mathbf{g}_{0l}, \quad \begin{cases} i, j, k & \text{zykl.} & 1, 2, 3, \\ m, n, l & \text{zykl.} & 1, 2, 3. \end{cases}$$

Nach dieser Vorschrift folgt explizit z.B. für $\mathbf{g}^1$:

$$\mathbf{g}^1 = \frac{\mathbf{g}_2 \times \mathbf{g}_3}{[\mathbf{g}_1, \mathbf{g}_2, \mathbf{g}_3]} = \frac{1}{[\mathbf{g}_1, \mathbf{g}_2, \mathbf{g}_3]}(a_2{}^{0m} a_3{}^{0n} - a_2{}^{0n} a_3{}^{0m})\mathbf{g}_{0l}, \quad m, n, l \text{ zykl.} 1, 2, 3,$$

$$= \frac{1}{[\mathbf{g}_1, \mathbf{g}_2, \mathbf{g}_3]}\{(a_2{}^{01} a_3{}^{02} - a_2{}^{02} a_3{}^{01})\mathbf{g}_{03} + (a_2{}^{02} a_3{}^{03} - a_2{}^{03} a_3{}^{02})\mathbf{g}_{01}$$
$$+ (a_2{}^{03} a_3{}^{01} - a_2{}^{01} a_3{}^{03})\mathbf{g}_{02}\}$$

oder

$$\mathbf{g}^1 = \frac{1}{[\mathbf{g}_1, \mathbf{g}_2, \mathbf{g}_3]} \begin{vmatrix} \mathbf{g}_{01} & \mathbf{g}_{02} & \mathbf{g}_{03} \\ a_2{}^{01} & a_2{}^{02} & a_2{}^{03} \\ a_3{}^{01} & a_3{}^{02} & a_3{}^{03} \end{vmatrix} = \begin{vmatrix} \mathbf{g}_{01} & \mathbf{g}_{02} & \mathbf{g}_{03} \\ 1 & 1 & 0 \\ 1 & 1 & 1 \end{vmatrix} = \mathbf{g}_{01} - \mathbf{g}_{02} \quad .$$

Wir erhalten

$$\mathbf{g}^1 = \mathbf{g}_{01} - \mathbf{g}_{02}$$

und in gleicher Weise

$$\mathbf{g}^2 = \mathbf{g}_{02} - \mathbf{g}_{03} \quad \text{und} \quad \mathbf{g}^3 = \mathbf{g}_{03}.$$

Aufgabe 2.2 : Berechnen Sie die kontravarianten Basisvektoren $\mathbf{g}^{0k}$ des kartesischen Koordinatensystems aus den kovarianten Basisvektoren $\mathbf{g}_{0i}$!

2.1.2   Die ko- und kontravarianten Metrikkoeffizienten

In Abschnitt 2.1.1 haben wir den Zusammenhang zwischen dem kontravarianten und dem kovarianten Grundsystem über das Vektorprodukt (2.14) und (2.15) eingeführt. Es gibt aber noch eine zweite Verknüpfungsvorschrift zwischen den beiden Grundsystemen, die frei vom Vektorprodukt ist und daher auf Räume beliebiger Dimension übertragen werden kann.

Definition 2.2 : *Die kovarianten Metrikkoeffizienten g_{kl} zerlegen das kovariante Grundsystem in Richtung der kontravarianten Basisvektoren, und die kontravarianten Metrikkoeffizienten g^{kl} zerlegen das kontravariante Grundsystem in Richtung der kovarianten Basisvektoren, d.h.*

$$\mathbf{g}_k = g_{kl}\,\mathbf{g}^l \quad und \quad \mathbf{g}^k = g^{kl}\,\mathbf{g}_l\,. \tag{2.23}$$

Die Metrikkoeffizienten sind die Transformationskoeffizienten zwischen dem kovarianten und dem kontravarianten Grundsystem. Multipliziert man die Beziehungen in (2.23) skalar mit dem kovarianten und dem kontravarianten Basisvektor, also

$$\mathbf{g}_k \cdot \mathbf{g}_m = g_{kl}\,\mathbf{g}^l \cdot \mathbf{g}_m = g_{kl}\,\delta^l{}_m = g_{km} \quad und \quad \mathbf{g}^k \cdot \mathbf{g}^n = g^{kl}\,\mathbf{g}_l \cdot \mathbf{g}^n = g^{kl}\,\delta_l{}^n = g^{kn},$$

so erhalten wir für die Metrikkoeffizienten die Beziehungen

$$g_{kl} = \mathbf{g}_k \cdot \mathbf{g}_l = \mathbf{g}_l \cdot \mathbf{g}_k = g_{lk} \quad und \quad g^{kl} = \mathbf{g}^k \cdot \mathbf{g}^l = \mathbf{g}^l \cdot \mathbf{g}^k = g^{lk}\,. \tag{2.24}$$

Im einzelnen sind

$$\begin{aligned}
g_{11} &= \mathbf{g}_1 \cdot \mathbf{g}_1, \quad g_{12} = \mathbf{g}_1 \cdot \mathbf{g}_2, \quad g_{13} = \mathbf{g}_1 \cdot \mathbf{g}_3, ...und \\
g^{11} &= \mathbf{g}^1 \cdot \mathbf{g}^1, \quad g^{12} = \mathbf{g}^1 \cdot \mathbf{g}^2, \quad g^{13} = \mathbf{g}^1 \cdot \mathbf{g}^3, ...usw.
\end{aligned}$$

Die Matrix der Metrikkoeffizienten ist wegen der Kommutativität des Skalarproduktes symmetrisch.

Zwischen den kontravarianten und den kovarianten Metrikkoeffizienten besteht der Zusammenhang

$$g^{kl}\,g_{lm} = \delta^k{}_m\,. \tag{2.25}$$

Die Gl. (2.25) ergibt sich unmittelbar aus

$$\mathbf{g}^k = g^{kl}\,\mathbf{g}_l = g^{kl}\,g_{lm}\,\mathbf{g}^m\,,$$

die für $k = m$

$$\mathbf{g}^m(1 - g^{ml}\,g_{lm}) = 0 \quad und \; damit \quad g^{ml}\,g_{lm} = 1$$

ergibt und für $k \neq m$

$$g^{kl} \, g_{lm} = 0 \, .$$

Das vorliegende Gleichungssystem (2.25) von 9 Gleichungen erlaubt die Berechnung der kontravarianten Metrikkoeffizienten, wenn die kovarianten Metrikkoeffizienten bekannt sind und umgekehrt.

Die Metrikkoeffizienten lassen sich auch in Abhängigkeit von den Transformationskoeffizienten $a_k{}^{0m}$ und $a_{0k}{}^m$ angeben. Wegen $\mathbf{g}_k = a_k{}^{0m} \mathbf{g}_{0m}$ erhält man

$$
\begin{aligned}
g_{kl} &= \mathbf{g}_k \cdot \mathbf{g}_l = a_k{}^{0m} a_l{}^{0n} \mathbf{g}_{0m} \cdot \mathbf{g}_{0n} = a_k{}^{0m} a_l{}^{0n} \delta_{mn} = a_k{}^{0m} a_l{}^{0m} \\
&= \sum_{m=1}^{3} a_k{}^{0m} a_l{}^{0m}
\end{aligned}
\tag{2.26}
$$

und für

$$
\begin{aligned}
g^{kl} &= \mathbf{g}^k \cdot \mathbf{g}^l = a^k{}_{0m} a^l{}_{0n} \mathbf{g}^{0m} \cdot \mathbf{g}^{0n} = a^k{}_{0m} a^l{}_{0n} \delta_{mn} = a^k{}_{0m} a^l{}_{0m} \\
&= \sum_{m=1}^{3} a^k{}_{0m} a^l{}_{0m} \, .
\end{aligned}
\tag{2.27}
$$

Die Metrikkoeffizienten haben eine anschauliche Bedeutung. Betrachten wir das kovariante Grundsystem. Der Betrag des Basisvektors

$$|\mathbf{g}_k| = \sqrt{\mathbf{g}_k \cdot \mathbf{g}_k} = \sqrt{g_{(kk)}} \tag{2.28}$$

ist gleich der Wurzel aus dem Metrikkoeffizienten $g_{(kk)}$. Für den Winkel zwischen zwei Basisvektoren gilt:

$$\mathbf{g}_i \cdot \mathbf{g}_j = |\mathbf{g}_i||\mathbf{g}_j| \cos(\mathbf{g}_i, \mathbf{g}_j) = g_{ij}$$

oder

$$\cos(\mathbf{g}_i, \mathbf{g}_j) = \frac{g_{ij}}{\sqrt{g_{(ii)}} \sqrt{g_{(jj)}}} \, . \tag{2.29}$$

Analog erhalten wir im kontravarianten Grundsystem

$$|\mathbf{g}^k| = \sqrt{g^{(kk)}} \quad \text{und} \quad \cos(\mathbf{g}^k, \mathbf{g}^l) = \frac{g^{kl}}{\sqrt{g^{(kk)}} \sqrt{g^{(ll)}}} \, . \tag{2.30}$$

Über die in Klammern gesetzten Indizes ist nicht zu summieren.

Wir können jetzt die Beziehungen (2.21), $a^{0i}{}_j = a_j{}^{0i}$ bzw. $a^i{}_{0j} = a_{0j}{}^i$, beweisen. Mit $\mathbf{g}^{0m} = \mathbf{g}_{0m}$ erhalten wir aus

$$\mathbf{g}^k = a^k{}_{0m} \mathbf{g}^{0m} = a^k{}_{0m} \mathbf{g}_{0m} = a^k{}_{0m} a_{0m}{}^r \mathbf{g}_r$$

nach Multiplikation mit $\mathbf{g}^l$

$$\mathbf{g}^k \cdot \mathbf{g}^l = g^{kl} = a^k{}_{0m}\, a_{0m}{}^r\, \mathbf{g}_r \cdot \mathbf{g}^l = a^k{}_{0m}\, a_{0m}{}^l .$$

Vergleicht man diese Beziehung mit $g^{kl} = a^k{}_{0m}\, a^l{}_{0m}$ aus Gl. (2.27), dann ergibt sich unmittelbar die zu beweisende Behauptung $a_{0m}{}^l = a^l{}_{0m}$.

Beispiel 2.3 : Wir bestimmen die kovarianten und die kontravarianten Metrikkoeffizienten des Grundsystems 1. Das kovariante Grundsystem 1 lautet:

$$\mathbf{g}_1 = \mathbf{g}_{01},$$

$$\mathbf{g}_2 = \mathbf{g}_{01} + \mathbf{g}_{02} \quad \text{mit} \quad (a_k{}^{0l}) = \begin{pmatrix} 1 & 0 & 0 \\ 1 & 1 & 0 \\ 1 & 1 & 1 \end{pmatrix},$$

$$\mathbf{g}_3 = \mathbf{g}_{01} + \mathbf{g}_{02} + \mathbf{g}_{03}.$$

Die kovarianten Metrikkoeffizienten ergeben sich nach Gl. (2.24) oder (2.26) zu

$$(g_{kl}) = (a_k{}^{0m})(a_l{}^{0m})^T = \begin{pmatrix} 1 & 0 & 0 \\ 1 & 1 & 0 \\ 1 & 1 & 1 \end{pmatrix} \cdot \begin{pmatrix} 1 & 1 & 1 \\ 0 & 1 & 1 \\ 0 & 0 & 1 \end{pmatrix} = \begin{pmatrix} 1 & 1 & 1 \\ 1 & 2 & 2 \\ 1 & 2 & 3 \end{pmatrix}.$$

Der untere Index der Transformationskoeffizienten $a_k{}^{0m}$ ist Zeilenindex. Für das kontravariante Grundsystem

$$\mathbf{g}^1 = \mathbf{g}^{01} - \mathbf{g}^{02},$$

$$\mathbf{g}^2 = \mathbf{g}^{02} - \mathbf{g}^{03} \quad \text{mit} \quad (a^i{}_{0m}) = \begin{pmatrix} 1 & -1 & 0 \\ 0 & 1 & -1 \\ 0 & 0 & 1 \end{pmatrix},$$

$$\mathbf{g}^3 = \mathbf{g}^{03}$$

erhalten wir

$$g^{ik} = (a^i{}_{0m})(a^k{}_{0m})^T = \begin{pmatrix} 1 & -1 & 0 \\ 0 & 1 & -1 \\ 0 & 0 & 1 \end{pmatrix} \cdot \begin{pmatrix} 1 & 0 & 0 \\ -1 & 1 & 0 \\ 0 & -1 & 1 \end{pmatrix} = \begin{pmatrix} 2 & -1 & 0 \\ -1 & 2 & -1 \\ 0 & -1 & 1 \end{pmatrix}.$$

Der obere Index der Transformationskoeffizienten $a^i{}_{0m}$ ist jetzt Zeilenindex.

Aufgabe 2.3 : Bestimmen Sie die ko- und die kontravarianten Metrikkoeffizienten des Grundsystems 2 (Gl. (2.12))!

Aufgabe 2.4 : Beweisen Sie die Formel

$$\mathbf{g}_i \times \mathbf{g}^m = \frac{g_{il}\, \mathbf{g}_k - g_{ik}\, \mathbf{g}_l}{[\mathbf{g}_1, \mathbf{g}_2, \mathbf{g}_3]}, \quad k, l, m \ \text{zykl.} \ 1, 2, 3! \tag{2.31}$$

2.1.3 Vektor im ko- und kontravarianten Grundsystem

Einen Vektor $\vec{A}$ kann man in Richtung eines kovarianten oder eines kontravarianten Grundsystems zerlegen.

$$\vec{A} = A^i\,\mathbf{g}_i = A^1\mathbf{g}_1 + A^2\mathbf{g}_2 + A^3\mathbf{g}_3 \tag{2.32}$$

ist die Darstellung im kovarianten Grundsystem. Die A^i sind die kontravarianten Komponenten bezüglich des kovarianten Grundsystems. Die Darstellung im kontravarianten Grundsystem ist

$$\vec{A} = A_i\,\mathbf{g}^i = A_1\mathbf{g}^1 + A_2\mathbf{g}^2 + A_3\mathbf{g}^3 \,. \tag{2.33}$$

Die A_i sind die kovarianten Komponenten bezüglich des kontravarianten Grundsystems. Multipliziert man den Vektor $\vec{A}$ nach Gl. (2.32) skalar mit dem kontravarianten Basisvektor $\mathbf{g}^k$, also

$$\vec{A} \cdot \mathbf{g}^k = A^i\mathbf{g}_i \cdot \mathbf{g}^k = A^i\delta_i{}^k = A^k \,,$$

so erhält man die kontravariante Komponente

$$A^k = \vec{A} \cdot \mathbf{g}^k \,. \tag{2.34}$$

Entsprechend erhält man für die kovariante Vektorkomponente

$$A_k = \vec{A} \cdot \mathbf{g}_k \,. \tag{2.35}$$

Die kontravarianten und die kovarianten Komponenten eines Vektors besitzen im allgemeinen keine geometrisch anschauliche Bedeutung. Anschaulich sind nur die physikalischen Komponenten.

Im Rahmen des Tensorkalküls legt man sich bei der Darstellung eines Vektors nicht auf das eine oder das andere Grundsystem fest, sondern wechselt von Fall zu Fall das Grundsystem. Wichtig ist, daß man den Vektor oft nur durch seine Komponenten A^k oder A_k identifiziert.

2.1.4 Physikalische Komponenten des Vektors

Die Operationen mit Tensoren führt man im kovarianten und kontravarianten Grundsystem durch. Erst nach dem Erhalt des gewünschten Resultates stellt man die Vektoren oder Tensoren durch ihre physikalischen Komponenten dar. Um die physikalischen Vektorkomponenten zu erhalten, bilden wir die Einheitsvektoren des betreffenden Grundsystems. Es sei

$$\vec{A} = A^k\mathbf{g}_k = A^k|\mathbf{g}_k|\mathbf{g}_k^* \,.$$

Dann ist

$$\mathbf{g}_k^* = \frac{\mathbf{g}_k}{|\mathbf{g}_k|} = \frac{\mathbf{g}_k}{\sqrt{g_{(kk)}}} \tag{2.36}$$

der kovariante Einheitsvektor, und

$$A^{*k} = A^k \sqrt{g_{(kk)}} \tag{2.37}$$

ist die physikalische kontravariante Komponente des Vektors $\vec{A}$. In

$$\vec{A} = A_k \mathbf{g}^k = A_k |\mathbf{g}^k| \mathbf{g}^{*k}$$

führen wir den kontravarianten Einheitsvektor

$$\mathbf{g}^{*k} = \frac{\mathbf{g}^k}{\sqrt{g^{(kk)}}} \tag{2.38}$$

ein mit der kovarianten physikalischen Komponente

$$A_k^* = A_k \sqrt{g^{(kk)}} . \tag{2.39}$$

Von der Wurzel aus den Metrikkoeffizienten ist stets nur der positive Zweig zu nehmen.

2.1.5 Beziehungen zwischen den ko- und kontravarianten Vektorkomponenten

Ein Vektor beschreibt in der Regel einen geometrischen oder physikalischen Sachverhalt. Dieser Sachverhalt bleibt ungeändert, ganz gleich, ob der Vektor im kovarianten oder kontravarianten Grundsystem dargestellt wird. Nach der Invarianzbedingung

$$\vec{A} = A^k \mathbf{g}_k = A_i \mathbf{g}^i$$

existiert eine Beziehung zwischen den kontravarianten und den kovarianten Komponenten eines Vektors. Multiplizieren wir obige Gleichung mit $\mathbf{g}^l$

$$A^k \mathbf{g}_k \cdot \mathbf{g}^l = A_i \mathbf{g}^i \cdot \mathbf{g}^l ,$$

so folgt $A^l = g^{il} A_i = g^{li} A_i$ wegen der Symmetrie der Metrikkoeffizienten. In Matrixschreibweise lautet die obige Gleichung

$$(A^l) = (g^{li})(A_i) . \tag{2.40}$$

Bei Multiplikation mit $\mathbf{g}_l$ erhalten wir

$$A^k \, \mathbf{g}_k \cdot \mathbf{g}_l = A_i \, \mathbf{g}^i \cdot \mathbf{g}_l = A_l$$

und

$$(A_l) = (g_{lk})(A^k) \,. \tag{2.41}$$

Die hier hergeleiteten Ausdrücke (2.40) und (2.41) demonstrieren die Vorgehensweise beim Herauf- und Herunterziehen eines Indexes. Sie ist ein charakteristisches Merkmal des Tensorkalküls. Die Metrikkoeffizienten verknüpfen nicht nur die ko- und kontravarianten Basisvektoren miteinander, Gl. (2.23), sondern auch die ko- und kontravarianten Vektorkomponenten, Gl. (2.41) und (2.40).

Beispiel 2.4 : Der Vektor $\vec{A} = 6\mathbf{g}_{01} + 3\mathbf{g}_{02} + 2\mathbf{g}_{03}$ ist im Grundsystem 1, Beispiel 2.1, mit kovarianten Basisvektoren darzustellen. Weiterhin wollen wir seine physikalischen Komponenten angeben.
Ausgehend von $\vec{A} = A^{0i} \, \mathbf{g}_{0i}$ und der Gl. (2.3) erhalten wir

$$\vec{A} = A^{0i} \, \mathbf{g}_{0i} = A^{0i} \, a_{0i}^j \, \mathbf{g}_j = A^j \, \mathbf{g}_j \,,$$

die gesuchte Darstellung. Die kontravariante Vektorkomponente läßt sich mit der im Beispiel 2.1 bestimmten Koeffizientenmatrix (a_{0i}^j) sofort zu

$$(A^j) = (a_{0i}^j)^T (A^{0i}) = \begin{pmatrix} 1 & -1 & 0 \\ 0 & 1 & -1 \\ 0 & 0 & 1 \end{pmatrix} \begin{pmatrix} 6 \\ 3 \\ 2 \end{pmatrix} = \begin{pmatrix} 3 \\ 1 \\ 2 \end{pmatrix}$$

angeben. Die physikalischen kontravarianten Komponenten A^{*k} bestimmt man nach GL. (2.37) zu $A^{*k} = A^k \sqrt{g_{(kk)}}$. Im einzelnen erhalten wir:

$$\begin{aligned} A^{*1} &= A^1 \sqrt{g_{11}} = A^1 \sqrt{\mathbf{g}_1 \cdot \mathbf{g}_1} = 3 \,, \\ A^{*2} &= A^2 \sqrt{g_{22}} = A^2 \sqrt{\mathbf{g}_2 \cdot \mathbf{g}_2} = \sqrt{2} \,, \\ A^{*3} &= A^3 \sqrt{g_{33}} = A^3 \sqrt{\mathbf{g}_3 \cdot \mathbf{g}_3} = 2\sqrt{3} \,. \end{aligned}$$

Aufgabe 2.5 : Der Vektor $\vec{A} = 6\mathbf{g}_{01} + 3\mathbf{g}_{02} + 2\mathbf{g}_{03}$ ist im Grundsystem 1 in kontravarianten Basisvektoren aufzuschreiben. Geben Sie seine physikalischen Komponenten an!

2.2 Operationen in Komponentendarstellung

2.2.1 Die Vektoraddition und das Skalarprodukt

Die geometrische Veranschaulichung der Vektoraddition ist z.B. das Kräfteparallelogramm. Sie lautet in der komponentenfreien Darstellung

$$\vec{A} + \vec{B} = \vec{C} \,.$$

Die Komponentendarstellung nimmt Bezug auf das verwendete Grundsystem. Zerlegen wir die Vektoren in Richtung des kovarianten Grundsystems, $\vec{A} = A^k \mathbf{g}_k$, $\vec{B} = B^k \mathbf{g}_k$, $\vec{C} = C^k \mathbf{g}_k$, dann führt die Addition der Vektoren $\vec{A}$ und $\vec{B}$ auf

$$\vec{A} + \vec{B} = (A^k + B^k)\mathbf{g}_k = C^k\,\mathbf{g}_k\,, \qquad (2.42)$$

und für die kontravariante Komponente gilt

$$C^k = A^k + B^k\,. \qquad (2.43)$$

Bei der Vektoraddition müssen alle beteiligten Vektoren im gleichen Grundsystem dargestellt werden. Analog erhalten wir für die kovarianten Komponenten

$$C_k = A_k + B_k\,. \qquad (2.44)$$

Für die Vektoraddition ist typisch, daß innerhalb einer Gleichung ein bestimmter Index stets in der gleichen Stellung auftritt.

Da wir einen Vektor im kovarianten und kontravarianten Grundsystem angeben können, besitzt das Skalarprodukt zweier Vektoren vier verschiedene Darstellungen. Es handelt sich dabei um:

$$
\begin{aligned}
\vec{A} \cdot \vec{B} &= A^k \mathbf{g}_k \cdot \mathbf{g}_l B^l = A^k\,B^l\,g_{kl} \\
&= (A^k)^T\,(g_{kl})\,(B^l)
\end{aligned} \qquad (2.45)
$$

und

$$
\begin{aligned}
\vec{A} \cdot \vec{B} &= A_k \mathbf{g}^k \cdot \mathbf{g}^l B_l = A_k\,B_l\,g^{kl} \\
&= (A_k)^T\,(g^{kl})\,(B_l)
\end{aligned} \qquad (2.46)
$$

und

$$
\begin{aligned}
\vec{A} \cdot \vec{B} &= A^k \mathbf{g}_k \cdot \mathbf{g}^l B_l = A^k\,B_k \\
&= (A^k)^T\,(B_k)
\end{aligned} \qquad (2.47)
$$

und

$$
\begin{aligned}
\vec{A} \cdot \vec{B} &= A_k \mathbf{g}^k \cdot \mathbf{g}_l B^l = A_k\,B^k \\
&= (A_k)^T\,(B^k)\,.
\end{aligned} \qquad (2.48)
$$

Eine von den Metrikkoeffizienten freie Gestalt nimmt das Skalarprodukt dann ein, wenn einer der Vektoren im kovarianten Grundsystem und der andere im kontravarianten Grundsystem dargestellt wird.

2.2.2 Das Vektorprodukt in Komponentendarstellung

Das Vektorprodukt der beiden Vektoren $\vec{A}$ und $\vec{B}$ sei gleich dem Vektor $\vec{C}$. Wir betrachten zunächst die Zerlegung der Vektoren $\vec{A}$ und $\vec{B}$ in Richtung der kovarianten Grundvektoren $\mathbf{g}_k$. Dann ist

$$\vec{A} \times \vec{B} = A^k B^l \mathbf{g}_k \times \mathbf{g}_l \quad \text{mit} \quad k, l \quad \text{unabh.} \quad 1, 2, 3.$$

Nach Gl. (2.14) können wir für das Vektorprodukt der kovarianten Basisvektoren

$$\mathbf{g}_k \times \mathbf{g}_l = \begin{cases} [\mathbf{g}_1, \mathbf{g}_2, \mathbf{g}_3] \mathbf{g}^m & \text{für} \quad k, l, m \quad \text{zykl.} \quad 1, 2, 3, \\ -[\mathbf{g}_1, \mathbf{g}_2, \mathbf{g}_3] \mathbf{g}^m & \text{für} \quad k, l, m \quad \text{antizykl.} \quad 1, 2, 3, \\ 0 & \text{sonst} \end{cases} \quad (2.49)$$

schreiben. Damit nimmt das Vektorprodukt der Vektoren $\vec{A}$ und $\vec{B}$ die Gestalt

$$\vec{A} \times \vec{B} = [\mathbf{g}_1, \mathbf{g}_2, \mathbf{g}_3](A^k B^l - A^l B^k)\mathbf{g}^m = C_m \mathbf{g}^m, \quad k, l, m \quad \text{zykl.} \quad 1, 2, 3 \quad (2.50)$$

an. Für die kovarianten Komponenten des Vektorproduktes gilt somit

$$C_m = [\mathbf{g}_1, \mathbf{g}_2, \mathbf{g}_3](A^k B^l - A^l B^k), \quad k, l, m \quad \text{zykl.} \quad 1, 2, 3. \quad (2.51)$$

Gl. (2.50) läßt sich auch durch eine Determinante ausdrücken

$$\vec{A} \times \vec{B} = [\mathbf{g}_1, \mathbf{g}_2, \mathbf{g}_3] \begin{vmatrix} \mathbf{g}^1 & \mathbf{g}^2 & \mathbf{g}^3 \\ A^1 & A^2 & A^3 \\ B^1 & B^2 & B^3 \end{vmatrix}, \quad (2.52)$$

die in Gl. (1.34) übergeht, falls $\vec{A}$ und $\vec{B}$ in Richtung der Basisvektoren $\vec{e}_i = \mathbf{g}_{0i}$ des orthonormierten kartesischen Koordinatensystems zerlegt werden. In Abschnitt 3.6.1 werden wir für das Vektorprodukt eine zweite Darstellung mit dem vollständig antisymmetrischen Tensor 3. Stufe angeben.

Zerlegen wir die Vektoren $\vec{A}$ und $\vec{B}$ in Richtung der kontravarianten Basisvektoren, so ergibt sich für das Vektorprodukt

$$\vec{A} \times \vec{B} = A_k B_l \mathbf{g}^k \times \mathbf{g}^l \quad \text{mit} \quad k, l \quad \text{unabh.} \quad 1, 2, 3,$$

und mit Gl. (2.15)

$$\mathbf{g}^k \times \mathbf{g}^l = \begin{cases} [\mathbf{g}^1, \mathbf{g}^2, \mathbf{g}^3] \mathbf{g}_m & \text{für} \quad k, l, m \quad \text{zykl.} \quad 1, 2, 3, \\ -[\mathbf{g}^1, \mathbf{g}^2, \mathbf{g}^3] \mathbf{g}_m & \text{für} \quad k, l, m \quad \text{antizykl.} \quad 1, 2, 3, \\ 0 & \text{sonst} \end{cases} \quad (2.53)$$

folgt

$$\vec{A} \times \vec{B} = [\mathbf{g}^1, \mathbf{g}^2, \mathbf{g}^3](A_k B_l - A_l B_k)\mathbf{g}_m = C^m \mathbf{g}_m \,, \quad k,l,m \quad \text{zykl.} \quad 1,2,3. \quad (2.54)$$

Für die kontravariante Vektorkomponente erhalten wir

$$C^m = [\mathbf{g}^1, \mathbf{g}^2, \mathbf{g}^3](A_k B_l - A_l B_k), \quad k,l,m \quad \text{zykl.} \quad 1,2,3. \quad (2.55)$$

Auch hier ist die Darstellung mittels Determinante möglich:

$$\vec{A} \times \vec{B} = [\mathbf{g}^1, \mathbf{g}^2, \mathbf{g}^3] \begin{vmatrix} \mathbf{g}_1 & \mathbf{g}_2 & \mathbf{g}_3 \\ A_1 & A_2 & A_3 \\ B_1 & B_2 & B_3 \end{vmatrix}. \quad (2.56)$$

Schließlich weisen wir noch auf die gemischte Darstellung

$$\vec{A} \times \vec{B} = A^k B_l \, \mathbf{g}_k \times \mathbf{g}^l \quad \text{für} \quad k,l \quad \text{unabh.} \quad 1,2,3$$

hin. Sie läßt sich mit Gl. (2.31) oder mit der Beziehung

$$\mathbf{g}_k \times \mathbf{g}^l = \mathbf{g}_k \times \mathbf{g}_m \, g^{ml} = \begin{cases} [\mathbf{g}_1, \mathbf{g}_2, \mathbf{g}_3] \, g^{ml} \mathbf{g}^n & \text{für} \quad k,m,n \quad \text{zykl.} \quad 1,2,3, \\ -[\mathbf{g}_1, \mathbf{g}_2, \mathbf{g}_3] \, g^{ml} \mathbf{g}^n & \text{für} \quad k,m,n \quad \text{antizykl.} \quad 1,2,3, \\ 0 \quad \text{sonst} \end{cases}$$

$$\tag{2.57}$$

und l unabh. $1,2,3$ in die Gestalt

$$\vec{A} \times \vec{B} = [\mathbf{g}_1, \mathbf{g}_2, \mathbf{g}_3]\{B_l(A^k g^{lm} - A^m g^{lk})\}\mathbf{g}^n = C_n \mathbf{g}^n$$
$$\text{mit} \quad k,m,n \quad \text{zykl.} \quad 1,2,3 \quad \text{und} \quad l \quad \text{unabh.} \quad 1,2,3 \quad (2.58)$$

und

$$C_n = [\mathbf{g}_1, \mathbf{g}_2, \mathbf{g}_3]B_l(A^k g^{lm} - A^m g^{lk}) \quad \text{mit} \begin{cases} k,m,n \quad \text{zykl.} \quad 1,2,3, \\ l \quad \quad \text{unabh.} \quad 1,2,3 \end{cases}$$

oder

$$\begin{aligned} C_n =\ & [\mathbf{g}_1, \mathbf{g}_2, \mathbf{g}_3]\{B_1(A^k g^{1m} - A^m g^{1k}) + B_2(A^k g^{2m} - A^m g^{2k}) \\ & + B_3(A^k g^{3m} - A^m g^{3k})\}, \quad k,m,n \quad \text{zykl.} \quad 1,2,3 \end{aligned} \quad (2.59)$$

überführen.
Die gemischte Darstellung des Vektorproduktes ist nicht bequem zu handhaben.

2.2.3 Das Spatprodukt in Komponentendarstellung

Bei der Bildung des Spatproduktes der drei Vektoren $\vec{A}$, $\vec{B}$, $\vec{C}$

$$U = \vec{A} \cdot (\vec{B} \times \vec{C}) = [\vec{A}, \vec{B}, \vec{C}]$$

zerlegen wir die Vektoren $\vec{A}, \vec{B}$ und $\vec{C}$ in Richtung des kovarianten Grundsystems. Es ist

$$\vec{B} \times \vec{C} = B^k C^l\, \mathbf{g}_k \times \mathbf{g}_l, \quad k, l \quad \text{unabh.} \quad 1, 2, 3.$$

Mit Gl. (2.49) erhalten wir für das Spat

$$U = [\mathbf{g}_1, \mathbf{g}_2, \mathbf{g}_3](B^k C^l - B^l C^k)\, \mathbf{g}^m \cdot \mathbf{g}_i A^i, \quad k, l, m \quad \text{zykl.} \quad 1, 2, 3$$

und

$$U = [\mathbf{g}_1, \mathbf{g}_2, \mathbf{g}_3](B^k C^l - B^l C^k)\, A^m, \quad k, l, m \quad \text{zykl.} \quad 1, 2, 3 \qquad (2.60)$$

oder

$$U = [\mathbf{g}_1, \mathbf{g}_2, \mathbf{g}_3] \begin{vmatrix} A^1 & A^2 & A^3 \\ B^1 & B^2 & B^3 \\ C^1 & C^2 & C^3 \end{vmatrix}. \qquad (2.61)$$

Nimmt man die Zerlegung im kontravarianten Grundsystem vor, dann erhält man für das Spatprodukt

$$U = [\mathbf{g}^1, \mathbf{g}^2, \mathbf{g}^3] \begin{vmatrix} A_1 & A_2 & A_3 \\ B_1 & B_2 & B_3 \\ C_1 & C_2 & C_3 \end{vmatrix}. \qquad (2.62)$$

Aufgabe 2.6 : Leiten Sie die Beziehung (2.62) her.

2.2.4 Das zweifache Spatprodukt

Wir bilden den Ausdruck

$$U = [\vec{A}, \vec{B}, \vec{C}][\vec{D}, \vec{E}, \vec{F}]. \qquad (2.63)$$

Das zweite Spatprodukt ist nach Gl. (2.62)

$$[\vec{D}, \vec{E}, \vec{F}] = [\mathbf{g}^1, \mathbf{g}^2, \mathbf{g}^3] \begin{vmatrix} D_1 & D_2 & D_3 \\ E_1 & E_2 & E_3 \\ F_1 & F_2 & F_3 \end{vmatrix}. \qquad (2.64)$$

In Gl. (2.63) substituieren wir ohne Einschränkung vorerst die Vektoren $\vec{A}$, $\vec{B}$, $\vec{C}$ durch $\mathbf{g}_1$, $\mathbf{g}_2$, $\mathbf{g}_3$. Weiterhin ersetzen wir in Gl. (2.64)

$$D_k = \vec{D} \cdot \mathbf{g}_k, \quad E_k = \vec{E} \cdot \mathbf{g}_k, \quad F_k = \vec{F} \cdot \mathbf{g}_k.$$

Für das zweifache Spatprodukt kann man dann schreiben

$$
\begin{aligned}
U &= [\mathbf{g}_1, \mathbf{g}_2, \mathbf{g}_3][\mathbf{g}^1, \mathbf{g}^2, \mathbf{g}^3]
\begin{vmatrix}
\vec{D} \cdot \mathbf{g}_1 & \vec{D} \cdot \mathbf{g}_2 & \vec{D} \cdot \mathbf{g}_3 \\
\vec{E} \cdot \mathbf{g}_1 & \vec{E} \cdot \mathbf{g}_2 & \vec{E} \cdot \mathbf{g}_3 \\
\vec{F} \cdot \mathbf{g}_1 & \vec{F} \cdot \mathbf{g}_2 & \vec{F} \cdot \mathbf{g}_3
\end{vmatrix} \\
&=
\begin{vmatrix}
\vec{D} \cdot \mathbf{g}_1 & \vec{D} \cdot \mathbf{g}_2 & \vec{D} \cdot \mathbf{g}_3 \\
\vec{E} \cdot \mathbf{g}_1 & \vec{E} \cdot \mathbf{g}_2 & \vec{E} \cdot \mathbf{g}_3 \\
\vec{F} \cdot \mathbf{g}_1 & \vec{F} \cdot \mathbf{g}_2 & \vec{F} \cdot \mathbf{g}_3
\end{vmatrix}.
\end{aligned}
\tag{2.65}
$$

Nun werden in Gl. (2.65) $\mathbf{g}_1$, $\mathbf{g}_2$, $\mathbf{g}_3$ wieder durch $\vec{A}$, $\vec{B}$, $\vec{C}$ ersetzt. Wir erhalten die wichtige Identität

$$
\begin{aligned}
U &= [\vec{A}, \vec{B}, \vec{C}][\vec{D}, \vec{E}, \vec{F}] =
\begin{vmatrix}
\vec{A} \cdot \vec{D} & \vec{B} \cdot \vec{D} & \vec{C} \cdot \vec{D} \\
\vec{A} \cdot \vec{E} & \vec{B} \cdot \vec{E} & \vec{C} \cdot \vec{E} \\
\vec{A} \cdot \vec{F} & \vec{B} \cdot \vec{F} & \vec{C} \cdot \vec{F}
\end{vmatrix} \\
&=
\begin{vmatrix}
\vec{A} \cdot \vec{D} & \vec{A} \cdot \vec{E} & \vec{A} \cdot \vec{F} \\
\vec{B} \cdot \vec{D} & \vec{B} \cdot \vec{E} & \vec{B} \cdot \vec{F} \\
\vec{C} \cdot \vec{D} & \vec{C} \cdot \vec{E} & \vec{C} \cdot \vec{F}
\end{vmatrix} =
\begin{vmatrix}
A^k D_k & A^k E_k & A^k F_k \\
B^k D_k & B^k E_k & B^k F_k \\
C^k D_k & C^k E_k & C^k F_k
\end{vmatrix}.
\end{aligned}
\tag{2.66}
$$

Die Determinante ändert ihren Wert nicht, wenn man sie an der Hauptdiagonalen spiegelt.

Da wir die Vektoren $\vec{A}$, $\vec{B}$, $\vec{C}$ im kovarianten Grundsystem und die Vektoren $\vec{D}$, $\vec{E}$, $\vec{F}$ im kontravarianten Grundsystem bilden, ist das zweifache Spatprodukt, Gl. (2.66), auch gleich dem Produkt der Determinanten

$$
\begin{vmatrix}
A^1 & A^2 & A^3 \\
B^1 & B^2 & B^3 \\
C^1 & C^2 & C^3
\end{vmatrix}
\cdot
\begin{vmatrix}
D_1 & E_1 & F_1 \\
D_2 & E_2 & F_2 \\
D_3 & E_3 & F_3
\end{vmatrix}
=
\begin{vmatrix}
A^k D_k & A^k E_k & A^k F_k \\
B^k D_k & B^k E_k & B^k F_k \\
C^k D_k & C^k E_k & C^k F_k
\end{vmatrix},
\tag{2.67}
$$

wobei Gl. (2.67) abgekürzt

$$\det(a) \cdot \det(b) = \det(c)$$

sei. Diese Gleichung besagt, daß das Produkt der beiden Determinanten $\det(a)$ und $\det(b)$ gleich der Determinante $\det(c)$ ist. Andererseits ist die zur Determinante $\det(c)$ gehörende Matrix (c) gleich dem Produkt der Matrizen (a) und (b), d.h. $(a) \cdot (b) = (c)$. Es gilt daher der

Satz 2.3 : *Multipliziert man die quadratische Matrix* (a) *mit der gleichformatigen Matrix* (b), *also*

$$(a) \cdot (b) = (c),$$

so ist die zur Matrix (c) *gehörige Determinante* det (c) *gleich dem Produkt der Determinanten der Matrizen* (a) *und* (b)

$$\det(a) \cdot \det(b) = \det(c).$$

Wir betrachten nun den Sonderfall $\vec{D} = \vec{A}$, $\vec{E} = \vec{B}$ und $\vec{F} = \vec{C}$. Dann folgt aus Gl. (2.66)

$$[\vec{A}, \vec{B}, \vec{C}]^2 = \begin{vmatrix} \vec{A} \cdot \vec{A} & \vec{A} \cdot \vec{B} & \vec{A} \cdot \vec{C} \\ \vec{B} \cdot \vec{A} & \vec{B} \cdot \vec{B} & \vec{B} \cdot \vec{C} \\ \vec{C} \cdot \vec{A} & \vec{C} \cdot \vec{B} & \vec{C} \cdot \vec{C} \end{vmatrix} \qquad (2.68)$$

Ersetzt man in Gl. (2.68) weiter $\vec{A} = \mathbf{g}_1$, $\vec{B} = \mathbf{g}_2$ und $\vec{C} = \mathbf{g}_3$, so ergibt sich die Determinante der kovarianten Metrikkoeffizienten

$$[\mathbf{g}_1, \mathbf{g}_2, \mathbf{g}_3]^2 = \begin{vmatrix} g_{11} & g_{12} & g_{13} \\ g_{21} & g_{22} & g_{23} \\ g_{31} & g_{32} & g_{33} \end{vmatrix} = \det(g_{kl}) = g, \qquad (2.69)$$

die wir mit g abkürzen. Für das Spatprodukt der ko- und kontravarianten Basisvektoren gilt folglich:

$$[\mathbf{g}_1, \mathbf{g}_2, \mathbf{g}_3] = \pm\sqrt{g} \quad \text{und} \quad [\mathbf{g}^1, \mathbf{g}^2, \mathbf{g}^3] = \pm\frac{1}{\sqrt{g}}. \qquad (2.70)$$

Das positive Vorzeichen charakterisiert das Rechtssystem und das negative das Linkssystem.

Wir beweisen jetzt den Satz 1.4. Die Transformationsmatrix $C = (c_{ik})$ vermittelt eine orthogonale Transformation des kartesischen Bezugssystems $\bar{\mathcal{B}}$ in das kartesische Bezugssystem $\mathcal{B}$. Nach Gl. (1.13) gilt die Beziehung $\vec{e}_i = c_{ik}\bar{\vec{e}}_k$ zwischen den Basisvektoren der beiden Systeme. Wir bilden das zweifache Spatprodukt gemäß Gl. (2.66)

$$U = [\vec{e}_1, \vec{e}_2, \vec{e}_3] \, [\bar{\vec{e}}_1, \bar{\vec{e}}_2, \bar{\vec{e}}_3] = \begin{vmatrix} \vec{e}_1 \cdot \bar{\vec{e}}_1 & \vec{e}_1 \cdot \bar{\vec{e}}_2 & \vec{e}_1 \cdot \bar{\vec{e}}_3 \\ \vec{e}_2 \cdot \bar{\vec{e}}_1 & \vec{e}_2 \cdot \bar{\vec{e}}_2 & \vec{e}_2 \cdot \bar{\vec{e}}_3 \\ \vec{e}_3 \cdot \bar{\vec{e}}_1 & \vec{e}_3 \cdot \bar{\vec{e}}_2 & \vec{e}_3 \cdot \bar{\vec{e}}_3 \end{vmatrix} \qquad (2.71)$$

Es sei $\mathcal{B}$ ein Rechtssystem, so ist nach Gl. (1.37) das Spatprodukt $[\vec{e}_1, \vec{e}_2, \vec{e}_3] = 1$. Geht $\bar{\mathcal{B}}$ aus $\mathcal{B}$ durch Drehung um eine beliebige Achse durch den Koordinatenursprung von $\mathcal{B}$ hervor, so ist auch $[\bar{\vec{e}}_1, \bar{\vec{e}}_2, \bar{\vec{e}}_3] = 1$. Entsteht jedoch $\bar{\mathcal{B}}$ aus $\mathcal{B}$

durch Spiegelung an einer durch den Ursprung von $\mathcal{B}$ führenden Ebene, so ist $[\vec{e}_1, \vec{e}_2, \vec{e}_3] = -1$. Folglich ist das zweifache Spatprodukt $U = +1$ bei Drehung und $U = -1$ bei Spiegelung. Die Determinate in (2.71) ist die Determinate der Transformationskoeffizienten c_{ik}. Denn ersetzen wir in ihr die $\vec{e}_i$, $i = 1, 2, 3$, durch Gl. (1.13) und führen die skalare Multiplikation aus, so ergibt sich unmittelbar

$$U = \det(c_{il}) = \pm 1 \, ,$$

die Behauptung des Satzes 1.4.

Aufgabe 2.7 : Man bilde das Produkt $\vec{D} = \vec{A}(\vec{B} \cdot \vec{C})$ und stelle den Vektor $\vec{D}$ im kovarianten Grundsystem 1 dar. Die Vektoren $\vec{A}$, $\vec{B}$ und $\vec{C}$ sind wie folgt vorgegeben:

$$
\begin{aligned}
\vec{A} &= 2\mathbf{g}_{01} + 3\mathbf{g}_{02} + \mathbf{g}_{03} \, , \\
\vec{B} &= \mathbf{g}_{01} - \mathbf{g}_{02} + \mathbf{g}_{03} \, , \\
\vec{C} &= \mathbf{g}_{01} + 3\mathbf{g}_{02} - \mathbf{g}_{03} \, .
\end{aligned}
$$

2.2.5 Wechsel des Bezugssystems

In diesem Abschnitt untersuchen wir, wie sich die kovarianten und kontravarianten Komponenten eines Vektors ändern, wenn mittels einer linearen Transformation von dem Bezugssystem $\mathcal{B}$ auf das Bezugssystem $\overline{\mathcal{B}}$ und umgekehrt übergegangen wird. Das Bezugssystem $\overline{\mathcal{B}}$ hat mit $\mathcal{B}$ den gleichen Koordinatenursprung. Des weiteren besitzt jedes der beiden Bezugssysteme ein kovariantes und ein kontravariantes Grundsystem. Im Unterschied zu Abschnitt 1.1.4 handelt es sich hier nicht um eine orthogonale Koordinatentransformation. Wir bezeichnen daher die Transformationskoeffizienten mit $\overline{a}_l^k$ und $\underline{a}_l^k$.

Wir betrachten den Vektor $\vec{A}$ im kovarianten Grundsystem. Wegen der Invarianzeigenschaft von Vektoren (Tensoren 1. Stufe) gegenüber Änderung des Bezugssystems gilt:

$$\vec{A} = A^i \, \mathbf{g}_i = \overline{A}^j \, \overline{\mathbf{g}}_j \, . \tag{2.72}$$

Um den Zusammenhang zwischen den Komponenten A^i und $\overline{A}^j$ herzustellen, müssen wir erst die Transformation zwischen den kovarianten oder kontravarianten Grundvektoren beider Bezugssysteme vorgeben.

Es sei im Falle des kovarianten Grundsystems

$$\mathbf{g}_k = \overline{a}_k^l \, \overline{\mathbf{g}}_l \quad \text{oder} \quad \overline{\mathbf{g}}_k = \underline{a}_k^l \, \mathbf{g}_l \, . \tag{2.73}$$

Hinsichtlich der Schreibweise der Tranformationskoeffizienten ist zu beachten, daß der Querstrich in Höhe des für das Bezugssystem $\overline{\mathcal{B}}$ maßgebenden Index steht.

Zwischen den kontravarianten Basisvektoren beider Bezugssysteme führen wir zunächst die Beziehung

$$\mathbf{g}^k = b_l^k\,\overline{\mathbf{g}}^l \quad \text{und} \quad \overline{\mathbf{g}}^k = c_l^k\,\mathbf{g}^l \tag{2.74}$$

ein. Die Koeffizienten b_l^k und c_l^k hängen von den Koeffizienten $\underline{a}_l^k$ und $\overline{a}_l^k$ ab. Da in $\mathcal{B}$ die Beziehung

$$\mathbf{g}_i \cdot \mathbf{g}^k = \delta_i^k$$

gilt, fordern wir sie auch in $\overline{\mathcal{B}}$

$$\overline{\mathbf{g}}_i \cdot \overline{\mathbf{g}}^k = \delta_i^k\,. \tag{2.75}$$

Für die folgende Rechnung stellen wir einige Beziehungen bereit:

$$\overline{\mathbf{g}}_l = \underline{a}_l^i\,\mathbf{g}_i\,, \quad \overline{\mathbf{g}}^k = c_j^k\,\mathbf{g}^j \quad \text{und} \quad \mathbf{g}_i = \overline{a}_i^k\,\overline{\mathbf{g}}_k\,.$$

Das Skalarprodukt

$$\overline{\mathbf{g}}_l \cdot \overline{\mathbf{g}}^k = \delta_l^k = \underline{a}_l^i\,\mathbf{g}_i \cdot \mathbf{g}^j\,c_j^k = \underline{a}_l^i\,c_j^k\,\delta_i^j = \underline{a}_l^i\,c_i^k$$

ergibt die Gleichung

$$\underline{a}_l^i\,c_i^k = \delta_l^k\,. \tag{2.76}$$

Außerdem stellen wir dar:

$$\overline{\mathbf{g}}_l = \underline{a}_l^i\,\mathbf{g}_i = \underline{a}_l^i\,\overline{a}_i^k\,\overline{\mathbf{g}}_k\,.$$

Da die Basisvektoren in jedem Grundsystem linear unabhängig sind, erfordert die letzte Beziehung

$$\underline{a}_l^i\,\overline{a}_i^k = \delta_l^k\,. \tag{2.77}$$

Aus der Gleichheit von Gl. (2.76) und Gl. (2.77) ergibt sich der gesuchte Koeffizient

$$c_i^k = \overline{a}_i^k\,. \tag{2.78}$$

Entsprechend bilden wir mit

$$\mathbf{g}^k = b_i^k\,\overline{\mathbf{g}}^i\,, \quad \mathbf{g}_l = \overline{a}_l^j\overline{\mathbf{g}}_j \quad \text{und} \quad \overline{\mathbf{g}}_i = \underline{a}_i^k\,\mathbf{g}_k$$

die Beziehung

$$\mathbf{g}^k \cdot \mathbf{g}_l = \delta_l^k = b_i^k\,\overline{\mathbf{g}}^i \cdot \overline{\mathbf{g}}_j\,\overline{a}_l^j = b_i^k\,\delta_i^j\,\overline{a}_l^j = b_i^k\,\overline{a}_l^i\,,$$

die

$$b_i^k \, \overline{a}_l^i = \delta_l^k \tag{2.79}$$

ergibt. Weiterhin ist

$$\mathbf{g}_l = \overline{a}_l^i \, \overline{\mathbf{g}}_i = \overline{a}_l^i \, \underline{a}_i^k \, \mathbf{g}_k \,,$$

was

$$\overline{a}_l^i \, \underline{a}_i^k = \delta_l^k \tag{2.80}$$

zur Folge hat. Vergleichen wir nun die Gln. (2.79) und (2.80), dann erhalten wir

$$b_i^k = \underline{a}_i^k \,. \tag{2.81}$$

Damit haben wir die Zusammenhänge

$$\begin{aligned}
\mathbf{g}_k &= \overline{a}_k^l \, \overline{\mathbf{g}}_l \,, \quad \overline{\mathbf{g}}_k = \underline{a}_k^l \, \mathbf{g}_l \quad \text{mit} \quad \underline{a}_l^i \, \overline{a}_i^k = \delta_l^k \,, \\
\mathbf{g}^k &= \underline{a}_l^k \, \overline{\mathbf{g}}^l \,, \quad \overline{\mathbf{g}}^k = \overline{a}_l^k \, \mathbf{g}^l \quad \text{mit} \quad \overline{a}_l^i \, \underline{a}_i^k = \delta_l^k
\end{aligned} \tag{2.82}$$

zwischen dem kovarianten Grundsystem und dem kontravarianten Grundsystem in $\mathcal{B}$ und $\overline{\mathcal{B}}$ gefunden. Falls die $\overline{a}_i^j$ vorgegeben sind, lassen sich die $\underline{a}_i^k$ berechnen und umgekehrt.

Wir kommen jetzt auf die ursprüngliche Fragestellung nach dem Zusammenhang der Vektorkomponenten A^i und $\overline{A}^j$ in den Bezugssystemen $\mathcal{B}$ und $\overline{\mathcal{B}}$ zurück. Ersetzen wir in Gl. (2.72) $\overline{\mathbf{g}}_j$ durch Gl. (2.82), so ergibt sich unmittelbar

$$A^i \mathbf{g}_i = \overline{A}^j \, \underline{a}_j^i \mathbf{g}_i \; \Rightarrow \; A^i = \underline{a}_j^i \, \overline{A}^j \quad \text{bzw.} \quad (A^i) = (\underline{a}_j^i)(\overline{A}^j) \,. \tag{2.83}$$

Umgekehrt führt der Ersatz von $\mathbf{g}_i$ in Gl. (2.72) zu:

$$A^i \overline{a}_i^j \overline{\mathbf{g}}_j = \overline{A}^j \, \overline{\mathbf{g}}_j \; \Rightarrow \; \overline{A}^j = \overline{a}_i^j \, A^i \quad \text{bzw.} \quad (\overline{A}^j) = (\overline{a}_i^j)(A^i) \,. \tag{2.84}$$

Die Vektorkomponenten transformieren sich beim Übergang von dem Bezugssystem $\mathcal{B}$ auf das Bezugssystem $\overline{\mathcal{B}}$ und umgekehrt wie die Basisvektoren. Die gleiche Aussage trifft nach Satz 1.5 auch für orthonormierte Bezugssysteme zu. Der in diesem Abschnitt behandelte Wechsel von einem beliebigen kovarianten oder kontravarianten Bezugssystem $\mathcal{B}$ in ein Bezugssystem $\overline{\mathcal{B}}$ enthält natürlich auch den Spezialfall der in Abschnitt 1.1.4 behandelten orthogonalen Koordinatentransformation. Orthogonale Transformationen nutzen orthogonale Bezugssysteme. Bezüglich der in Abschnitt 1.1.4 und hier verwendeten Transformationskoeffizienten gilt

$$c_{ik} = \overline{a}_i^k \quad \text{und} \quad \overline{c}_{ik} = \underline{a}_i^k \tag{2.85}$$

mit

$$\bar{c}_{ki}\, c_{il} = \delta_{kl} \quad \text{bzw.} \quad \underline{a}^i_k\, \bar{a}^l_i = \delta^l_k\,.$$

Die Orthogonalitätsrelation (1.11) oder die Gln. (1.17) und (1.16),

$$\bar{c}_{im}\, c_{km} = \delta_{ik} \quad \text{und} \quad \bar{c}_{im}\, \bar{c}_{km} = \delta_{ik}\,,$$

die die orthogonale Transformation kennzeichnen, lauten mit den hier verwendeten Transformationskoeffizienten:

$$\bar{a}^m_i\, \bar{a}^m_k = \delta_{ik} \quad \text{und} \quad \underline{a}^m_i\, \underline{a}^m_k = \delta_{ik}\,. \tag{2.86}$$

In einem orthonormierten Koordinatensystem unterscheiden sich die kovarianten Basisvektoren nicht von den kontravarianten Basisvektoren. Nach Gl. (2.82) gilt dann

$$\bar{a}^l_k = \underline{a}^k_l\,, \tag{2.87}$$

was mit Gl. (1.15), $c_{kl} = \bar{c}_{lk}$, gleichbedeutend ist. Ein weiteres Kennzeichen orthogonaler Bezugssysteme ist, daß die gemischten Metrikkoeffizienten g_{kl} verschwinden und daher die Matrix der kovarianten und kontravarianten Metrikkoeffizienten das Aussehen haben:

$$(g_{kl}) = \begin{pmatrix} g_{11} & 0 & 0 \\ 0 & g_{22} & 0 \\ 0 & 0 & g_{33} \end{pmatrix} \quad \text{und} \quad (g^{kl}) = \begin{pmatrix} g^{11} & 0 & 0 \\ 0 & g^{22} & 0 \\ 0 & 0 & g^{33} \end{pmatrix}\,.$$

In orthonormierten Bezugssystemen gilt sogar $(g_{kl}) = E = (g^{kl})$.

Beispiel 2.5 : Das Grundsystem 1, Gl. (2.11),

$$\mathbf{g}_j = a^{0l}_j\, \mathbf{g}_{0l} \quad \text{mit} \quad (a^{0l}_j) = \begin{pmatrix} 1 & 0 & 0 \\ 1 & 1 & 0 \\ 1 & 1 & 1 \end{pmatrix}\,,$$

bildet das Basissystem $\mathcal{B}$ und das Grundsystem 2, Gl. (2.12),

$$\bar{\mathbf{g}}_k = \underline{a}^{0l}_k\, \mathbf{g}_{0l} \quad \text{mit} \quad (\underline{a}^{0l}_k) = \begin{pmatrix} -1 & 0 & 1 \\ 0 & 1 & 1 \\ 0 & 0 & 2 \end{pmatrix}\,,$$

(j und k sind Zeilenindizes) bildet das Basissystem $\bar{\mathcal{B}}$. Wir bestimmen die Transformationskoeffizienten $\underline{a}^l_k$, die den Zusammenhang $\bar{\mathbf{g}}_k = \underline{a}^l_k\, \mathbf{g}_l$ zwischen den kovarianten Basisvektoren in $\mathcal{B}$ und $\bar{\mathcal{B}}$ beschreiben. Aus

$$\bar{\mathbf{g}}_k = \underline{a}^{0l}_k\, \mathbf{g}_{0l} = \underline{a}^j_k\, \mathbf{g}_j = \underline{a}^j_k a^{0l}_j\, \mathbf{g}_{0l}$$

folgt

$$(\underline{a}_k^{0l}) = (\underline{a}_k^j)(a_j^{0l}) \quad \text{und} \quad (\underline{a}_k^j) = (\underline{a}_k^{0l})(b_{0l}^j)\,,$$

wobei (b_{0l}^j) die Kehrmatrix von (a_j^{0l}) ist. Die Kehrmatrix ergibt sich aus

$$(a_j^{0l})(b_{0l}^n) = E \quad \text{zu} \quad (b_{0l}^n) = \begin{pmatrix} 1 & 0 & 0 \\ -1 & 1 & 0 \\ 0 & -1 & 1 \end{pmatrix}\,.$$

Damit erhalten wir die gesuchten Koeffizienten

$$(\underline{a}_k^j) = \begin{pmatrix} -1 & 0 & 1 \\ 0 & 1 & 1 \\ 0 & 0 & 2 \end{pmatrix} \cdot \begin{pmatrix} 1 & 0 & 0 \\ -1 & 1 & 0 \\ 0 & -1 & 1 \end{pmatrix} = \begin{pmatrix} -1 & -1 & 1 \\ -1 & 0 & 1 \\ 0 & -2 & 2 \end{pmatrix}\,,$$

und die Basisvektoren $\overline{\mathbf{g}}_k$ in Abhängigkeit der $\mathbf{g}_j$ lauten:

$$\overline{\mathbf{g}}_1 = -\mathbf{g}_1 - \mathbf{g}_2 + \mathbf{g}_3\,, \quad \overline{\mathbf{g}}_2 = -\mathbf{g}_1 + \mathbf{g}_3\,, \quad \overline{\mathbf{g}}_3 = -2\mathbf{g}_2 + 2\mathbf{g}_3\,.$$

Aufgabe 2.8 : Bestimmen Sie die Transformationskoeffizienten $\overline{a}_k^l$ zu obigem Beispiel , die das Basissystem in $\overline{\mathcal{B}}$ mit dem in $\mathcal{B}$ verknüpfen, so daß $\mathbf{g}_k = \overline{a}_k^l \, \overline{\mathbf{g}}_l$ gilt!

Die Betrachtungen zum Wechsel des Bezugsystems schließen wir mit einem Beispiel aus der Computergrafik ab. Wir behandeln die Drehung eines beliebigen ortsunabhängigen rechtsorientierten Koordinatensystems um eine durch den Ursprung des Koordinatensystems führende Achse. Die Drehachse charakterisieren wir z.B. durch den Einheitsvektor

$$\vec{a} = a^i \, \mathbf{g}_{0i} \quad \text{mit} \quad \sum_{i=1}^{3} (a^i)^2 = 1\,. \tag{2.88}$$

Außer der Drehachse $\vec{a}$ und einem Punkt P_r, dem der Ortsvektor $\vec{r} = r^j \, \mathbf{g}_{0j}$ zugeordnet ist, müssen wir noch den Winkel φ vorgeben, um den gedreht wird. Der Punkt P_r, bzw. sein Ortsvektor $\vec{r}$, ist für die Konstruktion eines Hilfssystems erforderlich. Er darf nicht auf der Drehachse liegen, ansonsten kann er aber beliebig gewählt werden.
Ziel ist es, die Basisvektoren $\overline{\mathbf{g}}^k$ des gedrehten Systems $\overline{\mathcal{B}}$ als Funktion der $\mathbf{g}_{0n}$ und des Drehwinkels φ anzugeben.
Zunächst betrachten wir die Drehung eines kartesischen Koordinatensystems mit den Basisvektoren $\mathbf{g}_{0k}$ in $\mathcal{B}$. Anschließend geben wir die Lösung für das beliebige Koordinatensystem mit den Basisvektoren $\mathbf{g}_k$ in $\mathcal{B}$ an.

Wir führen wie in [Käs54] ein orthonormiertes Hilfsbezugssystem $\vec{H}_k$ ein, dessen eine Achse mit $\vec{a}$ zusammenfällt und das bei sonst beliebiger Wahl von $\vec{a}$ nach folgender Vorschrift gebildet wird:

$$
\begin{aligned}
\vec{H}_1 &= \vec{a}, \\
\vec{H}_2 &= k_1 \left(\vec{r} - \frac{\vec{a} \cdot \vec{r}}{|\vec{a}|^2} \vec{a} \right), \\
\vec{H}_3 &= k_2 (\vec{H}_1 \times \vec{H}_2).
\end{aligned}
\tag{2.89}
$$

Die Konstanten k_1 und k_2 werden so bestimmt, daß $\vec{H}_2$ und $\vec{H}_3$ vom Betrage Eins sind. $\vec{H}_k$ ist dann ein orthonormiertes Bezugssystem. Gegenüber [Käs54] existiert das System (2.89) unter Beachtung von $\vec{r} \neq \vec{a}$ und $\vec{r}$ nicht kollinear mit $\vec{a}$ für jede durch den Ursprung führende Drehachse. Im einzelnen erhalten wir mit den Abkürzungen

$$
k = \frac{a^i r^i}{|\vec{a}|^2} \quad \text{und} \quad k_1 = \frac{1}{\sqrt{(r^1 - ka^1)^2 + (r^2 - ka^2)^2 + (r^3 - ka^3)^2}}
\tag{2.90}
$$

für die Basisvektoren

$$
\vec{H}_2 = k_1(r^1 - ka^1)\mathbf{g}_{01} + k_1(r^2 - ka^2)\mathbf{g}_{02} + k_1(r^3 - ka^3)\mathbf{g}_{03}
\tag{2.91}
$$

und

$$
\vec{H}_3 = k_2 k_1 \left[(a^2 r^3 - a^3 r^2)\mathbf{g}_{01} + (a^3 r^1 - a^1 r^3)\mathbf{g}_{02} + (a^1 r^2 - a^2 r^1)\mathbf{g}_{03} \right]
\tag{2.92}
$$

mit

$$
k_2 = \frac{1}{k_1 \sqrt{(a^2 r^3 - a^3 r^2)^2 + (a^3 r^1 - a^1 r^3)^2 + (a^1 r^2 - a^2 r^1)^2}}.
\tag{2.93}
$$

Abkürzend schreiben wir für das Hilfssystem

$$
\vec{H}_i = h_i^{0k} \, \mathbf{g}_{0k}.
\tag{2.94}
$$

Die Transformationsmatrix zwischen dem orthonormierten Hilfssystem $\vec{H}_i$ und den kartesischen Basisvektoren lautet demnach:

$$
(h_i^{0k}) = \begin{pmatrix}
a^1 & a^2 & a^3 \\
k_1(r^1 - ka^1) & k_1(r^2 - ka^2) & k_1(r^3 - ka^3) \\
k_2 k_1(a^2 r^3 - a^3 r^2) & k_2 k_1(a^3 r^1 - a^1 r^3) & k_2 k_1(a^1 r^2 - a^2 r^1)
\end{pmatrix};
\tag{2.95}
$$

i ist Zeilenindex. Damit liegt das Hilfssystem fest. Für die weiteren Betrachtungen benötigen wir die Umkehrung von (2.94), nämlich

$$\mathbf{g}_{0i} = h_{0i}^n\, \vec{H}_n \ . \tag{2.96}$$

Die h_{0i}^n ergeben sich als Lösung der drei Gleichungssysteme $h_{0i}^n\, h_n^{0k} = \delta_i^k$.
Da die h_n^{0k} und die h_{0i}^n die Transformationskoeffizienten zwischen zwei orthonormierten Grundsystemen sind, gilt andererseits auch die Orthogonalitätsrelation zwischen den Koeffizienten

$$(h_{0k}^i) = (h_i^{0k})^T \ . \tag{2.97}$$

(h_{0k}^i) ist die Transponierte der Matrix (h_i^{0k}) .
Das Hilfssystem $\overset{\rightarrow}{\overline{H}}_k$ geht nun aus dem Hilfssystem $\vec{H}_k$ durch Drehung um den Winkel φ hervor. Nach Voraussetzung ist $\overset{\rightarrow}{\overline{H}}_1 = \vec{H}_1$.

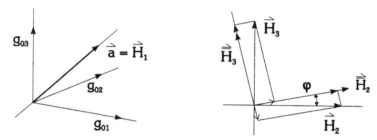

Bild 2.1 Drehung eines kartesischen Koordinatensystems um die Achse $\vec{H}_1$

Die Basisvektoren $\overset{\rightarrow}{\overline{H}}_2$ und $\overset{\rightarrow}{\overline{H}}_3$ des gedrehten Systems lassen sich aus Bild 2.1 ablesen. Es gilt:

$$\begin{aligned}
\overset{\rightarrow}{\overline{H}}_1 &= \vec{H}_1\,, \\
\overset{\rightarrow}{\overline{H}}_2 &= \vec{H}_2\cos(\varphi) + \vec{H}_3\sin(\varphi)\,, \\
\overset{\rightarrow}{\overline{H}}_3 &= -\vec{H}_2\sin(\varphi) + \vec{H}_3\cos(\varphi)
\end{aligned}$$

bzw. abgekürzt

$$\overset{\rightarrow}{\overline{H}}_m = \underline{d}_m^n\, \vec{H}_n \tag{2.98}$$

mit der Drehmatrix

$$(\underline{d}_m^n) = \begin{pmatrix} 1 & 0 & 0 \\ 0 & \cos(\varphi) & \sin(\varphi) \\ 0 & -\sin(\varphi) & \cos(\varphi) \end{pmatrix} \ . \tag{2.99}$$

Der Zusammenhang (2.96) zwischen den Basisvektoren $\mathbf{g}_{0i}$ und dem Hilfssystem $\vec{H}_n$ muß der gleiche sein wie zwischen den Basisvektoren $\overline{\mathbf{g}}_{0i}$ des gedrehten kartesischen Koordinatensystems und den Basisvektoren $\vec{\overline{H}}_n$ des gedrehten Hilfssystems. Aus

$$\overline{\mathbf{g}}_{0i} = \underline{\overline{h}}_{0i}^n \vec{\overline{H}}_n \tag{2.100}$$

und aus Gl. (2.96) ergibt sich die wichtige Beziehung

$$\underline{\overline{h}}_{0i}^n = h_{0i}^n \,. \tag{2.101}$$

In Gl. (2.100) ersetzen wir $\vec{\overline{H}}_n$ durch Gl. (2.98) und $\vec{H}_n$ durch Gl. (2.94). Damit erhalten wir den gesuchten Zusammenhang

$$\overline{\mathbf{g}}_{0i} = h_{0i}^n \, \underline{d}_n^p \, h_p^{0k} \, \mathbf{g}_{0k} = \underline{b}_{0i}^{0k} \, \mathbf{g}_{0k} \tag{2.102}$$

zwischen den kartesischen Basisvektoren in $\overline{\mathcal{B}}$ und $\mathcal{B}$. Die Tranformationsmatrix

$$(\underline{b}_{0i}^{0k}) = (h_{0i}^n)(\underline{d}_n^p)(h_p^{0k}) \tag{2.103}$$

besitzt die Koeffizienten:

$$\underline{b}_{01}^{01} = (h_1^{01})^2 + h_2^{01}\left[h_2^{01}\cos(\varphi) - h_3^{01}\sin(\varphi)\right] + h_3^{01}\left[h_2^{01}\sin(\varphi) + h_3^{01}\cos(\varphi)\right],$$
$$\underline{b}_{01}^{02} = h_1^{01}h_1^{02} + h_2^{02}\left[h_2^{01}\cos(\varphi) - h_3^{01}\sin(\varphi)\right] + h_3^{02}\left[h_2^{01}\sin(\varphi) + h_3^{01}\cos(\varphi)\right],$$
$$\underline{b}_{01}^{03} = h_1^{01}h_1^{03} + h_2^{03}\left[h_2^{01}\cos(\varphi) - h_3^{01}\sin(\varphi)\right] + h_3^{03}\left[h_2^{01}\sin(\varphi) + h_3^{01}\cos(\varphi)\right],$$
$$\underline{b}_{02}^{01} = h_1^{02}h_1^{01} + h_2^{01}\left[h_2^{02}\cos(\varphi) - h_3^{02}\sin(\varphi)\right] + h_3^{01}\left[h_2^{02}\sin(\varphi) + h_3^{02}\cos(\varphi)\right],$$
$$\underline{b}_{02}^{02} = (h_1^{02})^2 + h_2^{02}\left[h_2^{02}\cos(\varphi) - h_3^{02}\sin(\varphi)\right] + h_3^{02}\left[h_2^{02}\sin(\varphi) + h_3^{02}\cos(\varphi)\right],$$

$$\tag{2.104}$$

$$\underline{b}_{02}^{03} = h_1^{02}h_1^{03} + h_2^{03}\left[h_2^{02}\cos(\varphi) - h_3^{02}\sin(\varphi)\right] + h_3^{03}\left[h_2^{02}\sin(\varphi) + h_3^{02}\cos(\varphi)\right],$$
$$\underline{b}_{03}^{01} = h_1^{03}h_1^{01} + h_2^{01}\left[h_2^{03}\cos(\varphi) - h_3^{03}\sin(\varphi)\right] + h_3^{01}\left[h_2^{03}\sin(\varphi) + h_3^{03}\cos(\varphi)\right],$$
$$\underline{b}_{03}^{02} = h_1^{03}h_1^{02} + h_2^{02}\left[h_2^{03}\cos(\varphi) - h_3^{03}\sin(\varphi)\right] + h_3^{02}\left[h_2^{03}\sin(\varphi) + h_3^{03}\cos(\varphi)\right],$$
$$\underline{b}_{03}^{03} = (h_1^{03})^2 + h_2^{03}\left[h_2^{03}\cos(\varphi) - h_3^{03}\sin(\varphi)\right] + h_3^{03}\left[h_2^{03}\sin(\varphi) + h_3^{03}\cos(\varphi)\right].$$

Wir wenden uns jetzt der Drehung eines beliebigen Basissystems $\mathbf{g}_k$ zu. Dazu benötigen wir die oben hergeleiteten Formeln der orthogonalen Transformation. Die Transformationskoeffizienten zwischen dem beliebigen Basissystem $\mathbf{g}_k$ und dem kartesischen Basissystem $\mathbf{g}_{0j}$ sind nach Gl. (2.2) die a_k^{0j} bzw.

$$\mathbf{g}_k = a_k^{0j}\,\mathbf{g}_{0j} \quad \text{in } \mathcal{B} \quad \text{und} \quad \overline{\mathbf{g}}_k = \underline{\overline{a}}_k^{0j}\,\overline{\mathbf{g}}_{0j} \quad \text{in } \overline{\mathcal{B}}\,. \tag{2.105}$$

Mit den Gln. (2.96) und (2.100) läßt sich schreiben

$$\mathbf{g}_k = a_k^{0j}\, h_{0j}^m\, \vec{H}_m \quad \text{und} \quad \overline{\mathbf{g}}_k = \overline{a}_k^{0j}\, \overline{\underline{h}}_{0j}^m\, \overrightarrow{\overline{H}}_m\,. \tag{2.106}$$

Der Zusammenhang zwischen dem Basissystem $\mathbf{g}_k$ und dem Hilfssystem $\vec{H}_m$ muß auch hier wieder der gleiche sein wie der zwischen $\overline{\mathbf{g}}_k$ und $\overrightarrow{\overline{H}}_m$, d.h., mit Gl. (2.101) folgt aus Gl. (2.106) $a_k^{0j}\, h_{0j}^m = \overline{a}_k^{0j}\, \overline{\underline{h}}_{0j}^m = \overline{a}_k^{0j}\, h_{0j}^m$ bzw.

$$\overline{a}_k^{0j} = a_k^{0j}\,. \tag{2.107}$$

Damit kann Gl. (2.106) mit den Gln. (2.98), (2.101), (2.107) und (2.94) auf die endgültige Form $\overline{\mathbf{g}}_k = a_k^{0j}\, h_{0j}^m\, \underline{d}_m^n\, h_n^{0r}\, \mathbf{g}_{0r}$ oder

$$\overline{\mathbf{g}}_k = a_k^{0j}\, \underline{b}_{0j}^{0r}\, \mathbf{g}_{0r} \tag{2.108}$$

gebracht werden. Die Gln. (2.102) oder (2.108) erlauben die unmittelbare Darstellung eines mathematischen Objektes in einem gegenüber $\mathcal{B}$ gedrehten Bezugssystem $\overline{\mathcal{B}}$ und umgekehrt. Beispielsweise gilt für den Vektor $\vec{A}$ in $\mathcal{B}$ und $\overrightarrow{\overline{A}}$ in $\overline{\mathcal{B}}$ die Komponenten- und Matrixdarstellung

$$\overline{A}^k\, a_k^{0j}\, \underline{b}_{0j}^{0r} = A^i\, a_i^{0r} \quad \text{und} \quad (\overline{A}^k)^T\, (a_k^{0j})\, (\underline{b}_{0j}^{0r}) = (A^i)^T\, (a_i^{0r})\,.$$

Aufgabe 2.9 : Stellen Sie die Basisvektoren $\mathbf{g}_k$ eines beliebigen nicht gedrehten Grundsystems, das mit den Basisvektoren $\mathbf{g}_{0j}$ des kartesischen Grundsystems in dem Zusammenhang $\mathbf{g}_k = a_k^{0j}\, \mathbf{g}_{0j}$ steht, als Funktion der Basisvektoren $\overline{\mathbf{g}}_{0i}$ des um die Achse $\vec{a} = a^l\, \mathbf{g}_{0l}$ mit dem Winkel φ gedrehten Grundsystems dar!

Kapitel 3

Tensoren

Tensoren treten in der Mathematik auf, vorwiegend aber in der Physik und im besonderen in der Mechanik deformierbarer Medien. Der Spannungstensor, der Trägheitstensor und der Deformationstensor sind Beispiele dafür. Der Spannungstensor z.B. beschreibt den Spannungszustand in einem beliebigen Punkt des Materials. In Abhängigkeit der Materialeigenschaften und der Art der angreifenden Kräfte stellt sich ein Spannungszustand ein, der im einfachsten Fall durch eine einzige Größe, nämlich den Druck, im Normalfall aber durch neun Größen, nämlich drei Normalspannungen und sechs Schubspannungen beschrieben wird. Die Spannungsverteilung in einer ruhenden newtonschen Flüssigkeit (Wasser hinter einer Staumauer) beschreibt der örtlich verschiedene Druck eindeutig. Demgegenüber sind zur Charakterisierung des Spannungszustandes in einer bewegten Flüssigkeit neun Spannungsgrößen in jedem Punkt des Fluides erforderlich, die den Spannungstensor bilden.

Ein Tensor 0. Stufe ist ein Skalar. Beispielsweise ist der hydrostatische Druck p in einer ruhenden newtonschen Flüssigkeit ein Skalar mit der physikalischen Maßeinheit $N/(m)^2$. Es gilt $p = \bar{p}$, d.h., p hat im Bezugssystem $\mathcal{B}$ den gleichen Wert wie in dem Bezugssystem $\bar{\mathcal{B}}$.

Ein Tensor 1. Stufe ist ein Vektor, dessen ko- und kontravariante Komponenten sich infolge der Invarianzforderung $\vec{A} = \vec{\bar{A}}$ nach den Beziehungen (2.83) und (2.84)

$$\bar{A}_k = \underline{a}_k^l A_l \quad \text{und} \quad A_l = \bar{a}_l^k \bar{A}_k$$

und

$$\bar{A}^k = \bar{a}_l^k A^l \quad \text{und} \quad A^l = \underline{a}_k^l \bar{A}^k$$

transformieren. Vektoren, die diesen Bedingungen genügen, können sich hinsichtlich der Spiegelung an einer Ebene noch unterschiedlich verhalten. Bei einer Spiegelung ändert die Vektorkomponente senkrecht zur Spiegelebene ihr Vorzeichen (Bild 3.1). Vektoren, die nicht durch einen Drehsinn gekennzeichnet sind, wie z.B. der Radiusvektor, der Geschwindigkeitsvektor oder der Kraftvektor, nennt man in der Physik auch polare Vektoren.

Die axialen Vektoren wie das Drehmoment, der Drehimpuls oder die Rotation des Geschwindigkeitsvektors ($\nabla \times \vec{v}$) entstehen durch das Vektorprodukt. Sie existieren daher nur im $\Re^3$. Bei Spiegelung an einer Ebene ändern sie ihren Drehsinn nicht. Wir erklären dieses Verhalten an einem einfachen Beispiel. Die Vektoren $\vec{A} = \mathbf{g}_{01}$ und $\vec{B} = \mathbf{g}_{02}$ seien mit den kartesischen Basisvektoren identisch. Ihr Vektorprodukt ist $\vec{C} = \vec{A} \times \vec{B} = \mathbf{g}_{03}$. Wir spiegeln nun $\vec{C}$ an der x_1, x_2-Ebene. Der gespiegelte Vektor ist $\overset{=}{\vec{C}} = -\mathbf{g}_{03}$. Sein Drehsinn, Bild 3.1 b, bleibt aber erhalten, da die Reihenfolge der das Vektorprodukt bildenden Vektoren unverändert ist. Der Drehsinn von $\overset{=}{\vec{C}}$ gleicht dem einer Rechtsschraube mit negativer Steigung.

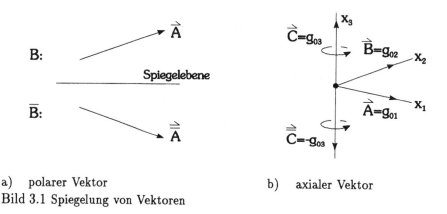

a)   polarer Vektor   b)   axialer Vektor

Bild 3.1 Spiegelung von Vektoren

Nach diesen Bemerkungen ist das Spatprodukt ein Pseudoskalar. Hingegen ist das Skalarprodukt zweier polarer Vektoren ein 'echter' Skalar.

Formal kann man einen Tensor zweiter Stufe [Lag56] durch das dyadische Produkt zweier Vektoren bilden. Die physikalische Definition (Ricci-Kalkül) orientiert sich zusätzlich an dem Transformationsverhalten der Tensorkomponenten bei Wechsel des Bezugssystems (Invarianzforderung).

Im Abschnitt Multilinearformen haben wir die Tensorkomponenten bei der Betrachtung einfach und mehrfach linearer Funktionale kennengelernt. Mit der Definition 1.14 wurde dann der Tensor n-ter Stufe bezüglich der Gruppe der orthogonalen Transformationen eingeführt. Diese Definition übernehmen wir nun für beliebige Grundsysteme und verallgemeinern sie auf lineare nichtorthogonale Transformationen. Dabei beschränken wir uns nicht nur auf die Charakterisierung der Eigenschaften der Tensorkomponenten.

Definition 3.1 : *Ein Tensor* $\mathbf{T}^{(2)} \equiv \mathbf{T}$ *zweiter Stufe wird durch das dyadische oder tensorielle Produkt der beiden Vektoren (Tensoren 1. Stufe)*

$$\vec{A} = A^k \, \mathbf{g}_k \quad und \quad \vec{B} = B^l \, \mathbf{g}_l \,,$$

nämlich

$$\begin{aligned}
\mathbf{T} = \mathbf{T}^{(2)} = \vec{A} \otimes \vec{B} = \vec{A}\vec{B} \;&=\; (A^1 \, \mathbf{g}_1 + A^2 \, \mathbf{g}_2 + A^3 \, \mathbf{g}_3)(B^1 \, \mathbf{g}_1 + B^2 \, \mathbf{g}_2 + B^3 \, \mathbf{g}_3) \\
&=\; A^1 B^1 \, \mathbf{g}_1 \mathbf{g}_1 + A^1 B^2 \, \mathbf{g}_1 \mathbf{g}_2 + A^1 B^3 \, \mathbf{g}_1 \mathbf{g}_3 \\
&\quad + A^2 B^1 \, \mathbf{g}_2 \mathbf{g}_1 + A^2 B^2 \, \mathbf{g}_2 \mathbf{g}_2 + A^2 B^3 \, \mathbf{g}_2 \mathbf{g}_3 \\
&\quad + A^3 B^1 \, \mathbf{g}_3 \mathbf{g}_1 + A^3 B^2 \, \mathbf{g}_3 \mathbf{g}_2 + A^3 B^3 \, \mathbf{g}_3 \mathbf{g}_3
\end{aligned}$$

bzw. abkürzend

$$\mathbf{T} = T^{kl}\mathbf{g}_k\mathbf{g}_l \tag{3.1}$$

und die Invarianzforderung $\mathbf{T} = \overline{\mathbf{T}}$ *bei Wechsel des Bezugssystems gebildet.*

Das dyadische Produkt zwischen zwei Tensoren kennzeichnen wir dadurch, daß wir die Tensoren ohne ein Verknüpfungszeichen nebeneinander anordnen. Nur in den Fällen, wo wir die dyadische Multiplikation von den anderen Verknüpfungsarten optisch abheben wollen, benutzen wir das Verknüpfungszeichen $\otimes$.

Die Bezeichnung Dyade orientiert sich an der Zweizahl der miteinander verknüpften Vektoren. Das dyadische Produkt ist so auszuführen, daß man alle Komponenten des Linksfaktors mit allen Komponenten des Rechtsfaktors bei Beachtung der Stellung der Basisvektoren multipliziert bzw. anordnet. Hieraus folgt der

---

Satz 3.1 : *Das dyadische Produkt der beiden Vektoren* $\vec{A}$ *und* $\vec{B}$ *ist für* $\vec{A} \neq \vec{B}$ *nicht kommutativ.*

Ein Tensor 2. Stufe besitzt $3^2 = 9$ unabhängige Komponenten T^{kl}. Die T^{kl} lassen sich durch das Matrixprodukt

$$(T^{kl}) = (A^k) \cdot (B^l)^T = \begin{pmatrix} A^1 B^1 & A^1 B^2 & A^1 B^3 \\ A^2 B^1 & A^2 B^2 & A^2 B^3 \\ A^3 B^1 & A^3 B^2 & A^3 B^3 \end{pmatrix} \tag{3.2}$$

darstellen. Die Bildungsvorschrift (3.2) gilt für Tensoren höherer als 2. Stufe nicht mehr. Einem Tensor 2. Stufe kann man also im $\Re^3$ eine (3,3)-Matrix zuordnen. Aber nicht jede (3,3)-Matrix bildet das Komponentenschema eines Tensors 2. Stufe im $\Re^3$. Wie wir bereits in Abschnitt 1.1.1 darauf hingewiesen haben, darf die Matrix nicht mit einem Tensor gleichgesetzt werden.

Tensoren 2. und höherer Stufe lassen sich nicht deuten wie Tensoren 1. Stufe. Der in Gl. (3.1) dargestellte Tensor ist mit kovarianten Basisvektoren gebildet. Die T^{kl} sind die kontravarianten Komponenten des Tensors. In Abschnitt 3.2.3 gehen wir auf weitere Formen der insgesamt $2^2 = 4$ möglichen Darstellungen eines Tensors 2. Stufe ein.

Tensoren 2. Stufe lassen sich auch mittels der linearen Punkttransformation definieren; darauf gehen wir in Abschnitt 3.3 ein.

In Verallgemeinerung der Definition 3.1 führen wir den Tensor k-ter Stufe mit $k \geq 2$ ein.

Definition 3.2 : *Das dyadische oder tensorielle Produkt von k Vektoren (Tensoren 1. Stufe) ergibt einen Tensor k-ter Stufe*

$$\mathbf{T}^{(k)} = T^{ij\cdots r}\,\mathbf{g}_i\,\mathbf{g}_j\cdots\mathbf{g}_r\,, \tag{3.3}$$

falls beim Wechsel des Bezugssystems die Invarianzforderung $\mathbf{T}^{(k)} = \overline{\mathbf{T}}^{(k)}$ gilt. $i, j, ..., r$ sind k Indizes, die unabhängig die Werte 1,2,3 durchlaufen.

Den Tensor k-ter Stufe bilden k Basisvektoren. Die Basisvektoren $\mathbf{g}_i\,\mathbf{g}_j\cdots\mathbf{g}_r$ sind jeweils dyadisch miteinander verknüpft, d.h., sie stehen in vorgeschriebener Reihenfolge nebeneinander. Ihre Indizes durchlaufen im $\Re^3$ unabhängig die Werte 1, 2, 3. Der Tensor $\mathbf{T}^{(k)}$ besitzt im $\Re^3$ 3^k kontravariante Komponenten und 2^k verschiedene Darstellungen.

Äquivalent zur Definition 3.2 ist die in [Kli93] angegebene

Definition 3.3 : $\mathbf{T}^{(k)}$ *ist ein Tensor k-ter Stufe, falls bei der Transformation aus dem beliebigen Bezugssystem $\mathcal{B}$ in das Bezugssystem $\overline{\mathcal{B}}$ die Invarianzbedingung $\mathbf{T}^{(k)} = \overline{\mathbf{T}}^{(k)}$ gilt und $\mathbf{T}^{(k)}$ durch k-malige skalare Multiplikation mit beliebigen von Null verschiedenen Vektoren $\vec{A}_{(i)}$, also*

$$U = (...((\mathbf{T}^{(k)} \cdot \vec{A}_{(1)}) \cdot \vec{A}_{(2)})... \cdot \vec{A}_{(k)})\,, \tag{3.4}$$

einen Skalar U ergibt.

Gleichung (3.4) führt auf eine Bilinearform der Gestalt (1.52), wenn $k = 2$ ist und auf die Trilinearform (1.53) im Falle $k = 3$ usw.

Aufgabe 3.1 : Man zeige, daß ein Tensor k-ter Stufe 2^k verschiedene Darstellungen besitzt.

3.1 Tensoroperationen

Die Addition oder die Subtraktion ist nur zwischen Tensoren gleicher Stufe in gleicher Darstellung erklärt. Addiert werden die Komponenten, so daß am Beispiel des Tensors 2. Stufe gilt:

$$T^{kl} = A^{kl} + B^{kl} . \tag{3.5}$$

Der Summentensor $\mathbf{T}$ mit den Komponenten T^{kl} hat die gleiche Stufe und die gleiche Darstellung wie die Tensoren $\mathbf{A}$ und $\mathbf{B}$.

Ein Tensor, dessen Komponenten sämtlich Null sind, heißt Nulltensor. Ist die Differenz zweier gleichartiger Tensoren gleich dem Nulltensor, so sind die beiden Tensoren gleich.

Tensoren mit gleicher und unterschiedlicher Stufe lassen sich dyadisch multiplizieren.

Definition 3.4 : *Das dyadische oder tensorielle Produkt*

$$\mathbf{T}^{(m+n)} = \mathbf{A}^{(m)}\,\mathbf{B}^{(n)} = \mathbf{A}^{(m)} \otimes \mathbf{B}^{(n)}$$

zweier Tensoren $\mathbf{A}^{(m)}$ und $\mathbf{B}^{(n)}$ wird so gebildet, daß man alle Komponenten des Linksfaktors m-ter Stufe mit allen Komponenten des Rechtsfaktors n-ter Stufe, also 3^m Zahlen mit 3^n Zahlen, unter Beachtung der Reihenfolge multipliziert, was ein System von 3^{m+n} Komponenten für den Produkttensor $\mathbf{T}^{(m+n)}$ ergibt:

$$T^{i_1 i_2 \cdots i_m\, j_1 j_2 \cdots j_n} = A^{i_1 i_2 \cdots i_m}\, B^{j_1 j_2 \cdots j_n} . \tag{3.6}$$

Als Multiplikationssatz bezeichnen wir den

Satz 3.2 : *Das dyadische oder tensorielle Produkt eines Tensors m-ter Stufe mit einem Tensor n-ter Stufe ergibt einen Tensor $(m + n)$-ter Stufe.*

Nach Satz 3.1 ist das Produkt zweier Tensoren im allgemeinen nicht kommutativ.

Setzt man im dyadischen Produkt zweier Tensoren einen Index des Linksfaktors gleich einem Index des Rechtsfaktors, etwa $j = r$, so nennt man diese Maßnahme **Überschiebung** der beiden Tensoren von r nach j. Eine Überschiebung erniedrigt die Stufe des Produkttensors um zwei. Die Überschiebung nimmt man nicht willkürlich vor. Sie entsteht durch sinnvolle arithmetische Operationen, wie man z.B. Gl. (3.118) entnimmt.

Ersetzt man in einem Tensor der Stufe $n \geq 2$ das dyadische (tensorielle) Produkt zwischen zwei Basisvektoren durch ein skalares Produkt, so spricht man von einer **Verjüngung**. Dabei erniedrigt sich die Stufe des Tensors ebenfalls um zwei. Daß bei der Überschiebung oder Verjüngung wieder Tensoren entstehen, kann man mit den Transformationsgesetzen beweisen, auf die wir für Tensoren zweiter Stufe in Abschnitt 3.2.4 näher eingehen. In Gl. (3.4) wird der Tensor k-ter Stufe $\mathbf{T}^{(k)}$ durch k-malige skalare Multiplikation mit den Vektoren $\vec{A}_{(i)}$ zu einem Skalar verjüngt.

Beispiel 3.1 : Als Beispiel für die Überschiebung betrachten wir die skalare Multiplikation eines Tensors 3. Stufe von rechts mit einem Tensor 2. Stufe:

$$
A^{ijk}\,\mathbf{g}_i\mathbf{g}_j\mathbf{g}_k \cdot B^{mn}\,\mathbf{g}_m\mathbf{g}_n = A^{ijk}\,\mathbf{g}_i\mathbf{g}_j\,g_{km}B^{mn}\,\mathbf{g}_n = A^{ijk}\,B^{mn}g_{km}\,\mathbf{g}_i\mathbf{g}_j\mathbf{g}_n
$$
$$
= C^{ijn}\,\mathbf{g}_i\mathbf{g}_j\mathbf{g}_n\,.
$$

Die beiden Basisvektoren $\mathbf{g}_k$ und $\mathbf{g}_m$ sind durch die skalare Multiplikation verknüpft. Das Resultat ist ein Tensor 3. Stufe. Diese Art der Überschiebung wird auch als **inneres Produkt** bezeichnet.

3.1.1   Der Tensorraum $\mathcal{W}$ über dem Körper der reellen Zahlen

Entsprechend dem Abschnitt 1.1.5 fassen wir hier die Rechengesetze für Tensoren zusammen und definieren den Tensorraum $\mathcal{W}$.
$\mathcal{W}$ sei die Menge aller Tensoren beliebiger Stufe und Darstellung. $\mathcal{W}^*$ sei die Menge aller Tensoren gleicher Stufe und gleicher Darstellung. $\mathcal{W}^* \subset \mathcal{W}$.

α) In $\mathcal{W}^*$ definieren wir die Addition mit den Eigenschaften (f1) bis (f5) des Abschnittes 1.1.5, die eine Abbildung der Form $\mathcal{W}^* \times \mathcal{W}^* \to \mathcal{W}^*$ ist.

β) Die Multiplikation eines Tensors mit einer reellen Zahl, mit den Eigenschaften (g1) bis (g3) des Abschnittes 1.1.5, ist eine Abbildung $\mathcal{K} \times \mathcal{W} \to \mathcal{W}$.

$\mathcal{W}^*$ bildet also einen Vektorraum über dem Körper der reellen Zahlen; $\mathcal{W}$ jedoch nicht.

γ) Das dyadische Produkt zwischen Tensoren beliebiger Stufe und Darstellung besitzt die Eigenschaften:

- Assoziativität
  $\forall \lambda \in \mathcal{K}, \quad \forall \mathbf{T}^{(n)}, \mathbf{U}^{(m)}, \mathbf{V}^{(r)}, \mathbf{W}^{(s)} \in \mathcal{W}:$
  $\lambda(\mathbf{T}^{(n)} \otimes \mathbf{U}^{(m)}) = (\lambda\mathbf{T}^{(n)}) \otimes \mathbf{U}^{(m)} = \mathbf{T}^{(n)} \otimes (\lambda\mathbf{U}^{(m)}) = \lambda\mathbf{W}^{(n+m)}$,
  $\mathbf{T}^{(n)} \otimes (\mathbf{U}^{(m)} \otimes \mathbf{V}^{(r)}) = (\mathbf{T}^{(n)} \otimes \mathbf{U}^{(m)}) \otimes \mathbf{V}^{(r)} = \mathbf{W}^{(m+n+r)}$.

- Distributivität
$$\forall \mathbf{T}^{(n)} \in \mathcal{W}, \quad \forall \mathbf{U}^{(m)}, \mathbf{V}^{(m)} \in \mathcal{W}^*:$$
$$\mathbf{T}^{(n)} \otimes (\mathbf{U}^{(m)} + \mathbf{V}^{(m)}) = \mathbf{T}^{(n)} \otimes \mathbf{U}^{(m)} + \mathbf{T}^{(n)} \otimes \mathbf{V}^{(m)} = \mathbf{W}^{(n+m)}.$$

Der Tensorraum ist ein Quadrupol über dem Körper der reellen Zahlen, bestehend aus der Menge $\mathcal{W}$ aller Tensoren und den Operationen $+, \cdot, \otimes$, die die Eigenschaften α, β und γ besitzen. Im Vergleich zum Vektorraum $\mathcal{V}$ besitzt $\mathcal{W}$ eine Operation, nämlich die Addition, die nur auf einer Teilmenge $\mathcal{W}^*$ von $\mathcal{W}$ definiert ist.

3.2 Tensoren 2. Stufe

3.2.1 Verschiedene Darstellungen und die Verjüngung

Für jeden Tensor 2. Stufe existieren die vier Darstellungsmöglichkeiten:

$$
\begin{aligned}
\mathbf{T} &= T^{kl}\,\mathbf{g}_k\mathbf{g}_l \quad \text{im kovarianten Basissystem}, \\
\mathbf{T} &= T_{kl}\,\mathbf{g}^k\mathbf{g}^l \quad \text{im kontravarianten Basissystem}, \\
\mathbf{T} &= T_k{}^l\,\mathbf{g}^k\mathbf{g}_l, \\
\mathbf{T} &= T^k{}_l\,\mathbf{g}_k\mathbf{g}^l \quad \text{im gemischten Basissystem}.
\end{aligned}
\tag{3.7}
$$

Die T^{kl} sind die kontravarianten, die T_{kl} die kovarianten und $T_k{}^l$, $T^k{}_l$ die gemischten Komponenten. In allen vier Darstellungen hat der Tensor 2. Stufe 9 unabhängige Komponenten. Die Komponenten ergeben sich aus dem Tensor, wenn man ihn von links und rechts geeignet mit den Basisvektoren multipliziert. Wegen $\mathbf{g}_i \cdot \mathbf{g}^j = \delta_i^j$ gilt:

$$T^{kl} = \mathbf{g}^k \cdot T^{ij}\,\mathbf{g}_i\mathbf{g}_j \cdot \mathbf{g}^l = \mathbf{g}^k \cdot \mathbf{T} \cdot \mathbf{g}^l, \quad T_{kl} = \mathbf{g}_k \cdot \mathbf{T} \cdot \mathbf{g}_l \tag{3.8}$$

und

$$T_k{}^l = \mathbf{g}_k \cdot \mathbf{T} \cdot \mathbf{g}^l, \quad T^k{}_l = \mathbf{g}^k \cdot \mathbf{T} \cdot \mathbf{g}_l. \tag{3.9}$$

Die Punkttransformation ist ein Beispiel für die Verjüngung eines Tensors. Der Tensor $\mathbf{T}$ 2. Stufe geht durch die skalare Multiplikation mit dem Vektor $\vec{B}$ von rechts in den Vektor $\vec{C}$ über. Es gilt

$$\vec{C} = \mathbf{T} \cdot \vec{B} = T^{kl}\,\mathbf{g}_k\mathbf{g}_l \cdot B_m\,\mathbf{g}^m = T^{kl}\,B_m\delta_l^m\,\mathbf{g}_k = T^{kl}\,B_l\,\mathbf{g}_k = C^k\,\mathbf{g}_k$$

und in Matrixdarstellung

$$(C^k) = (T^{kl})(B_l). \tag{3.10}$$

Entsprechend lassen sich folgende Darstellungen angeben:

$$(C^k) = (T^k{}_l)(B^l), \quad (C_k) = (T_{kl})(B^l), \quad (C_k) = (T_k{}^l)(B_l). \tag{3.11}$$

Multiplizieren wir den Tensor $\mathbf{T}$ von links skalar mit $\vec{B}$, so entsteht der Vektor $\vec{D} = \vec{B} \cdot \mathbf{T} \neq \vec{C}$.

Die zweifache Verjüngung von $\mathbf{T}$ führt auf einen Skalar U, für den es vier verschiedene Darstellungen gibt:

$$U = (A_k)^T (T^{kl}) (B_l), \quad U = (A^k)^T (T_{kl}) (B^l) \tag{3.12}$$

und

$$U = (A_k)^T (T^k{}_l) (B^l), \quad U = (A^k)^T (T_k{}^l) (B_l). \tag{3.13}$$

Beispiel 3.2 : Es ist ein Tensor $\mathbf{T}$ im kartesischen Basissystem gegeben:

$$\mathbf{T} = T^{0i0j} \, \mathbf{g}_{0i}\mathbf{g}_{0j} \quad \text{mit} \quad (T^{0i0j}) = \begin{pmatrix} 2 & 1 & 3 \\ 2 & 3 & 4 \\ 1 & 2 & 1 \end{pmatrix}; \tag{3.14}$$

i ist Zeilenindex. $\mathbf{T}$ ist im Grundsystem 1 darzustellen, wobei wir von $\mathbf{T}$ die kontravarianten Komponenten T^{kl} suchen. Nach (2.11) hat das Grundsystem 1 die Darstellung:

$$\mathbf{g}_k = a_k^{0l}\mathbf{g}_{0l} \quad \text{mit} \quad (a_k^{0l}) = \begin{pmatrix} 1 & 0 & 0 \\ 1 & 1 & 0 \\ 1 & 1 & 1 \end{pmatrix},$$

und die Umkehrbeziehung lautet:

$$\mathbf{g}_{0k} = a_{0k}^{l}\mathbf{g}_l \quad \text{mit} \quad (a_{0k}^{l}) = \begin{pmatrix} 1 & 0 & 0 \\ -1 & 1 & 0 \\ 0 & -1 & 1 \end{pmatrix};$$

k ist Zeilenindex. Nach der Invarianzforderung ist

$$\mathbf{T} = T^{kl}\,\mathbf{g}_k\mathbf{g}_l = T^{0i0j}\,\mathbf{g}_{0i}\mathbf{g}_{0j} = T^{0i0j}\,a_{0i}^k\,a_{0j}^l\,\mathbf{g}_k\mathbf{g}_l.$$

Somit erhalten wir für die kontravarianten Komponenten in Matrixdarstellung

$$(T^{kl}) = (a_{0i}^k)^T (T^{0i0j}) (a_{0j}^l) \tag{3.15}$$

und ausgeschrieben

$$(T^{kl}) = \begin{pmatrix} 1 & -1 & 0 \\ 0 & 1 & -1 \\ 0 & 0 & 1 \end{pmatrix} \begin{pmatrix} 2 & 1 & 3 \\ 2 & 3 & 4 \\ 1 & 2 & 1 \end{pmatrix} \begin{pmatrix} 1 & 0 & 0 \\ -1 & 1 & 0 \\ 0 & -1 & 1 \end{pmatrix} = \begin{pmatrix} 2 & -1 & -1 \\ 0 & -2 & 3 \\ -1 & 1 & 1 \end{pmatrix}.$$

Für die Berechnung der kovarianten Komponenten T_{kl} benötigt man die kontravarianten Basisvektoren des Grundsystems 1.

Aufgabe 3.2 : Geben Sie die kovarianten und gemischten Komponenten des Tensors **T** aus Beispiel 3.2 im Grundsystem 1 an!

3.2.2 Physikalische Komponenten des Tensors

Wir bilden die physikalischen Komponenten eines Tensors analog denen des Vektors (Abschnitt 2.1.4).
Es sei

$$\mathbf{T} = T^{kl}\,\mathbf{g}_k\,\mathbf{g}_l = T^{kl}\,|\mathbf{g}_k|\,|\mathbf{g}_l|\mathbf{g}_k^*\,\mathbf{g}_l^* = T^{*kl}\,\mathbf{g}_k^*\,\mathbf{g}_l^* \qquad (3.16)$$

mit den kovarianten Einheitsvektoren

$$\mathbf{g}_i^* = \frac{\mathbf{g}_i}{|\mathbf{g}_i|} = \frac{\mathbf{g}_i}{\sqrt{g_{(ii)}}} \qquad (3.17)$$

und den kontravarianten physikalischen Tensorkomponenten

$$T^{*kl} = T^{kl}\,\sqrt{g_{(kk)}\,g_{(ll)}}\,. \qquad (3.18)$$

Die $\mathbf{g}_i^*$ sind die kovarianten Einheitsvektoren des Basissystems $\mathbf{g}_i$. Entsprechend lassen sich die kovarianten physikalischen Komponenten

$$T_{kl}^* = T_{kl}\,\sqrt{g^{(kk)}\,g^{(ll)}} \qquad (3.19)$$

und die gemischten physikalischen Komponenten

$$T^{*k}{}_l = T^k{}_l\,\sqrt{g_{(kk)}\,g^{(ll)}} \quad \text{und} \quad T_k^{*l} = T_k{}^l\,\sqrt{g^{(kk)}\,g_{(ll)}} \qquad (3.20)$$

in Abhängigkeit der kovarianten und kontravarianten Metrikkoeffizienten angeben. Wir erinnern daran, daß der Metrikkoeffizient $g_{(ii)}$ das Skalarprodukt der Basisvektoren $\mathbf{g}_i \cdot \mathbf{g}_i = g_{(ii)}$ ist. Analog ergeben sich die physikalischen Komponenten von Tensoren höherer Stufe.

3.2.3   Verschiedene Arten von Tensorkomponenten

Tensoren besitzen kovariante, kontravariante oder gemischte Komponenten.
Den Zusammenhang zwischen ihnen stellen die Metrikkoeffizienten her.
Nach der Invarianzforderung gilt:

$$\mathbf{T} = T^{kl}\,\mathbf{g}_k\,\mathbf{g}_l = T_{kl}\,\mathbf{g}^k\,\mathbf{g}^l = T_k{}^l\,\mathbf{g}^k\,\mathbf{g}_l = T^k{}_l\,\mathbf{g}_k\,\mathbf{g}^l. \tag{3.21}$$

Ersetzen wir z.B. in Gl. (3.21) $\mathbf{g}_k = g_{ki}\,\mathbf{g}^i$ und $\mathbf{g}_l = g_{lj}\,\mathbf{g}^j$, so ergibt sich der
Zusammenhang zwischen den ko- und den kontravarianten Komponenten aus

$$\mathbf{T} = T^{kl}\,g_{ki}g_{lj}\,\mathbf{g}^i\mathbf{g}^j = T_{ij}\,\mathbf{g}^i\mathbf{g}^j$$

zu

$$T_{ij} = T^{kl}\,g_{ki}\,g_{lj} \quad \text{bzw.} \quad (T_{ij}) = (g_{ki})^T(T^{kl})(g_{lj})\,. \tag{3.22}$$

Entsprechend folgt mit $\mathbf{g}^k = g^{ki}\,\mathbf{g}_i$ und $\mathbf{g}^l = g^{lj}\,\mathbf{g}_j$ die Beziehung

$$T^{ij} = T_{kl}\,g^{ki}\,g^{lj} \quad \text{bzw.} \quad (T^{ij}) = (g^{ki})^T(T_{kl})(g^{lj}) \tag{3.23}$$

zwischen den kontravarianten und kovarianten Komponenten. Das Herauf- oder
Herunterziehen eines Indexes wird besonders an den gemischten Darstellungen

$$T_i{}^l = T^{kl}\,g_{ki}\,, \quad T_k{}^j = T_{kl}\,g^{lj}\,, \quad T^i{}_j = T_k{}^l\,g^{ki}\,g_{lj}\,, \quad T_i{}^j = T^k{}_l\,g_{ki}\,g^{lj} \tag{3.24}$$

deutlich. Ein beliebiger Index eines Tensors kann herauf- bzw. heruntergezogen
werden, indem wir mit dem kontravarianten bzw. kovarianten Metrikkoeffizienten multiplizieren und summieren.

Aufgabe 3.3 : Der Spannungstensor

$$\mathbf{S} = \sigma^{0i0j}\,\mathbf{g}_{0i}\mathbf{g}_{0j} \quad \text{mit} \quad (\sigma^{0i0j}) = \begin{pmatrix} \frac{9}{4} & -\frac{3}{4} & \frac{\sqrt{2}}{4} \\ -\frac{3}{4} & \frac{9}{4} & \frac{\sqrt{2}}{4} \\ \frac{\sqrt{2}}{4} & \frac{\sqrt{2}}{4} & \frac{3}{2} \end{pmatrix}$$

ist im Grundsystem 1, Gl. (2.11), darzustellen. Geben Sie die Tensorkomponenten
S^{kl} und $S_k{}^l$ an (i ist Zeilenindex)!

3.2.4 Tensorkomponenten bei Wechsel des Bezugssystems

Für den Übergang vom Bezugssystem $\mathcal{B}$ auf das Bezugssystem $\overline{\mathcal{B}}$ haben wir in Gl. (2.82) die Transformationskoeffizienten $\underline{a}_k^l$ und $\overline{a}_l^k$ zwischen den Basisvektoren beider Systeme eingeführt. Die Invarianz eines Tensors gegenüber Koordinatentransformation

$$\mathbf{T} = T^{kl}\,\mathbf{g}_k\,\mathbf{g}_l = \overline{\mathbf{T}} = \overline{T}^{mn}\,\overline{\mathbf{g}}_m\,\overline{\mathbf{g}}_n \tag{3.25}$$

führt mit der Transformationsbeziehung zwischen den kovarianten Basisvektoren $\mathbf{g}_k = \overline{a}_k^m\,\overline{\mathbf{g}}_m$ und $\overline{\mathbf{g}}_k = \underline{a}_k^m\,\mathbf{g}_m$ auf die Beziehungen

$$\begin{aligned}
\overline{T}^{mn} &= T^{kl}\,\underline{a}_k^m\,\underline{a}_l^n \quad \text{bzw.} \quad (\overline{T}^{mn}) = (\underline{a}_k^m)^T(T^{kl})(\underline{a}_l^n)\,, \\
T^{mn} &= \overline{T}^{kl}\,\underline{a}_k^m\,\underline{a}_l^n \quad \text{bzw.} \quad (T^{mn}) = (\underline{a}_k^m)^T(\overline{T}^{kl})(\underline{a}_l^n)
\end{aligned} \tag{3.26}$$

zwischen den kontravarianten Komponenten beider Systeme. Für die Beziehungen zwischen den kovarianten und gemischten Komponenten erhalten wir:

$$\begin{aligned}
(\overline{T}_{mn}) &= (\underline{a}_m^k)^T(T_{kl})(\underline{a}_n^l)\,, \quad (\overline{T}_m{}^n) = (\underline{a}_m^k)^T(T_k{}^l)(\overline{a}_l^n)\,, \\
(\overline{T}^m{}_n) &= (\overline{a}_k^m)^T(T^k{}_l)(\underline{a}_n^l)\,.
\end{aligned} \tag{3.27}$$

Falls die Komponenten T^{kl} des dyadischen Produktes $\mathbf{T} = \vec{A}\vec{B}$ der beiden Vektoren $\vec{A}$ und $\vec{B}$ den Beziehungen (3.26) oder (3.27) genügen, so ist die in Definition 3.1 geforderte Invarianz des Tensors $\mathbf{T}$ gegenüber Koordinatentransformation erfüllt und umgekehrt. Aus diesem Grunde kann man den Tensor $\mathbf{T}$ auch mit Hilfe der Multilinearformen (3.26) und (3.27) definieren.

Beispiel 3.3 : Wir wollen beweisen, daß das Skalarprodukt der beiden Tensoren 2. Stufe $\mathbf{X}, \mathbf{Y} \in \mathcal{W}$, also $\mathbf{X} \cdot \mathbf{Y} = \mathbf{Z}$, wieder einen Tensor 2. Stufe ergibt. Ohne Einschränkung wählen wir für den Tensor $\mathbf{X} = X^{kl}\,\mathbf{g}_k\mathbf{g}_l$ die Darstellung im kovarianten Basissystem und für $\mathbf{Y} = Y_{mn}\,\mathbf{g}^m\mathbf{g}^n$ die Darstellung im kontravarianten Basissystem. Nach Voraussetzung gelten die Transformationsbeziehungen (3.26), nämlich

$$\begin{aligned}
X^{kl} &= \overline{X}^{ij}\,\underline{a}_i^k\underline{a}_j^l \quad \text{und} \quad \overline{X}^{ij} = X^{kl}\,\overline{a}_k^i\overline{a}_l^j\,, \\[2mm]
Y_{mn} &= \overline{Y}_{pq}\,\overline{a}_m^p\overline{a}_n^q \quad \text{und} \quad \overline{Y}_{pq} = Y_{mn}\,\underline{a}_p^m\underline{a}_q^n
\end{aligned} \tag{3.28}$$

bei Wechsel des Bezugssystems von $\mathcal{B}$ nach $\overline{\mathcal{B}}$ und umgekehrt. Zwischen den Basisvektoren der beiden Bezugssysteme gilt:

$$\overline{\mathbf{g}}_i = \underline{a}_i^k \, \mathbf{g}_k \quad \text{und} \quad \overline{\mathbf{g}}^q = \overline{a}_n^q \, \mathbf{g}^n \,. \tag{3.29}$$

Nun bilden wir das Skalarprodukt der beiden Tensoren

$$\mathbf{X} \cdot \mathbf{Y} = X^{kl} \, \mathbf{g}_k \, \mathbf{g}_l \cdot Y_{mn} \, \mathbf{g}^m \, \mathbf{g}^n = X^{kl} Y_{ln} \, \mathbf{g}_k \, \mathbf{g}^n = Z^k{}_n \, \mathbf{g}_k \, \mathbf{g}^n = \mathbf{Z} \,. \tag{3.30}$$

Die Behauptung, $\mathbf{Z}$ sei ein Tensor, ist bewiesen, wenn für die $Z^k{}_n$ die Transformationsbeziehungen (3.27) gelten bzw.

$$\mathbf{Z} = X^{kl} Y_{ln} \, \mathbf{g}_k \, \mathbf{g}^n = \overline{\mathbf{Z}} = \overline{X}^{ij} \overline{Y}_{jq} \, \overline{\mathbf{g}}_i \, \overline{\mathbf{g}}^q$$

ist. Ersetzen wir in Gl. (3.30) X^{kl} und Y_{ln} durch die Gln. (3.28), so erhalten wir

$$\mathbf{Z} = Z^k{}_n \, \mathbf{g}_k \, \mathbf{g}^n = \overline{X}^{ij} \underline{a}_i^k \underline{a}_j^l \, \overline{Y}_{pq} \, \overline{a}_l^p \overline{a}_n^q \, \mathbf{g}_k \, \mathbf{g}^n \,,$$

und mit $\underline{a}_j^l \, \overline{a}_l^p = \delta_j^p$ und den Gln. (3.29) ergibt sich

$$\mathbf{Z} = \overline{X}^{ij} \overline{Y}_{jq} \, \underline{a}_i^k \, \mathbf{g}_k \, \overline{a}_n^q \, \mathbf{g}^n = \overline{X}^{ij} \overline{Y}_{jq} \, \overline{\mathbf{g}}_i \, \overline{\mathbf{g}}^q = \overline{Z}^i{}_q \overline{\mathbf{g}}_i \, \overline{\mathbf{g}}^q = \overline{\mathbf{Z}} \,.$$

Wie behauptet, ist $\mathbf{Z}$ ein Tensor 2. Stufe.

3.2.5 Der Einheitstensor

Definition 3.5 : $\mathbf{E}^{(2)} = \mathbf{E}$ *ist Einheitstensor, wenn das skalare Produkt von* $\mathbf{E}$ *mit einem beliebigen Vektor* $\vec{A}$ *wieder* $\vec{A}$ *ergibt, also*

$$\mathbf{E} \cdot \vec{A} = \vec{A} \cdot \mathbf{E} = \vec{A} \tag{3.31}$$

ist.

Für $\mathbf{E}$ existieren die vier Darstellungen

$$\mathbf{E} = E^{kl} \, \mathbf{g}_k \mathbf{g}_l = E_{kl} \, \mathbf{g}^k \mathbf{g}^l = E_k{}^l \, \mathbf{g}^k \mathbf{g}_l = E^k{}_l \, \mathbf{g}_k \mathbf{g}^l \,. \tag{3.32}$$

Nach obiger Definition ergeben sich mit $\vec{A} = A_m \, \mathbf{g}^m = A^n \, \mathbf{g}_n$ die vier Beziehungen:

$$\begin{aligned}
\vec{A} \cdot \mathbf{E} &= A_m \, \mathbf{g}^m \cdot E^{kl} \, \mathbf{g}_k \mathbf{g}_l = A_k \, E^{kl} \, \mathbf{g}_l = A^l \, \mathbf{g}_l \quad \Rightarrow \quad A^l = E^{kl} \, A_k \,, \\[2mm]
&= A^m \, \mathbf{g}_m \cdot E_{kl} \, \mathbf{g}^k \mathbf{g}^l = A^k \, E_{kl} \, \mathbf{g}^l = A_l \, \mathbf{g}^l \quad \Rightarrow \quad A_l = E_{kl} \, A^k \,,
\end{aligned} \tag{3.33}$$

$$\vec{A} \cdot \mathbf{E} = A_m\, \mathbf{g}^m \cdot E^k{}_l\, \mathbf{g}_k \mathbf{g}^l = A_k\, E^k{}_l\, \mathbf{g}^l = A_l\, \mathbf{g}^l \quad \Rightarrow \quad A_l = E^k{}_l\, A_k\,,$$

$$= A^m\, \mathbf{g}_m \cdot E_k{}^l\, \mathbf{g}^k \mathbf{g}_l = A^k\, E_k{}^l\, \mathbf{g}_l = A^l\, \mathbf{g}_l \quad \Rightarrow \quad A^l = E_k{}^l\, A^k\,. \tag{3.34}$$

Nun besteht aber nach den Gln. (2.40) und (2.41) zwischen den kontravarianten und den kovarianten Vektorkomponenten und umgekehrt der Zusammenhang

$$A^l = g^{lk}\, A_k\,, \quad A_l = g_{lk}\, A^k \tag{3.35}$$

und zwischen den gleichartigen Komponenten

$$A^l = \delta^l_k\, A^k\,, \quad A_l = \delta^k_l\, A_k\,. \tag{3.36}$$

Vergleichen wir die Beziehungen (3.33) mit (3.35), so folgt unmittelbar

$$E^{kl} = g^{lk} = g^{kl} \quad \text{und} \quad E_{kl} = g_{lk} = g_{kl}\,. \tag{3.37}$$

Die kontravarianten und kovarianten Komponenten des Einheitstensors sind mit den kontravarianten und kovarianten Metrikkoeffizienten identisch. Die kontravarianten und die kovarianten Metrikkoeffizienten bilden folglich einen symmetrischen Tensor 2. Stufe. Der Vergleich zwischen (3.34) und (3.36) ergibt

$$E_k{}^l = E_l{}^k = E^l{}_k = E^k{}_l = E_l{}^k = \delta^k_l\,. \tag{3.38}$$

Die gemischten Komponenten des Einheitstensors sind mit dem gemischten Kronecker-Symbol identisch. Nur dem Einheitstensor mit den gemischten Komponenten ist die Einheitsmatrix E zugeordnet. Dagegen besitzen das kovariante Kronecker-Symbol δ_{kl} und das kontravariante δ^{kl} keine allgemeine Bedeutung. Diese Symbole treten nur in kartesischen Bezugssystemen auf.

Nach der Methode des Herauf- und Herunterziehens der Indizes lassen sich noch folgende Beziehungen zwischen den verschiedenen Komponenten des Einheitstensors angeben. Aus

$$\mathbf{E} = E_{mn}\, \mathbf{g}^m \mathbf{g}^n = E_{mn}\, g^{mk} g^{nl}\, \mathbf{g}_k \mathbf{g}_l$$

folgt

$$E^{kl} = E_{mn} g^{mk} g^{nl}\,. \tag{3.39}$$

Entsprechend ergeben sich

$$E_{kl} = E^{mn}\, g_{mk} g_{nl} = E^m_l\, g_{mk} \quad \text{und} \quad E^{kl} = E_{mn}\, g^{mk} g^{nl} = E^l_m\, g^{mk} \tag{3.40}$$

oder

$$E_l^k = E^{km}\, g_{ml} = E_{kn}\, g^{nl}\,. \tag{3.41}$$

Beim Wechsel vom Bezugssystem $\mathcal{B}$ auf das Bezugssystem $\overline{\mathcal{B}}$ ergeben sich für die Komponenten des Einheitstensors bzw. für die Metrikkoeffizienten folgende Gleichungen. Ausgehend von Gl. (2.82) und

$$\mathbf{E} = E^{mn}\, \mathbf{g}_m \mathbf{g}_n = E^{mn}\bar{a}_m^k \bar{a}_n^l\, \overline{\mathbf{g}}_k \overline{\mathbf{g}}_l = \overline{E}^{kl}\, \overline{\mathbf{g}}_k \overline{\mathbf{g}}_l$$

folgt unter Beachtung von Gl. (3.37) für die kontravariante Komponente in $\overline{\mathcal{B}}$

$$\overline{E}^{kl} = \overline{g}^{kl} = E^{mn}\, \bar{a}_m^k \bar{a}_n^l = g^{mn}\, \bar{a}_m^k \bar{a}_n^l\,. \tag{3.42}$$

Sind in $\bar{a}_m^k$ der untere Index und in g^{mn} der vordere Index Zeilenindex, dann lautet Gl. (3.42) in Matrixschreibweise:

$$(\overline{g}^{kl}) = (\bar{a}_m^k)^T (g^{mn})(\bar{a}_n^l)\,.$$

Entsprechend der Herleitung von Gl. (3.42) erhalten wir für die Umkehrbeziehung und die kovarianten Komponenten:

$$
\begin{align}
E^{kl} &= \overline{E}^{mn}\, \underline{a}_m^k \underline{a}_n^l = \overline{g}^{mn}\, \underline{a}_m^k \underline{a}_n^l = g^{kl}\,, \tag{3.43}\\
\overline{E}_{kl} &= E_{mn}\, \underline{a}_k^m \underline{a}_l^n = g_{mn}\, \underline{a}_k^m \underline{a}_l^n = \overline{g}_{kl}\,, \tag{3.44}\\
E_{kl} &= \overline{E}_{mn}\, \bar{a}_k^m \bar{a}_l^n = \overline{g}_{mn}\, \bar{a}_k^m \bar{a}_l^n = g_{kl}\,. \tag{3.45}
\end{align}
$$

Diese Gleichungen zeigen uns an, wie sich die ko- und kontravarianten Metrikkoeffizienten bei Wechsel des Bezugssystems verhalten.

Wie man leicht sieht, genügen die gemischten Komponenten des Einheitstensors den Gleichungen:

$$\overline{E}_l^k = E_n^m\, \bar{a}_m^k \underline{a}_l^n \quad \text{und} \quad E_l^k = \overline{E}_n^m\, \underline{a}_m^k \bar{a}_l^n\,. \tag{3.46}$$

Wegen der Identität $E_n^m = \delta_n^m$ geht Gl. (3.46) in die bekannte Beziehung

$$\delta_l^k = \bar{a}_m^k\, \underline{a}_l^n\, \delta_n^m = \bar{a}_m^k\, \underline{a}_l^m$$

über. Die δ_l^k bilden den Einheitstensor im engeren Sinn.

Da die ko- und die kontravarianten Komponenten des Einheitstensors mit den entsprechenden Metrikkoeffizienten identisch sind, läßt sich mit den Metrikkoeffizienten auch ein Metriktensor bilden, der natürlich mit dem Einheitstensor identisch ist. Der Metriktensor wird auch **Fundamentaltensor** oder **Maßtensor** genannt.

Aufgabe 3.4 : Das Grundsystem 1, Gl. (2.11), bilde das Basissystem $\mathcal{B}$ und das Grundsystem 2, Gl. (2.12), das System $\overline{\mathcal{B}}$. Ausgehend von den kovarianten Metrikkoeffizienten g_{kl} in $\mathcal{B}$ (Beispiel 2.3) sind die kovarianten Metrikkoeffizienten $\overline{g}_{kl}$ in $\overline{\mathcal{B}}$ zu bestimmen.

3.2.6 Symmetrische Tensoren 2. Stufe

Den Symmetriebegriff führen wir zunächst für ko- und kontravariante Tensoren ein.

Definition 3.6 :   *Ein Tensor* **T** *ist hinsichtlich zweier Indizes* k, l *symmetrisch, wenn man bei den kovarianten bzw. kontravarianten Komponenten die Indizes vertauschen darf, ohne daß dabei die Komponenten ihren Wert ändern. Demnach gilt für symmetrische Tensoren 2. Stufe:*

$$T^{kl} = T^{lk} \quad und \quad T_{kl} = T_{lk}. \tag{3.47}$$

Die Symmetriebeziehung für die kovarianten Komponenten folgt aus der für die kontravarianten Komponenten. Denn aus

$$T^{kl} \, g_{km} \, g_{ln} = T_{mn}$$

folgt für $T^{kl} = T^{lk}$:

$$T^{kl} \, g_{km} \, g_{ln} = T_{mn} = T^{lk} \, g_{km} \, g_{ln} = T_{nm}.$$

Nach dieser Bildungsvorschrift muß die Symmetrieeigenschaft der gemischten Komponenten eines Tensors 2. Stufe

$$T_k{}^l = T^l{}_k = T_k^l \tag{3.48}$$

lauten. Die Stellung der Indizes als vorderer oder hinterer Index wechselt. Gl. (3.48) folgt aus

$$T^{ml} \, g_{mk} = T_k{}^l = T^{lm} \, g_{mk} = T^l{}_k = T_k^l.$$

In der gemischten Darstellung äußert sich die Symmetrie darin, daß es keinen vorderen und keinen hinteren Index mehr gibt.

Folgerungen:

- Die Komponentenmatrix $(T^{kl}) = (T^{kl})^T = (T^{lk})$ des symmetrischen Tensors 2. Stufe ist gleich ihrer Transponierten. Die entsprechende Aussage gilt auch für die kovarianten Komponenten.

- Ein symmetrischer Tensor 2. Stufe besitzt nur 6 unabhängige Komponenten.

- Die Symmetrie ist eine invariante Eigenschaft, was daraus folgt, daß sämtliche kontravarianten Komponenten des Tensors $X^{kl} = T^{kl} - T^{lk}$ in dem speziell vorliegenden Koordinatensystem Null sind. Damit sind sie auch in jedem anderen Bezugssystem Null.

- Einen symmetrischen Tensor 2. Stufe kann man von rechts oder von links skalar mit einem Vektor $\vec{A}$ multiplizieren. In jedem Fall ist das Ergebnis das gleiche.

- Einen symmetrischen Tensor 2. Stufe kann man in folgender Weise bilden:
  α) durch das dyadische Produkt des Tensors $\vec{A}$ 1. Stufe mit sich selbst, also

$$\mathbf{T} = \vec{A}\,\vec{A} = A^k \mathbf{g}_k\, A^l \mathbf{g}_l = A^k A^l\, \mathbf{g}_k \mathbf{g}_l = T^{kl}\, \mathbf{g}_k \mathbf{g}_l\,,$$

was $T^{kl} = A^k\, A^l$ ergibt;

β) durch das dyadische Produkt der beiden Tensoren 1. Stufe $\vec{A}$ und $\vec{B}$, nämlich

$$\mathbf{T} = \vec{A}\,\vec{B} + \vec{B}\,\vec{A} \quad \text{bzw.} \quad T^{kl} = A^k\, B^l + A^l\, B^k\,.$$

3.2.7   Antisymmetrische Tensoren 2. Stufe

Definition 3.7 :   *Ein Tensor* **T** *ist hinsichtlich zweier Indizes* k, l *antisymmetrisch (schiefsymmetrisch), wenn beim Vertauschen der Indizes* k *und* l *die kontravarianten bzw. kovarianten Tensorkomponenten ihr Vorzeichen ändern. Beim Tensor 2. Stufe gilt dann*

$$T^{kl} = -T^{lk}\,. \tag{3.49}$$

Aus der Antisymmetrie der kontravarianten Komponenten folgt auch die Antisymmetrie der kovarianten und gemischten Darstellung von Tensoren. Ausgehend von $T^{kl} = -T^{lk}$ und $T_{mn} = T^{kl}\, g_{km} g_{ln} = -T^{lk}\, g_{km} g_{ln} = -T_{nm}$ erhalten wir für die kovarianten Komponenten

$$T_{mn} = -T_{nm}\,. \tag{3.50}$$

Die gemischten Komponenten $T^{kl}\, g_{km} = T_m{}^l = -T^{lk}\, g_{km} = -T^l{}_m$ genügen der Antisymmetriebeziehung

$$T_m{}^l = -T^l{}_m\,. \tag{3.51}$$

Folgerungen:

- Zwischen der Komponentenmatrix eines antisymmetrischen Tensors 2. Stufe und ihrer Transponierten gilt:

$$(T^{kl}) = -(T^{kl})^T = -(T^{lk})\,.$$

Die Komponenten T^{kk}, $k = 1, 2, 3$ des Tensors sind Null.

- Ein antisymmetrischer Tensor 2. Stufe besitzt nur drei unabhängige Komponenten. Deshalb kann man ihm einen Vektor zuordnen.

Einen antisymmetrischen Tensor 2. Stufe kann man z.B. mit Hilfe des dyadischen Produktes der beiden Tensoren 1. Stufe $\vec{A}$ und $\vec{B}$

$$\mathbf{T} = \vec{A}\,\vec{B} - \vec{B}\,\vec{A} \quad \text{bzw.} \quad T^{kl} = A^k\,B^l - A^l\,B^k \tag{3.52}$$

bilden.

Wir weisen darauf hin, daß man einen beliebigen Tensor 2. Stufe stets in einen symmetrischen Tensor $\mathbf{T}_s$ und in einen antisymmetrischen Tensor $\mathbf{T}_a$ zerlegen kann.

Beispiel 3.4 : Der Beschleunigungsvektor $\vec{b}$ einer räumlichen Strömung hat in **kartesischen Koordinaten** die Komponentendarstellung [Spu89]

$$b_j = \frac{\partial v_j}{\partial t} + v_i\frac{\partial v_j}{\partial x_i} \quad \text{bzw.} \quad (b_j) = \left(\frac{\partial v_j}{\partial t}\right) + (V_{ij})^T(v_i)\,.$$

v_i ist die Geschwindigkeitskomponente in Richtung der x_i-Koordinatenlinie (x_i-Achse), und

$$(V_{ij}) = \left(\frac{\partial}{\partial x_i}\right)(v_j)^T$$

ist die Komponentenmatrix des Strömungstensors $\mathbf{V}$ (Geschwindigkeitsgradient). Man kann nun zeigen, daß ein Fluidelement (infinitesimaler fluider Quader) während des Bewegungsablaufes im Zeitintervall δt verformt wird. Die virtuelle Änderung der Quaderdiagonalen δda_j, die ein Maß für die Verformung ist, ist bei linearer Formänderung dem Strömungstensor $\mathbf{V}$ proportional. Wie hier nicht näher gezeigt werden soll, gilt dann

$$(\delta da_j) = (V_{ij})^T(da_i)\,\delta t\,.$$

da_j ist die j-Komponente der Raumdiagonalen des Fluidelementes. Nun setzt sich die allgemeine Verformung des Fluidelementes aus einer Drehung und einer Verzerrung zusammen. Letztere unterteilt man noch in Dehnung und Scherung. Da die reine Drehung aber keinen Anteil an der Verzerrung des Fluidelementes hat, spaltet man sie vom Strömungstensor ab. Das gelingt, wenn der Strömungstensor in einen symmetrischen Anteil $\mathbf{V}_D = (V_{D_{ij}})$, den Deformationstensor, zerlegt wird und in den antisymmetrischen Anteil $\mathbf{V}_R = (V_{R_{ij}})$, den Rotationstensor, der die Rotation des Fluidelementes beschreibt. Die Zerlegung ergibt

$$\mathbf{V} = \mathbf{V}_D + \mathbf{V}_R \quad \text{bzw.} \quad (V_{ij}) = (V_{D_{ij}}) + (V_{R_{ij}}).$$

Der symmetrische Anteil von V_{ij} ist

$$V_{D_{ij}} = \frac{1}{2}\left(\frac{\partial v_j}{\partial x_i} + \frac{\partial v_i}{\partial x_j}\right),$$

und der antisymmetrische Anteil ist

$$V_{R_{ij}} = \frac{1}{2}\left(\frac{\partial v_j}{\partial x_i} - \frac{\partial v_i}{\partial x_j}\right).$$

Dem Rotationstensor $\mathbf{V}_R$ kann man den Winkelgeschwindigkeitsvektor $\vec{\omega}$ mit den Komponenten

$$\omega_h = \frac{1}{2}\left(\frac{\partial v_j}{\partial x_i} - \frac{\partial v_i}{\partial x_j}\right), \quad h, i, j \quad \text{zykl.} \quad 1, 2, 3$$

zuordnen. Die hier benutzten physikalischen Zusammenhänge sind z.B. in [Tru89] nachzulesen.

Auf den im obigen Beispiel hingewiesenen Zusammenhang zwischen einem Vektor und einem antisymmetrischen Tensor 2. Stufe wollen wir jetzt näher eingehen.

Der Vektor $\vec{C}$ werde durch das Vektorprodukt der Vektoren $\vec{A} = A^k\,\mathbf{g}_k$ und $\vec{B} = B^l\,\mathbf{g}_l$ nach Gl. (2.51) und Gl. (2.70) gebildet. Die kovariante Vektorkomponente ergibt sich dann zu

$$C_m = \sqrt{g}(A^k B^l - A^l B^k), \quad k, l, m \quad \text{zykl.} \quad 1, 2, 3 \tag{3.53}$$

und ausgeschrieben:

$$C_1 = \sqrt{g}(A^2 B^3 - A^3 B^2), \quad C_2 = \sqrt{g}(A^3 B^1 - A^1 B^3), \quad C_3 = \sqrt{g}(A^1 B^2 - A^2 B^1).$$

Da sich andererseits der antisymmetrische Tensor 2. Stufe durch die Vorschrift (3.52) ergibt, gilt zwischen den Vektor- und den Tensorkomponenten die Zuordnung:

$$T^{kl} = \begin{cases} \frac{C_m}{\sqrt{g}} & \text{für} \quad k, l, m \quad \text{zykl.} \quad 1, 2, 3, \\ -\frac{C_m}{\sqrt{g}} & \text{für} \quad k, l, m \quad \text{antizykl.} \quad 1, 2, 3, \\ 0 & \text{sonst.} \end{cases} \tag{3.54}$$

und damit für die Komponentenmatrix

$$(T^{kl}) = \frac{1}{\sqrt{g}} \begin{pmatrix} 0 & C_3 & -C_2 \\ -C_3 & 0 & C_1 \\ C_2 & -C_1 & 0 \end{pmatrix} . \qquad (3.55)$$

Aufgabe 3.5 : Dem Vektor der Winkelgeschwindigkeit $\vec{\omega} = \omega_i \, \mathbf{g}^i$ sei der antisymmetrische Tensor

$$\Omega = \Omega^{ij} \, \mathbf{g}_i \mathbf{g}_j \quad \text{mit} \quad (\Omega^{ij}) = \frac{1}{\sqrt{g}} \begin{pmatrix} 0 & \omega_3 & -\omega_2 \\ -\omega_3 & 0 & \omega_1 \\ \omega_2 & -\omega_1 & 0 \end{pmatrix}$$

zugeordnet. Man zeige, daß für den Geschwindigkeitsvektor gilt:

$$\vec{v} = \vec{x} \cdot \Omega = \vec{\omega} \times \vec{x} .$$

3.2.8 Spur des Tensors, Kugeltensor und Deviator

Definition 3.8 : *Die Spur eines Tensors 2. Stufe ist*

$$sp(\mathbf{T}) = T^{kl} \, \mathbf{g}_k \cdot \mathbf{g}_l = T^{kl} \, g_{kl} = T_{kl} \, \mathbf{g}^k \cdot \mathbf{g}^l = T_{kl} \, g^{kl} , \quad k, l \quad unabh. \quad 1, 2, 3,$$

$$\qquad (3.56)$$

$$= T_k{}^l \, \mathbf{g}^k \cdot \mathbf{g}_l = T_k{}^k = T^k{}_k = T_1^1 + T_2^2 + T_3^3 ;$$

sie ist also gleich dem verjüngenden Produkt (Skalarprodukt) der beiden Basisvektoren.

Nur in der gemischten Darstellung und im kartesischen Koordinatensystem ist die Spur gleich der Summe der Tensorkomponenten der Hauptdiagonalen.

Aufgabe 3.6 : Beweisen Sie, daß die mit dem Tensor 2. Stufe gebildete Spur eine invariante Größe ist!

Definition 3.9 : *Der zum Tensor $\mathbf{T}^{(2)}$ gehörige Kugeltensor $\mathbf{K}$ und der Deviator $\mathbf{D}$ werden mit der Spur von $\mathbf{T}$ gebildet. Es gilt:*

$$\mathbf{K} = \frac{1}{3} \, sp(\mathbf{T}) \, \mathbf{E} \qquad und \qquad \mathbf{D} = \mathbf{T} - \mathbf{K} = \mathbf{T} - \frac{1}{3} \, sp(\mathbf{T}) \, \mathbf{E} . \qquad (3.57)$$

Kugeltensor und Deviator lassen sich im kovarianten, kontravarianten oder gemischten Basissystem darstellen. Beispielsweise gilt:

$$\mathbf{K} = \frac{1}{3}T_i^{\;i}\,\mathbf{E} \;=\; \frac{1}{3}T_i^{\;i}\,g^{kl}\,\mathbf{g}_k\mathbf{g}_l = K^{kl}\,\mathbf{g}_k\mathbf{g}_l\,,$$

$$= \frac{1}{3}T_i^{\;i}\,g_{kl}\,\mathbf{g}^k\mathbf{g}^l = K_{kl}\,\mathbf{g}^k\mathbf{g}^l\,,$$

$$= \frac{1}{3}T_i^{\;i}\,\delta_k^l\,\mathbf{g}^k\mathbf{g}_l = K_k^{\;l}\,\mathbf{g}^k\mathbf{g}_l$$

und   (3.58)

$$\mathbf{D} = \mathbf{T} - \mathbf{K} \;=\; (T^{kl} - \frac{1}{3}T_i^{\;i}\,g^{kl})\mathbf{g}_k\mathbf{g}_l = D^{kl}\,\mathbf{g}_k\mathbf{g}_l\,,$$

$$= (T_{kl} - \frac{1}{3}T_i^{\;i}\,g_{kl})\mathbf{g}^k\mathbf{g}^l = D_{kl}\,\mathbf{g}^k\mathbf{g}^l\,,$$

$$= (T_k^{\;l} - \frac{1}{3}T_i^{\;i}\,\delta_k^l)\mathbf{g}^k\mathbf{g}_l = D_k^{\;l}\,\mathbf{g}^k\mathbf{g}_l\,.$$

Bildet man die Spur des Kugeltensors $\mathbf{K}$, so muß gelten: $sp(\mathbf{K}) = sp(\mathbf{T})$. Das verjüngende Produkt in der ersten Beziehung der Gln. (3.58) ergibt

$$sp(\mathbf{K}) = \frac{1}{3}T_i^{\;i}\,g^{kl}\,\mathbf{g}_k \cdot \mathbf{g}_l = \frac{1}{3}T_i^{\;i}\,g^{kl}\,g_{kl} = T_i^{\;i}\,.$$

Wir haben hier zu beachten, daß über k und l unabh. von 1 bis 3 zu summieren ist. Deshalb ist hier $g^{kl}\,g_{kl} = \delta_k^k = 3$ und $sp(\mathbf{K}) = T_i^{\;i} = sp(\mathbf{T})$.

Anmerkung: Aus $g^{kl}g_{kn} = \delta_n^l$ folgt bei festgehaltenem l für $n = l$ die Beziehung $g^{kl}\,g_{kl} = \delta_l^l = 1$. Durchläuft aber l ebenfalls die Werte 1 bis 3, dann ist $g^{kl}\,g_{kl} = \delta_l^l = 3$.

Satz 3.3 : *Von einem beliebigen Tensor $\mathbf{T}$ 2. Stufe, den man in einen symmetrischen Anteil $\mathbf{T}_s$ und in einen antisymmetrischen Anteil $\mathbf{T}_a$ zerlegen kann, also $\mathbf{T} = \mathbf{T}_s + \mathbf{T}_a$, trägt nur der symmetrische Anteil zur Spur bei. Es gilt:*

$$sp(\mathbf{T}) = sp(\mathbf{T}_s)\,. \qquad (3.59)$$

Für den Beweis zerlegen wir $\mathbf{T}$ in die beiden Anteile

$$\mathbf{T} = \mathbf{T}_s + \mathbf{T}_a = T_s^{\;kl}\,\mathbf{g}_k\mathbf{g}_l + T_a^{\;kl}\,\mathbf{g}_k\mathbf{g}_l$$

$$\text{mit}\quad T_s^{\;kl} = \frac{1}{2}(T^{kl} + T^{lk}) \quad \text{und} \quad T_a^{\;kl} = \frac{1}{2}(T^{kl} - T^{lk})\,.$$

Die Spur von $\mathbf{T}$ ist dann $sp(\mathbf{T}) = sp(\mathbf{T}_s) + sp(\mathbf{T}_a)$.

Obiger Satz ist bewiesen, wenn wir zeigen können, daß $sp(\mathbf{T}_a) = 0$ gilt. Wegen der Antisymmetrie von $\mathbf{T}_a$, also $T_a^{\;kl} = -T_a^{\;lk}$, erhalten wir einerseits für

$$sp(\mathbf{T}_a) = T_a{}^{kl} g_{kl} \tag{3.60}$$

und andererseits

$$sp(\mathbf{T}_a) = -T_a{}^{lk} g_{kl} = -T_a{}^{lk} g_{lk}\,.$$

Da aber die Summationsindizes beliebig gewählt werden können, dürfen wir für die letzte Gleichung auch schreiben:

$$sp(\mathbf{T}_a) = -T_a{}^{kl} g_{kl}\,. \tag{3.61}$$

Zwischen den Gln. (3.60) und (3.61) besteht aber ein Widerspruch. Infolge dessen ist $sp(\mathbf{T}_a) = 0$ und $sp(\mathbf{T}) = sp(\mathbf{T}_s)$.

Der Name Kugeltensor für $\mathbf{K} = \frac{1}{3}sp(\mathbf{T})\,\mathbf{E}$ hat einen geometrischen Hintergrund. Transformiert man $\mathbf{T}_s$ in ein kartesisches Koordinatensystem, so läßt sich den transformierten Komponenten eine Fläche 2. Ordnung (Quadrik) in Gestalt eines Ellipsoides zuordnen. Die Quadrik des mit der Spur von $\mathbf{T}$ gebildeten Tensors $\mathbf{K}$ ist eine Kugel. Im folgenden Beispiel geben wir einen Hinweis darauf, warum man einen Tensor in einen Kugeltensor und einen Deviator zerlegt.

Beispiel 3.5 : Im Beispiel 3.4 haben wir den Strömungstensor $\mathbf{V}$ in den Deformationstensor $\mathbf{V}_D$ und den Rotationstensor $\mathbf{V}_R$ zerlegt, also $\mathbf{V} = \mathbf{V}_D + \mathbf{V}_R$. Das geschah aus der Einsicht, daß die reine Drehung, die der Rotationstensor verkörpert, auf die Deformation des Fluides keinen Einfluß hat. Die kinematische Analyse des Deformationstensors $\mathbf{V}_D$ legt eine Zerlegung in einen reinen Volumendehnungsanteil $\mathbf{V}^*$ und einen volumentreuen Anteil $\mathbf{V}^{**}$ nahe, also $\mathbf{V}_D = \mathbf{V}^* + \mathbf{V}^{**}$. Der Volumendehnungsanteil $\mathbf{V}^* = \frac{1}{3}sp(\mathbf{V}_D)\mathbf{E} = \mathbf{K}$ ist der mit der Spur von $\mathbf{V}_D$ gebildete Kugeltensor. Er verschwindet bei einem inkompressiblen Fluid. Der volumentreue Anteil $\mathbf{V}^{**} = \mathbf{V}_D - \mathbf{V}^* = \mathbf{D}$ ist der Deviator. Er beschreibt die reine Scherung des Fluides. Die Spannungen in einem strömenden Fluid sind gewöhnlich den Geschwindigkeitsänderungen des Deformationstensors proportional. Insbesondere besteht über die dynamische Viskosität bei newtonschen Fluiden ein unmittelbarer Zusammenhang zwischen den reinen Tangentialspannungen des Spannungstensors $\mathbf{S}$ und den Komponenten des Deviators $\mathbf{V}^{**}$. Nähere Einzelheiten sind der Fachliteratur [Tru89] zu entnehmen.

Aufgabe 3.7 : Man zerlege den Spannungstensor $\mathbf{S}$

$$(\sigma_{0i0j}) = \begin{pmatrix} \sigma & \tau & 0 \\ \tau & \sigma & 0 \\ 0 & 0 & \sigma \end{pmatrix} = (\sigma^{0i0j})$$

des kartesischen Systems in Kugeltensor und Deviator.

3.3   Die Punkttransformation

Das $(k-1)$-fache innere Produkt eines Tensors k-ter Stufe mit je einem Tensor
1. Stufe ergibt einen Tensor   1. Stufe. Diese Art der Verjüngung kann man als
eine eindeutige Abbildung von $k-1$ Originalvektoren mittels des Tensors k-ter
Stufe auf einen Bildvektor deuten [S-P88]. Die Zuordnung ist homogen und
linear in jedem der $k-1$ Originalvektoren. Man nennt sie auch multilineare
Vektorfunktion. Ein einfaches Beispiel einer multilinearen Vektorfunktion ist
die Abbildung mit Hilfe eines zweistufigen Tensors $\mathbf{A} = A^{kl}\,\mathbf{g}_k\mathbf{g}_l$ gemäß

$$\mathbf{A} \cdot \vec{X} = \vec{Y} \quad \text{bzw.} \quad A^{kl}\,\mathbf{g}_k\mathbf{g}_l \cdot \mathbf{g}^m X_m = A^{kl} X_l \mathbf{g}_k = Y^k\,\mathbf{g}_k$$

mit

$$Y^k = A^{kl} X_l \tag{3.62}$$

in Komponentendarstellung. Gleichung (3.62) hat eine anschauliche Bedeutung.
Sie beschreibt eine Punkttransformation, wenn die A^{kl} die Komponenten eines
Tensors 2. Stufe sind. Die Punkttransformation (3.62) ordnet dem Vektor $\vec{X}$
im gleichen Koordinatensystem eindeutig den Vektor $\vec{Y}$ zu. Gleichung (3.62)
bildet speziell die kovariante Komponente X_l auf die kontravariante Komponente Y^k ab. Stellt man den Tensor $\mathbf{A}$ im kontravarianten Basissystem dar,
dann überführt Gl. (3.62), $Y_k = A_{kl} X^l$, die kontravariante Komponente X^l in
die kovariante Komponente Y_k.

Definition 3.10 : *Die lineare Punkttransformation ist eine spezielle lineare
Abbildung, bei der jedem Vektor $\vec{X} \in \mathcal{V}$ ein Bildvektor $\vec{Y} = \mathbf{A} \cdot \vec{X} \in \mathcal{V}$
eineindeutig zugeordnet wird, wobei $\mathbf{A} \in \mathcal{W}$ ein Tensor 2. Stufe ist.*

Folgerungen:

1. Sind A^{kl} die kontravarianten, A_{kl} die kovarianten und $A_k{}^l$ bzw. $A^k{}_l$ die
   gemischten Komponenten eines Tensors $\mathbf{A}$ 2. Stufe, dann wird der Vektor
   $\vec{X}$ durch die Punkttransformation $\vec{Y} = \mathbf{A} \cdot \vec{X}$ in dem selben Koordinatensystem eindeutig auf den Vektor $\vec{Y}$ abgebildet.

2. Eine Koordinatentransformation von einem Koordinatensystem $\mathcal{B}$ auf ein
   anderes $\bar{\mathcal{B}}$ wird mit einer regulären Matrix vollzogen. Im Gegensatz dazu
   wird eine Punkttransformation in dem selben Koordinatensystem $\mathcal{B}$ von
   einem zweistufigen Tensor $\mathbf{A}$ vermittelt, der die eineindeutige Abbildung
   $\mathbf{A} \cdot \vec{X} = \vec{Y}$ leistet. In beiden Fällen werden homogene, lineare Transformationen (ohne Translation) betrachtet.

Beispiel 3.6 : Als Beispiel für eine multilineare Vektorfunktion geben wir nachstehende Gleichung aus der Kreiseltheorie an:

$$\mathbf{T} \cdot \vec{\omega} = \vec{q}.$$

$\mathbf{T}$ ist der zweistufige Tensor der Trägheitsmomente, $\vec{\omega}$ der Vektor der Winkelgeschwindigkeit und $\vec{q}$ der Drehimpulsvektor.
Der Winkelgeschwindigkeitsvektor und der Drehimpulsvektor müssen Tensoren 1. Stufe sein, d.h. unabhängig vom verwendeten Koordinatensystem. Das trifft aber für den Drehimpulsvektor nur dann zu, wenn $\mathbf{T}$ ein Tensor ist, d.h. die Transformationsbeziehungen (3.26) oder (3.27) erfüllt.

Aufgabe 3.8 : In welcher Darstellung bildet der Tensor $\mathbf{A}$ 2. Stufe durch eine Punkttransformation die kovariante Vektorkomponente X_k in die kovariante Vektorkomponente Y_l ab?

Aufgabe 3.9 : Man beweise, daß für $\mathbf{T} \in \mathcal{W}$ und $\vec{\omega} \in \mathcal{V}$ der Vektor $\vec{q} = \mathbf{T} \cdot \vec{\omega}$ ein Tensor 1. Stufe ist.

3.4 Die Hauptachsentransformation

Das Anliegen der Hauptachsentransformation symmetrischer Tensoren 2. Stufe erläutern wir zunächst an ihrem physikalischen Hintergrund. Aus später noch ersichtlichem Grunde führen wir die Untersuchungen im kartesischen Koordinatensystem durch. Der Übergang von einem beliebigen Koordinatensystem in das kartesische ist uns aus Abschnitt 3.2.4 bekannt.
Eine punktförmige Masse m, die sich um eine Achse mit der Winkelgeschwindigkeit $\vec{\omega} = \omega_i\, \mathbf{g}_{0i}$ dreht, besitzt die kinetische Energie

$$E_{kin} = \frac{m}{2}(\vec{v})^2 = \frac{m}{2}(\vec{\omega} \times \vec{x})^2 . \tag{3.63}$$

Nach Gl. (1.35) ist $(\vec{\omega} \times \vec{x})^2 = (\vec{\omega})^2(\vec{x})^2 - (\vec{\omega} \cdot \vec{x})^2$. Die Umformungen

$$(\vec{\omega})^2 = \omega_i\, \omega_i = \omega_i\, \omega_k\, \delta_{ik} \quad \text{und} \quad (\vec{\omega} \cdot \vec{x})^2 = \omega_i\, \omega_k\, x_i\, x_k$$

ergeben

$$(\vec{\omega} \times \vec{x})^2 = (\vec{x})^2 \omega_i \omega_k\, \delta_{ik} - \omega_i \omega_k\, x_i x_k = ((\vec{x})^2\, \delta_{ik} - x_i x_k)\omega_i \omega_k$$

und damit die quadratische Form

$$E_{kin} = \frac{m}{2}((\vec{x})^2\,\delta_{ik} - x_i x_k)\omega_i\omega_k = T_{ik}\,\omega_i\omega_k \qquad (3.64)$$

in den Komponenten ω_i des Winkelgeschwindigkeitsvektors. Da die kinetische Energie der Masse m nicht vom zufällig benutzten Koordinatensystem abhängt und $\vec{\omega}$ ein Tensor 1. Stufe ist, muß die quadratische Form von einem Tensor **T** 2. Stufe gebildet werden

$$\mathbf{T} = T^{ik}\,\mathbf{g}_{0i}\mathbf{g}_{0k} = \frac{m}{2}((\vec{x})^2\,\delta_{ik} - x_i x_k)\,\mathbf{g}_{0i}\mathbf{g}_{0k} = \frac{m}{2}((\vec{x})^2\,\mathbf{E} - \vec{x}\,\vec{x}) \qquad (3.65)$$

mit

$$T^{ik} = \frac{m}{2}((\vec{x})^2\,\delta_{ik} - x_i\,x_k) = T_{ik}\,. \qquad (3.66)$$

Der Tensor **T** ist offenbar symmetrisch. Man nennt ihn den Tensor der Trägheitsmomente des betrachteten Einteilchensystems, kurz Trägheitstensor. Der Trägheitstensor erzeugt die quadratische Form (3.64)

$$L^\star(\vec{\omega},\vec{\omega}) = \vec{\omega}\cdot\mathbf{T}\cdot\vec{\omega} = (\omega_i)^T\,(T_{ik})\,(\omega_k)\,. \qquad (3.67)$$

Die Komponenten

$$T_{11} = \frac{m}{2}(x_2^2 + x_3^2), \quad T_{22} = \frac{m}{2}(x_1^2 + x_3^2) \quad \text{und} \quad T_{33} = \frac{m}{2}(x_1^2 + x_2^2)$$

sind die Hauptträgheitsmomente, die $T_{ik} = -\frac{m}{2}x_i x_k$ für $i \neq k$ sind die Deviationsmomente.

Jedem symmetrischen Tensor 2. Stufe kann man eine Fläche 2. Grades zuordnen. Dazu bildet man die quadratische Form (3.67) mit dem Ortsvektor $\vec{x}$ und setzt sie Eins:

$$\vec{x}\cdot\mathbf{T}\cdot\vec{x} = (x_i)^T(T_{ik})(x_k) = F(x_1, x_2, x_3) = 1\,, \quad i, k \quad \text{unabh.} \quad 1, 2, 3. \qquad (3.68)$$

Die Multiplikation in obiger Gleichung ergibt

$$F = T_{11}(x_1)^2 + T_{22}(x_2)^2 + T_{33}(x_3)^2 + 2T_{12}x_1x_2 + 2T_{13}x_1x_3 + 2T_{23}x_2x_3 = 1\,. \qquad (3.69)$$

Die Konstante auf der rechten Seite von Gl. (3.69) ist willkürlich gewählt. Die Beträge der physikalischen Vektoren sind stets endlich, z.B. $|\vec{\omega}| < \infty$. Die Forderung $|\vec{x}| < \infty$ schließt Flächen aus, die sich in das Unendliche erstrecken, so daß es sich bei Gl. (3.69) nur um ein Ellipsoid handeln kann.

Durch Drehung des kartesischen Koordinatensystems läßt sich nun ein Basissystem $\overline{\mathcal{B}}$ mit den Koordinaten $\overline{x}_1, \overline{x}_2, \overline{x}_3$ so finden, daß in ihm die Tensorkomponenten $\overline{T}_{ik}$ $\forall i \neq k$ verschwinden. Dieses System $\overline{\mathcal{B}}$ ist das Hauptachsensystem, und die dazugehörige Transformation ist die Hauptachsentransformation. Das Tensorellipsoid des auf die Hauptachsenform transformierten Tensors $\mathbf{T} = \overline{\mathbf{T}} = \overline{T}_{ik}\,\overline{\mathbf{g}}_{0i}\overline{\mathbf{g}}_{0k}$ nimmt dann die Gestalt an:

$$\vec{\bar{x}} \cdot \mathbf{T} \cdot \vec{\bar{x}} = \overline{T}_{11}(\overline{x}_1)^2 + \overline{T}_{22}(\overline{x}_2)^2 + \overline{T}_{33}(\overline{x}_3)^2 = 1 \, . \tag{3.70}$$

Die Darstellung des Tensors $\mathbf{T}$ in der Hauptachsenform muß unabhängig davon gültig sein, ob man ihn in $\bar{B}$ im kovarianten, kontravarianten oder gemischten Basissystem aufschreibt. Wegen den Gln. (3.22) und (3.24) existiert die Unabhängigkeit von den verschiedenen Darstellungen nur dann, wenn die gemischten Metrikkoeffizienten $g_{ik} = 0$ sind $\forall \, i \neq k$, d.h. in orthogonalen Basissystemen. Das ist der Grund, weshalb wir das Hauptachsenproblem eines Tensors 2. Stufe im kartesischen Koordinatensystem betrachten.

Das Transformationsgesetz bei Wechsel des Bezugssystems ist nach Gl. (3.26)

$$\overline{T}^{kl} = \overline{a}_m^k \, \overline{a}_n^l \, T^{mn} = \overline{T}_{kl} \, . \tag{3.71}$$

Kennzeichen der Transformation innerhalb kartesischer Systeme sind $\underline{a}_l^k = \overline{a}_k^l$ nach Gl. (2.87) und die Identität von kovarianter und kontravarianter Darstellung. Wie schon aus den vorangegangenen Gleichungen ersichtlich ist, benutzen wir wahlweise die kontravariante und die kovariante Darstellung nebeneinander. Wir suchen das Hauptachsensystem, d.h. die Basisvektoren $\overline{\mathbf{g}}_{0l} = \underline{a}_l^k \, \mathbf{g}_{0k}$.
Gl. (3.71) multiplizieren wir mit $\underline{a}_k^p$

$$\underline{a}_k^p \, \overline{T}^{kl} = \underline{a}_k^p \, \overline{a}_m^k \, \overline{a}_n^l \, T^{mn} = \delta_m^p \, \overline{a}_n^l \, T^{mn} = \overline{a}_n^l \, T^{pn} \, . \tag{3.72}$$

Da die $\overline{T}^{kl}$ in Hauptachsenform vorliegen sollen, kann k nur die Werte von l annehmen. In

$$\underline{a}_l^p \, \overline{T}^{(ll)} = \overline{a}_n^l \, T^{pn} \tag{3.73}$$

darf über l nicht summiert werden, was die Klammer zum Ausdruck bringt. Nun ist $\underline{a}_l^p = \overline{a}_p^l = \overline{a}_n^l \, \delta_p^n$, und damit erhalten wir für Gl. (3.73)

$$\overline{a}_n^l \, (T^{pn} - \delta_p^n \, \overline{T}^{(ll)}) = 0 \, . \tag{3.74}$$

Da über n zu summieren ist, verschwindet der Term in der Klammer nicht. Durchläuft der freie Index p die Werte 1,2,3, dann entstehen die nachfolgenden drei Gleichungen mit zunächst unbestimmtem Index l:

$$
\begin{aligned}
p = 1: \quad & \overline{a}_1^l(T^{11} - \overline{T}^{(ll)}) + \overline{a}_2^l \, T^{12} + \overline{a}_3^l \, T^{13} = 0 \, , \\
p = 2: \quad & \overline{a}_1^l \, T^{21} + \overline{a}_2^l(T^{22} - \overline{T}^{(ll)}) + \overline{a}_3^l \, T^{23} = 0 \, , \\
p = 3: \quad & \overline{a}_1^l \, T^{31} + \overline{a}_2^l \, T^{32} + \overline{a}_3^l(T^{33} - \overline{T}^{(ll)}) = 0 \, .
\end{aligned}
\tag{3.75}
$$

Dieses homogene Gleichungssystem für die Transformationskoeffizienten $\overline{a}_k^l$ besitzt aber nur dann eine von der trivialen Lösung ($\overline{a}_k^l = 0 \quad \forall \, k, l$ unabh. 1,2,3) verschiedene Lösung, wenn seine Koeffizientendeterminante verschwindet. Mit $\overline{T}^{(ll)} = \lambda$ lautet die Koeffizientendeterminante

$$\begin{vmatrix} T^{11} - \lambda & T^{12} & T^{13} \\ T^{21} & T^{22} - \lambda & T^{23} \\ T^{31} & T^{32} & T^{33} - \lambda \end{vmatrix} = 0 \quad . \tag{3.76}$$

Aus Gl. (3.76) ergibt sich die charakteristische Gleichung

$$\lambda^3 - I_2\lambda^2 + I_1\lambda - I_0 = 0 \tag{3.77}$$

mit

$$\begin{aligned} I_0 &= T^{11}T^{22}T^{33} - T^{11}T^{23}T^{32} - T^{12}T^{21}T^{33} + T^{12}T^{23}T^{31} \\ &\quad + T^{13}T^{21}T^{32} - T^{13}T^{22}T^{31}, \\ I_1 &= T^{11}T^{33} + T^{11}T^{22} + T^{22}T^{33} - T^{23}T^{32} - T^{21}T^{12} - T^{13}T^{31}, \\ I_2 &= T^{11} + T^{22} + T^{33}. \end{aligned} \tag{3.78}$$

Da **T** symmetrisch ist, hat die charakteristische Gleichung stets reelle Wurzeln. Die Skalare I_0, I_1, I_2 sind die **Hauptinvarianten** des Tensors **T**. Abkürzend gelten für sie auch die Komponentendarstellungen

$$\begin{aligned} I_0 &= \frac{1}{3}(\frac{1}{2}T^{ii}T^{jj}T^{kk} + T^{ij}T^{jk}T^{ki}) - \frac{1}{2}T^{ij}T^{ji}T^{kk}, \\ I_1 &= \frac{1}{2}(T^{ii}T^{jj} - T^{ij}T^{ji}), \\ I_2 &= T^{ii}. \end{aligned} \tag{3.79}$$

Über i, j, k ist unabhängig von 1 bis 3 zu summieren. In der Kontinuumsmechanik [Bac83] verwendet man neben den Hauptinvarianten auch die **Grundinvarianten**, die sich mittels der Hauptinvarianten darstellen lassen. Sie lauten:

$$\begin{aligned} J_2 &= T^{ii} = I_2, \\ J_1 &= \frac{1}{2}T^{ij}T^{ji} = \frac{1}{2}I_2^2 - I_1, \\ J_0 &= \frac{1}{3}T^{ij}T^{jk}T^{ki} = -\frac{1}{6}I_2^3 + J_1I_2 + I_0 = \frac{1}{3}I_2^3 - I_1I_2 - I_0. \end{aligned} \tag{3.80}$$

Ein Tensor 1. Stufe (Vektor) hat gegenüber dem Tensor 2. Stufe nur eine Invariante, seine Länge.

Setzen wir die drei reellen Eigenwerte $\lambda_l = \overline{T}^{(ll)}$, $l = 1,2,3$ der charakteristischen Gleichung (3.77) der Reihe nach in Gl. (3.74) bzw. Gl. (3.75) ein, so lassen sich die Transformationskoeffizienten

$$\bar{a}_1^1, \quad \bar{a}_2^1, \quad \bar{a}_3^1 \quad \text{zum 1. Eigenwert} \quad \lambda_1 = \overline{T}^{11},$$

$$\bar{a}_1^2, \quad \bar{a}_2^2, \quad \bar{a}_3^2 \quad \text{zum 2. Eigenwert} \quad \lambda_2 = \overline{T}^{22}, \qquad (3.81)$$

$$\bar{a}_1^3, \quad \bar{a}_2^3, \quad \bar{a}_3^3 \quad \text{zum 3. Eigenwert} \quad \lambda_3 = \overline{T}^{33}$$

bestimmen. Unter Beachtung der Orthogonalitätsrelation $\underline{a}_l^i = \bar{a}_i^l$ sind dann auch die Eigenvektoren, d.h. die Basisvektoren $\bar{\mathbf{g}}_{0i} = \underline{a}_i^l\mathbf{g}_{0l}$, bekannt. Da das Gleichungssystem (3.75) homogen ist, lassen sich die $\bar{a}_i^l$ zunächst nur bis auf einen Proportionalitätsfaktor bestimmen. Diesen Faktor normieren wir schließlich so, daß

$$(\bar{a}_1^l)^2 + (\bar{a}_2^l)^2 + (\bar{a}_3^l)^2 = 1 \quad \forall \quad l = 1, 2, 3 \qquad (3.82)$$

gilt. Die letzte Gleichung ergibt sich aus der Beziehung

$$\underline{a}_l^i\,\bar{a}_i^k = \delta_l^k = \underline{a}_l^1\bar{a}_1^k + \underline{a}_l^2\bar{a}_2^k + \underline{a}_l^3\bar{a}_3^k \qquad (3.83)$$

zwischen den Transformationskoeffizienten. Setzen wir die Orthogonalitätsrelation $\underline{a}_l^i = \bar{a}_i^l$ in Gl. (3.83) ein, so erhalten wir das Gleichungssystem

$$\bar{a}_1^l\bar{a}_1^k + \bar{a}_2^l\bar{a}_2^k + \bar{a}_3^l\bar{a}_3^k = \delta_l^k, \qquad (3.84)$$

das für $k = l$ in Gl. (3.82) übergeht. Gleichung (3.82) bringt zum Ausdruck, daß das Quadrat der Richtungskosinus zwischen der Hauptachsenrichtung l und den Basisvektoren in $\mathcal{B}$ stets Eins sein muß.

Aufgabe 3.10 : Man beweise die Invarianz der Grundinvarianten.

Beispiel 3.7 : Gegeben ist im kartesischen Koordinatensystem der Spannungstensor

$$\mathbf{S} = \sigma^{0i0k}\,\mathbf{g}_{0i}\mathbf{g}_{0k} \quad \text{mit} \quad (\sigma^{0i0k}) = \begin{pmatrix} \frac{9}{4} & -\frac{3}{4} & \frac{\sqrt{2}}{4} \\ -\frac{3}{4} & \frac{9}{4} & \frac{\sqrt{2}}{4} \\ \frac{\sqrt{2}}{4} & \frac{\sqrt{2}}{4} & \frac{3}{2} \end{pmatrix} = (\sigma^{ik}). \qquad (3.85)$$

Wir suchen die Eigenwerte λ_l und die Basisvektoren $\bar{\mathbf{g}}_{0k}$ in Hauptachsenrichtung. Das Hauptachsenproblem führt auf die Lösung der charakteristischen Gleichung (3.77), die sich im vorliegenden Fall aus der Determinante

$$\frac{1}{64} \cdot \begin{vmatrix} 9 - 4\lambda & -3 & \sqrt{2} \\ -3 & 9 - 4\lambda & \sqrt{2} \\ \sqrt{2} & \sqrt{2} & 6 - 4\lambda \end{vmatrix} = 0$$

zu

$$\lambda^3 - 6\lambda^2 + 11\lambda - 6 = 0$$

ergibt. Die Eigenwerte sind:

$$\lambda_1 = 1, \quad \lambda_2 = 2, \quad \lambda_3 = 3.$$

Das Gleichungssystem für die Transformationskoeffizienten $\bar{a}_k^l$ zum 1. Eigenwert ($l = 1$) ergibt sich aus dem System (3.75) zu

$$
\begin{aligned}
\bar{a}_1^1(\sigma^{11} - \lambda_1) + \bar{a}_2^1\sigma^{12} + \bar{a}_3^1\sigma^{13} &= 0 \\
\bar{a}_1^1\sigma^{21} + \bar{a}_2^1(\sigma^{22} - \lambda_1) + \bar{a}_3^1\sigma^{23} &= 0 \\
\bar{a}_1^1\sigma^{31} + \bar{a}_2^1\sigma^{32} + \bar{a}_3^1(\sigma^{33} - \lambda_1) &= 0
\end{aligned}
$$

bzw.

$$
\begin{aligned}
\frac{5}{4}\bar{a}_1^1 - \frac{3}{4}\bar{a}_2^1 + \frac{\sqrt{2}}{4}\bar{a}_3^1 &= 0 \\
-\frac{3}{4}\bar{a}_1^1 + \frac{5}{4}\bar{a}_2^1 + \frac{\sqrt{2}}{4}\bar{a}_3^1 &= 0 \\
\frac{\sqrt{2}}{4}\bar{a}_1^1 + \frac{\sqrt{2}}{4}\bar{a}_2^1 + \frac{1}{2}\bar{a}_3^1 &= 0.
\end{aligned}
$$

Die ersten beiden Gleichungen ergeben $\bar{a}_1^1 = \bar{a}_2^1$, und aus der dritte Gleichung erhalten wir $\bar{a}_3^1 = -\sqrt{2}\,\bar{a}_1^1$. Die $\bar{a}_l^1$ sind nun nach Gl. (3.82) zu normieren. Wir erhalten:

$$\bar{a}_1^1 = \pm\frac{1}{2}, \quad \bar{a}_2^1 = \pm\frac{1}{2}, \quad \bar{a}_3^1 = \mp\frac{\sqrt{2}}{2}.$$

Entsprechend stellen wir das Gleichungssystem für die restlichen 6 Koeffizienten $\bar{a}_k^l$, $l = 2$ und 3 auf. Die ausführliche Darstellung ist dem Leser als Aufgabe überlassen. Die Rechnung ergibt:

$$\bar{a}_1^2 = \pm\frac{1}{2}, \quad \bar{a}_2^2 = \pm\frac{1}{2}, \quad \bar{a}_3^2 = \pm\frac{\sqrt{2}}{2}$$

und

$$\bar{a}_1^3 = \pm\frac{1}{\sqrt{2}}, \quad \bar{a}_2^3 = \mp\frac{1}{\sqrt{2}}, \quad \bar{a}_3^3 = 0.$$

Entscheiden wir uns für das obere Vorzeichen, das dem positiven Zweig der Wurzel entspricht, dann lautet die Transformationsmatrix

$$
(\bar{a}_i^l) = \begin{pmatrix} \frac{1}{2} & \frac{1}{2} & -\frac{\sqrt{2}}{2} \\ \frac{1}{2} & \frac{1}{2} & \frac{\sqrt{2}}{2} \\ \frac{1}{\sqrt{2}} & -\frac{1}{\sqrt{2}} & 0 \end{pmatrix}. \tag{3.86}
$$

Für ihre Determinante gilt $\det(\overline{a}_i^l) = \frac{1}{2}$, woraus folgt, daß $\overline{\mathcal{B}}$ aus $\mathcal{B}$ durch eine reine Drehung hervorgegangen ist. Für das Hauptachsensystem $\overline{\mathcal{B}}$ haben wir die Basisvektoren

$$\overline{\mathbf{g}}_{01} = \frac{1}{2}\,\mathbf{g}_{01} + \frac{1}{2}\,\mathbf{g}_{02} - \frac{\sqrt{2}}{2}\,\mathbf{g}_{03}\,,$$

$$\overline{\mathbf{g}}_{02} = \frac{1}{2}\,\mathbf{g}_{01} + \frac{1}{2}\,\mathbf{g}_{02} + \frac{\sqrt{2}}{2}\,\mathbf{g}_{03}\,, \tag{3.87}$$

$$\overline{\mathbf{g}}_{03} = \frac{\sqrt{2}}{2}\,\mathbf{g}_{01} - \frac{\sqrt{2}}{2}\,\mathbf{g}_{02}$$

erhalten.

3.5 Tensoren k-ter Stufe

Mit den Definitionen 3.2 und 3.3 haben wir den Tensor k-ter Stufe ($k \geq 2$) bereits eingeführt. Wir wollen hier nur die wichtigsten Eigenschaften der Tensoren k-ter Stufe zusammenstellen, da wir den Tensor 2. Stufe bereits ausführlich besprochen haben.

Der Tensor k-ter Stufe kann im kovarianten oder kontravarianten Basissystem oder in einem der $2^k - 2$ gemischten Basissysteme dargestellt werden.

1. Die physikalischen Komponenten ergeben sich in Erweiterung der Gln. (3.18) bis (3.20). Beispielsweise lauten die kontravarianten Tensorkomponenten

$$T^{*kl\cdots r} = T^{kl\cdots r}\sqrt{g_{(kk)}\,g_{(ll)}\cdots g_{(rr)}}\,. \tag{3.88}$$

Die dazugehörigen Basisvektoren bildet man gemäß Gl. (3.17).

Beispiel 3.8 : Eine von vier möglichen gemischten Darstellungen des Tensors $\mathbf{T}^{(4)} = T^{ab}{}_c{}^d\,\mathbf{g}_a\,\mathbf{g}_b\,\mathbf{g}^c\,\mathbf{g}_d$ hat die physikalischen Komponenten

$$T^{*ab}{}_c{}^d = T^{ab}{}_c{}^d\sqrt{g_{(aa)}\,g_{(bb)}\,g^{(cc)}\,g_{(dd)}}\,. \tag{3.89}$$

2. Die verschiedenen Arten von Tensorkomponenten lassen sich durch Multiplikation einer vorgegebenen Komponente mit den ko- oder kontravarianten Metrikkoeffizienten erzeugen. Beispielsweise ist:

$$T_{ab\cdots d} = T^{kl\cdots r}\,g_{ka}\,g_{lb}\cdots g_{rd} \quad \text{oder} \quad T^k{}_u{}^{\cdots r} = T^{kl\cdots r}\,g_{lu}\,. \tag{3.90}$$

Dabei werden mehrere Indizes der Komponente eines Tensors k-ter Stufe herauf- oder heruntergezogen.

3. Aus der Invarianzeigenschaft des Tensors k-ter Stufe bei Wechsel des Basissystems ergeben sich, wie in Abschnitt 3.2.4 besprochen, die Transformationsgesetze:

$$\overline{T}^{ab\cdots d} = \overline{a}_k^a\, \overline{a}_l^b \ldots \overline{a}_r^d\, T^{kl\cdots r} \tag{3.91}$$

für die kontravarianten Komponenten und

$$\overline{T}_{ab\cdots d} = \underline{a}_a^k\, \underline{a}_b^l \ldots \underline{a}_d^r\, T_{kl\cdots r} \tag{3.92}$$

für die kovarianten Komponenten. Entsprechende Beziehungen gelten für die gemischten Komponenten.

Definition 3.11 : *Ein Tensor k-ter Stufe ist hinsichtlich der Indizes i und m symmetrisch, wenn man bei den kontravarianten oder kovarianten Komponenten die Indizes i und m vertauschen darf, ohne daß die entsprechende Komponente ihren Wert ändert, also $T^{c\cdots i\cdots m\cdots r} = T^{c\cdots m\cdots i\cdots r}$ gilt.*

Aus der Symmetrie der kontravarianten Komponenten folgt die Symmetrie der kovarianten Komponenten und umgekehrt. Die Behauptung ist offensichtlich, denn aus

$$T^{c\cdots i\cdots m\cdots r}\, g_{cd}\cdots g_{ij}\cdots g_{mn}\cdots g_{rq} = T_{d\cdots j\cdots n\cdots q}$$

folgt mit $T^{c\cdots i\cdots m\cdots r} = T^{c\cdots m\cdots i\cdots r}$ unmittelbar

$$T^{c\cdots m\cdots i\cdots r}\, g_{cd}\cdots g_{mn}\cdots g_{ij}\cdots g_{rq} = T_{d\cdots n\cdots j\cdots q}\,.$$

Die Symmetrieeigenschaft verringert die Anzahl der unabhängigen Tensorkomponenten.

Bei den gemischten Tensorkomponenten gilt Definition 3.11, wenn die Indizes, die vertauscht werden sollen, beide obere oder untere Indizes sind. Treten sie in verschiedener Stellung auf, dann ist die Tensorkomponente symmetrisch, falls z.B.

$$T^{c\cdots i\cdots}{}_m{}^{\cdots r} = T^{c\cdots}{}_m{}^{\cdots i\cdots r} \tag{3.93}$$

gilt.

Definition 3.12 : *Darf man bei einem Tensor k-ter Stufe mit kontravarianten oder kovarianten Komponenten sämtliche Paare benachbarter Indizes vertauschen, ohne daß dabei die Komponente ihren Wert ändert, so ist der Tensor vollständig symmetrisch.*

Satz 3.4 : *Ein vollständiger symmetrischer Tensor* $\mathbf{T}^{(k)}$ *ist auch bezüglich zweier beliebiger Indizes, die nicht benachbart angeordnet sind, symmetrisch.*

Aufgabe 3.11 : Beweisen Sie den Satz 3.4.

Definition 3.13 : *Ein Tensor k-ter Stufe ist hinsichtlich der Indizes i und m antisymmetrisch, wenn beim Vertauschen der Indizes die kontravarianten oder die kovarianten Komponenten ihr Vorzeichen ändern, mithin gilt:*

$$T^{c\cdots i\cdots m\cdots r} = -T^{c\cdots m\cdots i\cdots r}. \tag{3.94}$$

Satz 3.5 : *Der vollständig antisymmetrische Tensor k-ter Stufe ist hinsichtlich sämtlicher Paare von benachbarten Indizes antisymmetrisch.*

Wie wir bereits beim antisymmetrischen Tensor 2. Stufe bemerkt haben, verschwinden alle Tensorkomponenten mit zwei gleichen Indizes, und nur die Komponenten mit verschiedenen Indizes sind von Null verschieden. Folglich existieren im $\Re^3$ keine vollständig antisymmetrischen Tensoren mit $k \geq$ 4-ter Stufe. Mit dem vollständig antisymmetrischen Tensor 3. Stufe wollen wir uns im nächsten Abschnitt eingehender beschäftigen.

3.6 Der antisymmetrische Tensor 3. Stufe

Der vollständig antisymmetrische Tensor 3. Stufe besitzt bei der Bildung des Vektorproduktes eine große praktische Bedeutung. Er hat $3^3 = 27$ Komponenten. Nach Definition 3.13 gilt

$$T^{123} = T^{231} = T^{312} = -T^{132} = -T^{321} = -T^{213}.$$

Alle übrigen 21 Tensorkomponenten sind Null. Folglich können wir schreiben:

$$T^{klm} = \begin{cases} T^{123} & \text{für} \quad k,l,m \quad \text{zykl.} \quad 1,2,3\,, \\ -T^{123} & \text{für} \quad k,l,m \quad \text{antizykl.} \quad 1,2,3\,, \\ 0 & \text{sonst}\,. \end{cases} \tag{3.95}$$

Im Gegensatz zum vollständig antisymmetrischen Tensor 2. Stufe, der drei unabhängige Komponenten besitzt, hat der vollständig antisymmetrische Tensor 3. Stufe nur eine unabhängige Komponente, nämlich T^{123}.
Bei Wechsel des Basissystems transformiert sich die Komponente T^{123} nach der Gleichung (3.91)

$$\overline{T}^{123} = \overline{a}_k^1 \, \overline{a}_l^2 \, \overline{a}_m^3 \, T^{klm} \,, \quad k, l, m \quad \text{unabh.} \quad 1, 2, 3 \,. \tag{3.96}$$

Da Gl. (3.95) gilt, nimmt Gl. (3.96) die Gestalt

$$\overline{T}^{123} = (\overline{a}_1^1 \, \overline{a}_2^2 \, \overline{a}_3^3 + \overline{a}_2^1 \, \overline{a}_3^2 \, \overline{a}_1^3 + \overline{a}_3^1 \, \overline{a}_1^2 \, \overline{a}_2^3 - \overline{a}_1^1 \, \overline{a}_3^2 \, \overline{a}_2^3 - \overline{a}_3^1 \, \overline{a}_2^2 \, \overline{a}_1^3 - \overline{a}_2^1 \, \overline{a}_1^2 \, \overline{a}_3^3) T^{123} \tag{3.97}$$

an. Der rechts in der Klammer stehende Ausdruck ist aber gleich der Determinante $\det(\overline{a}_l^k)$ (k ist Zeilenindex) der Transformationskoeffizienten, so daß wir für Gl. (3.97) auch schreiben können

$$\overline{T}^{123} = \det(\overline{a}_l^k) \, T^{123} \,. \tag{3.98}$$

Die kovariante Komponente transformiert sich zu

$$\overline{T}_{123} = \det(\underline{a}_l^k) \, T_{123} \,. \tag{3.99}$$

Im weiteren kommt es darauf an, T^{123} oder T_{123} geeignet vorzugeben. Um diese Wahl vorzubereiten, untersuchen wir, wie sich das mit den kovarianten Basisvektoren gebildete Spatprodukt $d = [\mathbf{g}_1, \mathbf{g}_2, \mathbf{g}_3]$ bei Transformation vom Basissystem $\mathcal{B}$ nach $\overline{\mathcal{B}}$ und umgekehrt verhält. Im Basissystem $\overline{\mathcal{B}}$ hat das Spatprodukt die Darstellung $\overline{d} = [\overline{\mathbf{g}}_1, \overline{\mathbf{g}}_2, \overline{\mathbf{g}}_3] = \overline{\mathbf{g}}_1 \cdot (\overline{\mathbf{g}}_2 \times \overline{\mathbf{g}}_3)$. Ersetzen wir in dieser Gleichung

$$\overline{\mathbf{g}}_1 = \underline{a}_1^k \, \mathbf{g}_k \,, \quad \overline{\mathbf{g}}_2 \times \overline{\mathbf{g}}_3 = \underline{a}_2^l \, \underline{a}_3^m \, \mathbf{g}_l \times \mathbf{g}_m$$

und beachten Gl. (2.49)

$$\mathbf{g}_l \times \mathbf{g}_m = \begin{cases} [\mathbf{g}_1, \mathbf{g}_2, \mathbf{g}_3]\mathbf{g}^n & \text{für} \quad l, m, n \quad \text{zykl.} \quad 1, 2, 3 \,, \\ -[\mathbf{g}_1, \mathbf{g}_2, \mathbf{g}_3]\mathbf{g}^n & \text{für} \quad l, m, n \quad \text{antizykl.} \quad 1, 2, 3 \,, \\ 0 & \text{sonst} \,, \end{cases}$$

so erhalten wir für das Spatprodukt in $\overline{\mathcal{B}}$:

$$\overline{d} = \underline{a}_1^k (\underline{a}_2^l \, \underline{a}_3^m - \underline{a}_2^m \, \underline{a}_3^l)[\mathbf{g}_1, \mathbf{g}_2, \mathbf{g}_3]\mathbf{g}_k \cdot \mathbf{g}^n = \underline{a}_1^k (\underline{a}_2^l \, \underline{a}_3^m - \underline{a}_2^m \, \underline{a}_3^l)d \,,$$

k, l, m zykl. 1,2,3 bzw.

$$\overline{d} = \det(\underline{a}_l^k) \, d \,. \tag{3.100}$$

d transformiert sich ebenso wie die kovariante Tensorkomponente T_{123}. Entsprechend leitet man die Transformationsbeziehung für das mit den kontravarianten Basisvektoren gebildete Spat $f = [\mathbf{g}^1, \mathbf{g}^2, \mathbf{g}^3]$ her:

$$\overline{f} = \det(\overline{a}_l^k) \, f \,. \tag{3.101}$$

Man bezeichnet d und f als relative Tensoren 0. Stufe vom Gewicht 1 bzw. als relative Skalare vom Gewicht 1. Infolge der Zusammenhänge Gln. (3.100) und (3.101) sind d und f keine echten Skalare (Tensoren 0. Stufe). Nach Gl. (2.70) ist aber andererseits das Quadrat des Spatproduktes der kovarianten Basisvektoren

$$d^2 = g = \det(g_{kl}) \qquad (3.102)$$

gleich der Determinante der kovarianten Metrikkoeffizienten und

$$f^2 = \frac{1}{g} = \det(g^{kl}) . \qquad (3.103)$$

Mit den Gln. (3.100) und (3.101) lassen sich folgende Beziehungen angeben:

$$\sqrt{\overline{g}} = \det(\underline{a}_l^k)\sqrt{g} \quad \text{und} \quad \frac{1}{\sqrt{\overline{g}}} = \det(\overline{a}_l^k)\frac{1}{\sqrt{g}} \quad \text{bzw.} \quad \sqrt{g} = \det(\overline{a}_l^k)\sqrt{\overline{g}} \qquad (3.104)$$

oder

$$\overline{g} = (\det(\underline{a}_l^k))^2\, g \quad \text{und} \quad g = (\det(\overline{a}_l^k))^2\, \overline{g} . \qquad (3.105)$$

g ist ein relativer Skalar vom Gewicht 2.

Definition 3.14 : *Ein Tensor* $\mathbf{Q}^{(k)} = Q^{l\cdots r}\mathbf{g}_l\ldots\mathbf{g}_r$ *k-ter Stufe, für den bei der Transformation von* $\mathcal{B}$ *nach* $\overline{\mathcal{B}}$ *oder umgekehrt nicht die Invarianzforderung gilt, sondern*

$$\overline{\mathbf{Q}}^{(k)} = (\det(\underline{a}_l^k))^G\, \mathbf{Q}^{(k)} , \qquad (3.106)$$

ist ein relativer Tensor vom Gewicht G, *wobei* G *eine ganze Zahl mit Ausnahme von Null ist.*

Folgerungen:

- Ein relativer Tensor ist durch Stufe und Gewicht charakterisiert.

- Relative Tensoren (oder relative Skalare) sind keine invarianten Tensoren.

Auf relative Tensoren [Käs54] gehen wir hier nicht näher ein.
Wir legen nun die ko- und kontravarianten Tensorkomponenten T_{123}, T^{123} fest. Nach den Gln. (3.98) und (3.99) transformieren sich die Tensorkomponenten des vollständig antisymmetrischen Tensors 3. Stufe wie relative Skalare vom Gewicht 1. Die gleiche Eigenschaft besitzen die Wurzeln aus den Determinanten der ko- und kontravarianten Metrikkoeffizienten, Gln. (3.102) und (3.103) bzw. (3.104). Wir setzen deshalb

$$T_{123} = \sqrt{g} \quad \text{und} \quad T^{123} = \frac{1}{\sqrt{g}} . \qquad (3.107)$$

Definition 3.15 : *Der vollständig antisymmetrische Tensor 3. Stufe*

$$\mathbf{e}^{(3)} = e_{klm}\, \mathbf{g}^k \mathbf{g}^l \mathbf{g}^m = e^{klm}\, \mathbf{g}_k \mathbf{g}_l \mathbf{g}_m \qquad (3.108)$$

hat die kovarianten Komponenten

$$e_{klm} = \begin{cases} \sqrt{g} & \text{für} \quad k,l,m \quad \text{zykl.} \quad 1,2,3, \\ -\sqrt{g} & \text{für} \quad k,l,m \quad \text{antizykl.} \quad 1,2,3, \\ 0 & \text{sonst} \end{cases} \qquad (3.109)$$

und die kontravarianten Komponenten

$$e^{klm} = \begin{cases} \frac{1}{\sqrt{g}} & \text{für} \quad k,l,m \quad \text{zykl.} \quad 1,2,3, \\ -\frac{1}{\sqrt{g}} & \text{für} \quad k,l,m \quad \text{antizykl.} \quad 1,2,3, \\ 0 & \text{sonst} . \end{cases} \qquad (3.110)$$

Aufgabe 3.12 : Ausgehend von der Darstellung des vollständig antisymmetrischen Tensors $\mathbf{e}^{(3)}$ im kovarianten Basissystem ist zu zeigen, daß man beim Übergang auf das kontravariante Basissystem die Darstellung $\mathbf{e}^{(3)} = e_{nop}\, \mathbf{g}^n \mathbf{g}^o \mathbf{g}^p$ mit den Komponenten nach Gl. (3.109) erhält.

3.6.1 Anwendungen des $\mathbf{e}^{(3)}$ Tensors

Der Tensor $\mathbf{e}^{(3)}$ werde nacheinander von rechts skalar mit den Vektoren $\vec{B}$ und $\vec{A}$ multipliziert. Diese Art der Verjüngung von $\mathbf{e}^{(3)}$ führt auf einen Vektor $\vec{C}$. Wir behaupten nun, daß

$$\vec{C} = (\mathbf{e}^{(3)} \cdot \vec{B}) \cdot \vec{A} = \vec{A} \times \vec{B} \qquad (3.111)$$

gilt, eine weitere oft benutzte Darstellung für das Vektorprodukt. Die skalare Multiplikation von Vektor $\vec{B}$ mit $\mathbf{e}^{(3)}$

$$\mathbf{e}^{(3)} \cdot \vec{B} = e^{klm}\, \mathbf{g}_k \mathbf{g}_l \mathbf{g}_m \cdot \mathbf{g}^n\, B_n = e^{klm}\, B_m\, \mathbf{g}_k \mathbf{g}_l = \Omega^{kl}\, \mathbf{g}_k \mathbf{g}_l = \mathbf{\Omega} \qquad (3.112)$$

führt mit

$$\Omega^{kl} = e^{klm}\, B_m = \begin{cases} \frac{1}{\sqrt{g}} B_m & \text{für} \quad k,l,m \quad \text{zykl.} \quad 1,2,3, \\ -\frac{1}{\sqrt{g}} B_m & \text{für} \quad k,l,m \quad \text{antizykl.} \quad 1,2,3, \\ 0 & \text{sonst} \end{cases}$$

auf den antisymmetrischen Tensor $\mathbf{\Omega}$ 2. Stufe mit der Komponentenmatrix

$$(\Omega^{kl}) = \frac{1}{\sqrt{g}} \begin{pmatrix} 0 & B_3 & -B_2 \\ -B_3 & 0 & B_1 \\ B_2 & -B_1 & 0 \end{pmatrix} ; \qquad (3.113)$$

k ist Zeilenindex. Nach Gl. (3.112) kann man jedem beliebigen Vektor $\vec{B} \in \mathcal{V}$ einen antisymmetrischen Tensor 2. Stufe $\Omega \in \mathcal{W}$ zuordnen. Wir multiplizieren nun Ω skalar mit dem Vektor $\vec{A} = A_n \, \mathbf{g}^n$

$$\Omega \cdot \vec{A} = \Omega^{kl} \, \mathbf{g}_k \mathbf{g}_l \cdot \mathbf{g}^n A_n = \Omega^{kl} A_l \mathbf{g}_k = e^{klm} B_m A_l \mathbf{g}_k \,.$$

Das Ergebnis ist der Vektor $\vec{C}$

$$(\mathbf{e}^{(3)} \cdot \vec{B}) \cdot \vec{A} = e^{klm} B_m A_l \mathbf{g}_k = C^k \mathbf{g}_k = \vec{C} = \vec{A} \times \vec{B} \,. \qquad (3.114)$$

Der Vektor $\vec{C}$ hat die Komponenten

$$C^k = \frac{1}{\sqrt{g}}(B_m A_l - B_l A_m) \,, \quad k,l,m \quad \text{zykl.} \quad 1,2,3 \qquad (3.115)$$

oder

$$C^k = e^{klm} A_l B_m \,, \quad k,l,m \quad \text{unabh.} \quad 1,2,3 \,. \qquad (3.116)$$

Gl. (3.115) ist nach den Gln. (2.55) und (2.70) die kontravariante Vektorkomponente des Vektorproduktes $\vec{A} \times \vec{B}$. Damit haben wir die Behauptung (3.111) bewiesen.

Mit dem vollständig antisymmetrischen Tensor bilden wir das Spatprodukt der Vektoren $\vec{A}, \vec{B}, \vec{C}$. Die Gln. (3.111) und (3.116) ergeben:

$$\begin{aligned} U = [\vec{A}, \vec{B}, \vec{C}] &= \vec{A} \cdot (\vec{B} \times \vec{C}) = ((\mathbf{e}^{(3)} \cdot \vec{C}) \cdot \vec{B}) \cdot \vec{A} = e^{klm} C_m B_l \mathbf{g}_k \cdot \mathbf{g}^n A_n \\ &= e^{klm} A_k B_l C_m \,, \quad k,l,m \quad \text{unabh.} \quad 1,2,3 \,, \qquad (3.117) \\ &= \frac{1}{\sqrt{g}} A_k (B_l C_m - B_m C_l) \,, \quad k,l,m \quad \text{zykl.} \quad 1,2,3 \,. \end{aligned}$$

Wertet man die letzte Zeile aus, dann ergibt sich sofort die bekannte Beziehung Gl. (2.62) für das Spatprodukt.

Abschließend verweisen wir auf das **vollständige skalare Produkt** des $\mathbf{e}^{(3)}$ Tensors mit dem antisymmetrischen Tensor Ω 2. Stufe

$$\begin{aligned} \vec{C} &= \mathbf{e}^{(3)} \cdot \cdot \Omega = e_{klm} \mathbf{g}^k \mathbf{g}^l \cdot \mathbf{g}_i \mathbf{g}^m \cdot \mathbf{g}_j \Omega^{ij} \\ &= e_{klm} \Omega^{lm} \mathbf{g}^k = C_k \mathbf{g}^k \,, \quad k,l,m \quad \text{unabh.} \quad 1,2,3 \,. \qquad (3.118) \end{aligned}$$

Das Ergebnis ist ein Vektor $\vec{C}$, den man dadurch erhält, daß man die Basisvektoren von Ω von rechts her auf die Basisvektoren von $\mathbf{e}^{(3)}$ überschiebt. Wegen der

Eigenschaft (3.109) der kovarianten Tensorkomponente und der Antisymmetrie von $\mathbf{\Omega}$ erhalten wir für die Vektorkomponenten

$$
\begin{aligned}
C_k &= e_{klm}\,\Omega^{lm}, \quad k,l,m \quad \text{unabh.} \quad 1,2,3, \\
&= \sqrt{g}(\Omega^{lm} - \Omega^{ml}) = 2\sqrt{g}\,\Omega^{lm}, \quad k,l,m \quad \text{zykl.} \quad 1,2,3, \quad (3.119)
\end{aligned}
$$

des zum antisymmetrischen Tensor $\mathbf{\Omega}$ gehörigen Vektor $\vec{C}$.
Haben die Tensorkomponenten Ω^{lm} die in Aufgabe 3.5 angegebene Bedeutung, dann sind:

$$
C_1 = 2\sqrt{g}\,\Omega^{23} = 2\omega_1\,, \quad C_2 = 2\sqrt{g}\,\Omega^{31} = 2\omega_2\,, \quad C_3 = 2\sqrt{g}\,\Omega^{12} = 2\omega_3\,.
$$

3.7   Der Kronecker-Tensor 6. Stufe

Definition 3.16 :   *Der Kronecker-Tensor 6. Stufe $\mathbf{\Delta}^{(6)}$ ist das dyadische Produkt des vollständig antisymmetrischen Tensors 3. Stufe $\mathbf{e}^{(3)}$ mit sich selbst*

$$
\begin{aligned}
\mathbf{\Delta}^{(6)} = \mathbf{e}^{(3)}\,\mathbf{e}^{(3)} &= e_{klm}\,e^{pqr}\,\mathbf{g}^k\mathbf{g}^l\mathbf{g}^m\,\mathbf{g}_p\mathbf{g}_q\mathbf{g}_r \\
&= \delta^{pqr}_{klm}\,\mathbf{g}^k\mathbf{g}^l\mathbf{g}^m\,\mathbf{g}_p\mathbf{g}_q\mathbf{g}_r \qquad (3.120)
\end{aligned}
$$

mit

$$
\delta^{pqr}_{klm} = \begin{cases}
\;\;\,1 & \text{für} \begin{cases} k,l,m \;\; \text{zykl.} \quad 1,2,3 & \text{und} \quad p,q,r \;\; \text{zykl.} \quad 1,2,3, \\ k,l,m \;\; \text{antizykl.} \, 1,2,3 & \text{und} \quad p,q,r \;\; \text{antizykl.} \, 1,2,3, \end{cases} \\
-1 & \text{für} \begin{cases} k,l,m \;\; \text{zykl.} \quad 1,2,3 & \text{und} \quad p,q,r \;\; \text{antizykl.} \, 1,2,3, \\ k,l,m \;\; \text{antizykl.} \, 1,2,3 & \text{und} \quad p,q,r \;\; \text{zykl.} \quad 1,2,3, \end{cases} \\
\;\;\,0 & \text{sonst}\,.
\end{cases}
$$

Nur die gemischte Darstellung des Kronecker-Tensors ist bedeutsam. Die Komponenten e_{klm} und e^{pqr} haben die in den Gln. (3.109) und (3.110) angegebene Bedeutung.
Definieren wir andererseits

$$
e_{klm} = \sqrt{g}\,\delta^{123}_{klm} \quad \text{und} \quad e^{pqr} = \frac{1}{\sqrt{g}}\,\delta^{pqr}_{123}, \quad k,l,m \quad p,q,r \quad \text{unabh.} \quad 1,2,3 \quad (3.121)
$$

mit

$$
\delta^{123}_{klm} = \delta^{klm}_{123} = \begin{cases}
\;\;\,1 & \text{für} \quad k,l,m \;\; \text{zykl.} \qquad 1,2,3, \\
-1 & \text{für} \quad k,l,m \;\; \text{antizykl.} \; 1,2,3, \\
\;\;\,0 & \text{sonst},
\end{cases}
$$

so ist das Produkt dieser beiden Kronecker-Symbole

$$
\delta^{123}_{klm}\,\delta^{pqr}_{123} = \delta^{pqr}_{klm}\,. \qquad (3.122)
$$

Man erkennt auch an der Gl. (3.122), wie sich die Indizes überschieben lassen. Eine zweite Darstellung der Komponenten δ_{klm}^{pqr} erhalten wir über die aus den Gln. (3.109), (3.110) und (2.70) folgenden Beziehungen:

$$e_{klm} = [\mathbf{g}_k, \mathbf{g}_l, \mathbf{g}_m] = \left\{ \begin{array}{ll} \sqrt{g} & \text{für} \quad k,l,m \quad \text{zykl.} \quad 1,2,3\,, \\ -\sqrt{g} & \text{für} \quad k,l,m \quad \text{antizykl.} \quad 1,2,3\,, \\ 0 & \text{sonst}\,, \end{array} \right.$$

(3.123)

$$e^{pqr} = [\mathbf{g}^p, \mathbf{g}^q, \mathbf{g}^r] = \left\{ \begin{array}{ll} \frac{1}{\sqrt{g}} & \text{für} \quad p,q,r \quad \text{zykl.} \quad 1,2,3\,, \\ -\frac{1}{\sqrt{g}} & \text{für} \quad p,q,r \quad \text{antizykl.} \quad 1,2,3\,, \\ 0 & \text{sonst}\,. \end{array} \right.$$

Das Produkt der beiden Spate (3.123) ist nach Gl. (2.66) unmittelbar

$$\delta_{klm}^{pqr} = e_{klm}\, e^{pqr} = [\mathbf{g}_k, \mathbf{g}_l, \mathbf{g}_m][\mathbf{g}^p, \mathbf{g}^q, \mathbf{g}^r] = \left| \begin{array}{ccc} \delta_k^p & \delta_k^q & \delta_k^r \\ \delta_l^p & \delta_l^q & \delta_l^r \\ \delta_m^p & \delta_m^q & \delta_m^r \end{array} \right| \quad . \tag{3.124}$$

Verjüngen wir $\boldsymbol{\Delta}^{(6)}$ einmal, dann entsteht der Tensor 4. Stufe $\boldsymbol{\Delta}^{(4)}$. Die Verjüngung nehmen wir so vor, daß gegenüberstehende Indizes von δ_{klm}^{pqr} miteinander verknüpft werden. Das entspricht einem Überschieben der Indizes p, q, r auf die Indizes k, l, m, wobei die Basisvektoren $\mathbf{g}_m \cdot \mathbf{g}^r = \delta_m^r$ miteinander skalar zu multiplizieren sind. Es ergibt sich

$$\boldsymbol{\Delta}^{(4)} = \delta_{klm}^{pqm}\, \mathbf{g}^k \mathbf{g}^l\, \mathbf{g}_p \mathbf{g}_q \quad \text{mit} \quad \delta_{klm}^{pqm} = \left| \begin{array}{ccc} \delta_k^p & \delta_k^q & \delta_k^m \\ \delta_l^p & \delta_l^q & \delta_l^m \\ \delta_m^p & \delta_m^q & \delta_m^m \end{array} \right| \quad . \tag{3.125}$$

Da $\delta_m^m = 3$ ist, erhalten wir für die Determinante in Gl. (3.125)

$$\delta_{klm}^{pqm} = 3 \left| \begin{array}{cc} \delta_k^p & \delta_k^q \\ \delta_l^p & \delta_l^q \end{array} \right| - \delta_l^m \left| \begin{array}{cc} \delta_k^p & \delta_k^q \\ \delta_m^p & \delta_m^q \end{array} \right| + \delta_k^m \left| \begin{array}{cc} \delta_l^p & \delta_l^q \\ \delta_m^p & \delta_m^q \end{array} \right| \quad . \tag{3.126}$$

Der vorletzte Term auf der rechten Seite von Gl. (3.126) ist nur für $m = l$ von Null verschieden, ebenso der letzte Term nur für $m = k$. Damit wird

$$\delta_{klm}^{pqm} = \delta_{kl}^{pq} = \left| \begin{array}{cc} \delta_k^p & \delta_k^q \\ \delta_l^p & \delta_l^q \end{array} \right| \quad . \tag{3.127}$$

Die Verjüngung von $\boldsymbol{\Delta}^{(4)}$ führt auf

$$\boldsymbol{\Delta}^{(2)} = \delta_{kl}^{pl}\, \mathbf{g}^k \mathbf{g}_p \quad \text{mit} \quad \delta_{kl}^{pl} = \left| \begin{array}{cc} \delta_k^p & \delta_k^l \\ \delta_l^p & 3 \end{array} \right| = 3\,\delta_k^p - \delta_k^l\, \delta_l^p = 3\,\delta_k^p - \delta_k^p = 2\,\delta_k^p. \tag{3.128}$$

Schließlich ist $\boldsymbol{\Delta}^{(6)}$ dreimal verjüngt der Skalar

$$\boldsymbol{\Delta}^{(0)} = 2\,\delta_k^k = 6\,.\tag{3.129}$$

Beispiel 3.9 : Mit Hilfe des $\boldsymbol{\Delta}^{(6)}$-Tensors ist die Beziehung

$$\vec{A} \times [\vec{B} \times (\vec{C} \times \vec{D})] = (\vec{A} \times \vec{C})(\vec{B} \cdot \vec{D}) - (\vec{A} \times \vec{D})(\vec{B} \cdot \vec{C})\tag{3.130}$$

zu beweisen. Wir setzen:

$$
\begin{aligned}
\vec{C} \times \vec{D} &= e_{pqr}\,C^q D^r\,\mathbf{g}^p = K_p\,\mathbf{g}^p = \vec{K}\,,\\
\vec{B} \times \vec{K} &= e^{klp}\,B_l K_p\,\mathbf{g}_k = H^k\,\mathbf{g}_k = \vec{H}\,,\\
\vec{A} \times \vec{H} &= e_{mnk}\,A^n H^k\,\mathbf{g}^m = e_{mnk}\,e^{klp}\,A^n B_l K_p\,\mathbf{g}^m\\
&= e_{mnk}\,e^{klp}\,e_{pqr}\,A^n B_l C^q D^r\,\mathbf{g}^m\,.
\end{aligned}
$$

Da $e_{pqr} = e_{qrp}$ ist, erhalten wir für

$$e^{klp}\,e_{qrp} = \delta_{qr}^{kl} = \begin{vmatrix} \delta_q^k & \delta_q^l \\ \delta_r^k & \delta_r^l \end{vmatrix} = \delta_q^k\,\delta_r^l - \delta_q^l\,\delta_r^k\,.$$

Damit nimmt das Vektorprodukt die Gestalt

$$
\begin{aligned}
\vec{A} \times \vec{H} &= e_{mnk}\,A^n B_l C^q D^r(\delta_q^k\delta_r^l - \delta_q^l\delta_r^k)\mathbf{g}^m\\
&= e_{mnk}\,A^n C^k B_l D^l\mathbf{g}^m - e_{mnk}\,A^n D^k B_l C^l\mathbf{g}^m
\end{aligned}
$$

an. Dieser Darstellung sieht man wegen der Gln. (3.114) und (2.48) an, daß

$$\vec{A} \times \vec{H} = (\vec{A} \times \vec{C})(\vec{B} \cdot \vec{D}) - (\vec{A} \times \vec{D})(\vec{B} \cdot \vec{C})$$

ist.

Aufgabe 3.13 : Mit dem $\boldsymbol{\Delta}^{(6)}$-Tensor beweise man, daß das Skalarprodukt zweier Vektorprodukte

$$(\vec{A} \times \vec{B}) \cdot (\vec{C} \times \vec{D}) = (\vec{A} \cdot \vec{C})(\vec{B} \cdot \vec{D}) - (\vec{B} \cdot \vec{C})(\vec{A} \cdot \vec{D})$$

ist.

Kapitel 4

Beliebige ortsabhängige Koordinatensysteme

Bei der Betrachtung beliebiger, ortsabhängiger Basissysteme bildet das kartesische Koordinatensystem mit dem Ursprung O die Ausgangsbasis.

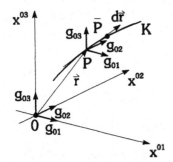

Bild 4.1 Koordinatenlinie K eines beliebigen Basissystems vom kartesischen Basissystem aus betrachtet

Auf der Kurve (Koordinatenlinie) K, Bild 4.1, betrachten wir die infinitesimal nebeneinanderliegenden Punkte P und $\overline{P}$. Vom Koordinatenursprung O zum Punkt P führt der Ortsvektor

$$\vec{r} = x^{01}\, \mathbf{g}_{01} + x^{02}\, \mathbf{g}_{02} + x^{03}\, \mathbf{g}_{03} = x^{0k}\, \mathbf{g}_{0k}\,. \tag{4.1}$$

Das gerichtete Linienelement auf K zwischen den Punkten P und $\overline{P}$ ist

$$\mathrm{d}\vec{r} = \mathbf{g}_{01}\, \mathrm{d}x^{01} + \mathbf{g}_{02}\, \mathrm{d}x^{02} + \mathbf{g}_{03}\, \mathrm{d}x^{03} = \mathbf{g}_{0k}\, \mathrm{d}x^{0k}\,. \tag{4.2}$$

Die Kurve K (Bild 4.1) und ihr gerichtetes Linienelement $\mathrm{d}\vec{r}$ sind erst dann eindeutig bestimmt, wenn die x^{0k}-Komponenten z.B. als Funktion eines Kurvenparameters vorgegeben sind. Dem gerichteten Linienelement ist das skalare

Linienelement ds zugeordnet:

$$(\mathrm{d}s)^2 = \mathrm{d}\vec{r} \cdot \mathrm{d}\vec{r} = \mathrm{d}x^{0k}\,\mathbf{g}_{0k} \cdot \mathbf{g}_{0i}\,\mathrm{d}x^{0i} \;=\; (\mathrm{d}x^{01})^2 + (\mathrm{d}x^{02})^2 + (\mathrm{d}x^{03})^2$$
$$= \mathrm{d}x^{0i}\mathrm{d}x^{0i}. \tag{4.3}$$

Da P die Koordinaten x^{0i} hat und damit $\vec{r} = \vec{r}(x^{01}, x^{02}, x^{03})$ gilt, folgt zum anderen

$$\mathrm{d}\vec{r} = \frac{\partial \vec{r}}{\partial x^{01}}\,\mathrm{d}x^{01} + \frac{\partial \vec{r}}{\partial x^{02}}\,\mathrm{d}x^{02} + \frac{\partial \vec{r}}{\partial x^{03}}\,\mathrm{d}x^{03} = \frac{\partial \vec{r}}{\partial x^{0k}}\,\mathrm{d}x^{0k}. \tag{4.4}$$

Der Vergleich von Gl. (4.4) mit Gl. (4.2) legt den Basisvektor

$$\mathbf{g}_{0k} = \frac{\partial \vec{r}}{\partial x^{0k}} \tag{4.5}$$

als Tangentenvektor an die Koordinatenlinie $\vec{r} = \vec{r}(x^{0i} = \text{const}, x^{0j} = \text{const}, x^{0k})$, längs der x^{0k} variiert und x^{0i} und x^{0j} festgehalten werden, mit i, j, k zykl. $1, 2, 3$, fest. In kartesischen Koordinaten entartet die Kurve K, Bild 4.1, zu einer Geraden. Beispielsweise ist $\mathbf{g}_{01} = \frac{\partial \vec{r}}{\partial x^{01}}$ der Tangentenvektor an die Koordinatenlinie $\vec{r} = \vec{r}(x^{01}, x^{02} = \text{const}, x^{03} = \text{const})$. Da die $\mathbf{g}_{0k}$ orthonormierte ortsunabhängige Basisvektoren sind, gilt

$$\left| \frac{\partial \vec{r}}{\partial x^{0k}} \right| = 1 \quad \text{und} \quad \frac{\partial}{\partial x^{0i}} \frac{\partial \vec{r}}{\partial x^{0k}} = 0 \quad \text{für} \quad i, k = 1, 2, 3, \tag{4.6}$$

und weiterhin ist

$$\mathbf{g}^{0k} \cdot \mathbf{g}_{0i} = \delta_i^k, \quad \mathbf{g}^{0k} \equiv \mathbf{g}_{0k} \quad \text{und} \quad \mathbf{g}_{0l} \times \mathbf{g}_{0m} = e_{klm}\,\mathbf{g}^{0k} \quad \text{mit} \quad \sqrt{g} = 1. \tag{4.7}$$

Die Ortsunabhängigkeit der Basisvektoren $\mathbf{g}_{0i}$ führt dazu, daß z.B. die Komponenten der Geschwindigkeitsvektoren in den Punkten P und $\overline{P}$ eines Strömungsfeldes, Bild 4.2, durch die gleichen unveränderlichen Basisvektoren beschrieben werden.

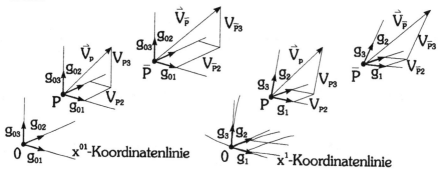

Bild 4.2　Komponenten zweier Vektoren im kartesischen und in einem ortsabhängigen Koordinatensystem

In den ortsabhängigen oder sogenannten krummlinigen Koordinatensystemen führen wir die Basisvektoren wie im kartesischen Koordinatensystem als Tangentenvektoren an vorgegebene Koordinatenlinien ein. Die Basisvektoren $\mathbf{g}_k$ oder $\mathbf{g}^k$ werden im allgemeinen Fall nicht normiert sein und untereinander nicht orthogonal aufeinanderstehen. Ihr Betrag und ihre Richtung ändern sich von Ort zu Ort, Bild 4.2.

Die neuen ortsabhängigen Koordinaten bezeichnen wir mit x^1, x^2, x^3. Gelegentlich [S-P73] benutzt man auch die Bezeichung u, v, w. Die x^k sind mit den kartesischen Koordinaten x^{0i} über die Gleichungen

$$
\begin{aligned}
u \equiv x^1 &= f_1(x^{01}, x^{02}, x^{03}), \\
v \equiv x^2 &= f_2(x^{01}, x^{02}, x^{03}), \\
w \equiv x^3 &= f_3(x^{01}, x^{02}, x^{03})
\end{aligned}
\tag{4.8}
$$

verknüpft. Die Beziehungen (4.8) seien im $\Re^3$ eineindeutige Funktionen, die stetige partielle Ableitungen besitzen sollen. Sind f_1, f_2, f_3 lineare Abbildungen, so ist die nach Gl. (4.8) beschriebene Koordinatentransformation genau dann eineindeutig, falls ihre Funktionaldeterminante $\det(f) = \frac{\partial(f_1, f_2, f_3)}{\partial(x^{01}, x^{02}, x^{03})} \neq 0$ für alle $x^{0i} \in \Re^3$ ist. Sind die Funktionen f_i nichtlinear und ist $\det(f) \neq 0$ in einer offenen Umgebung von $x^{0i} \in \Re^3$, so kann man von lokaler Invertierbarkeit sprechen.

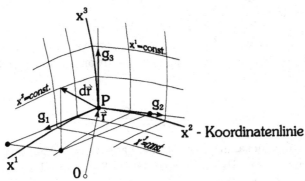

Bild 4.3   Ortsabhängige Koordinatenlinien und Basisvektoren

Im kartesischen Koordinatensystem repräsentieren die Gln. (4.8) für $x^1 =$const, $x^2 =$ const und $x^3 =$ const drei Flächen, die in jedem Punkt des $\Re^3$ zum Schnitt gebracht, drei Koordinatenlinien $\vec{r} = \vec{r}(x^k, x^l =$ const, $x^m =$ const), k, l, m zykl. 1,2,3 erzeugen. Beispielsweise entsteht die x^1-Koordinatenlinie im Schnitt der Flächen $x^2 = f_2() =$ const und $x^3 = f_3() =$ const. Will man ein spezielles ortsabhängiges Koordinatensystem aufbauen oder benutzen, dann müssen die Gln. (4.8) oder ihre Umkehrfunktionen $x^{0k} = f_k^{-1}(x^1, x^2, x^3)$ vorgegeben werden.

Wie man Bild 4.3 entnehmen kann, sind die Koordinaten $u = x^1, v = x^2, w = x^3$ im Gegensatz zu den kartesischen Koordinaten x^{01}, x^{02}, x^{03} keine Komponenten eines Vektors. Sie besitzen daher auch keinen kontravarianten Charakter.

Der Ortsvektor $\vec{r} = x^{0i}\,\mathbf{g}_{0i}$ vom Koordinatenursprung O zu dem beliebigen Punkt $P \in \Re^3$ auf der Koordinatenlinie muß der gleiche bleiben, unabhängig davon, ob man ihn vom kartesischen Koordinatensystem oder vom ortsabhängigen Koordinatensystem aus darstellt. Im letzteren sind seine Koordinaten $x^{0i} = x^{0i}(x^1, x^2, x^3)$, nämlich die Umkehrfunktionen von Gl. (4.8), und es gilt

$$\vec{r} = x^{0i}(x^1, x^2, x^3)\,\mathbf{g}_{0i} = \vec{r}(x^1, x^2, x^3)\,. \tag{4.9}$$

Definition 4.1 :   *Es sei $\vec{r} = x^{0i}(x^1, x^2, x^3)\,\mathbf{g}_{0i}$ die Gleichung der Koordinatenlinien. Dann ist der Basisvektor $\mathbf{g}_k$ der Tangentenvektor an die Koordinatenlinie $\vec{r} = x^{0i}(x^k, x^l = \text{const}, x^m = \text{const})\,\mathbf{g}_{0i}$, k, l, m zykl. $1, 2, 3$, d.h.*

$$\mathbf{g}_k = \frac{\partial \vec{r}}{\partial x^k} = \frac{\partial x^{0i}(x^1, x^2, x^3)}{\partial x^k}\,\mathbf{g}_{0i}\,, \quad k = 1, 2, 3\,. \tag{4.10}$$

Für das beliebig gerichtete Linienelement, Bild 4.3, erhalten wir damit

$$\mathrm{d}\vec{r} = \frac{\partial \vec{r}}{\partial x^k}\,\mathrm{d}x^k = \mathbf{g}_k\,\mathrm{d}x^k = \frac{\partial x^{0i}}{\partial x^k}\,\mathrm{d}x^k\,\mathbf{g}_{0i}\,. \tag{4.11}$$

Die Koordinatendifferentiale $\mathrm{d}x^k$ sind nun die kontravarianten Komponenten des gerichteten Linienelementes $\mathrm{d}\vec{r}$. Aus der Definition 4.1 folgt weiterhin die Symmetriebedingung

$$\frac{\partial \mathbf{g}_k}{\partial x^l} = \mathbf{g}_{k,l} = \frac{\partial^2 \vec{r}}{\partial x^l \partial x^k} = \frac{\partial \mathbf{g}_l}{\partial x^k} = \mathbf{g}_{l,k}\,. \tag{4.12}$$

Benutzen wir jetzt den bekannten Zusammenhang $\mathbf{g}_k = a_k^{0i}\,\mathbf{g}_{0i}$ zwischen den kovarianten und kartesischen Basisvektoren, Gl. (2.2), dann folgt aus dem Vergleich mit Gl. (4.10) die Beziehung

$$a_k^{0i} = \frac{\partial x^{0i}}{\partial x^k}\,. \tag{4.13}$$

Andererseits erhält man mit den Gln. (4.2) und (4.11), also

$$\mathrm{d}\vec{r} = \mathbf{g}_{0i}\,\mathrm{d}x^{0i} = \mathbf{g}_k\,\mathrm{d}x^k \quad \text{und} \quad \mathrm{d}x^k = \frac{\partial x^k}{\partial x^{0i}}\,\mathrm{d}x^{0i}\,,$$

auch unmittelbar die Transformationskoeffizienten

$$a_{0i}^k = \frac{\partial x^k}{\partial x^{0i}}.\tag{4.14}$$

Die Gleichungen der ortsabhängigen Koordinaten

$$x^k = x^k(x^{01}, x^{02}, x^{03}) \quad\text{bzw.}\quad x^{0k} = x^{0k}(x^1, x^2, x^3),$$

deren Umkehrung und ihre Differentiale

$$\mathrm{d}x^k = \frac{\partial x^k}{\partial x^{0i}}\,\mathrm{d}x^{0i} = a_{0i}^k\,\mathrm{d}x^{0i} \quad\text{und}\quad \mathrm{d}x^{0i} = \frac{\partial x^{0i}}{\partial x^n}\,\mathrm{d}x^n = a_n^{0i}\,\mathrm{d}x^n \tag{4.15}$$

legen die Transformationskoeffizienten a_{0i}^k bzw. a_k^{0i} fest. Damit ist das krummlinige Bezugssystem, bestehend aus dem ko- und kontravarianten Basissystem, eindeutig bestimmt.

Das gerichtete Linienelement ist nach Gl. (4.11) ein kovarianter Vektor. Sein Betrag ist

$$|\mathrm{d}\vec{r}| = \mathrm{d}s = \sqrt{\mathrm{d}\vec{r}\cdot\mathrm{d}\vec{r}} = \sqrt{\mathbf{g}_k\cdot\mathbf{g}_l\,\mathrm{d}x^k\,\mathrm{d}x^l} = \sqrt{g_{kl}\,\mathrm{d}x^k\,\mathrm{d}x^l}.\tag{4.16}$$

Hat das Linienelement z.B. die spezielle Richtung der x^1-Koordinatenlinie, dann ist $\mathrm{d}\vec{r}_1 = \mathbf{g}_1\,\mathrm{d}x^1$ und $\mathrm{d}s_1 = \sqrt{g_{11}}\,\mathrm{d}x^1$.

Zwei räumlich unterschiedlich gerichtete Linienelemente $\mathrm{d}\vec{r}_{(1)} = \mathbf{g}_m\mathrm{d}x_{(1)}^m$ und $\mathrm{d}\vec{r}_{(2)} = \mathbf{g}_n\mathrm{d}x_{(2)}^n$ spannen das gerichtete Flächenelement

$$\begin{aligned}
\mathrm{d}\vec{o} &= \mathrm{d}\vec{r}_{(1)} \times \mathrm{d}\vec{r}_{(2)} = \mathbf{g}_m \times \mathbf{g}_n\,\mathrm{d}x_{(1)}^m\mathrm{d}x_{(2)}^n = e_{lmn}\,\mathrm{d}x_{(1)}^m\,\mathrm{d}x_{(2)}^n\,\mathbf{g}^l \\
&= \sqrt{g}(\mathrm{d}x_{(1)}^m\,\mathrm{d}x_{(2)}^n - \mathrm{d}x_{(1)}^n\,\mathrm{d}x_{(2)}^m)\mathbf{g}^l, \quad l, m, n \quad\text{zykl.}\ 1,2,3 \tag{4.17}
\end{aligned}$$

auf.

Beispiel 4.1 : Liegt das betrachtete Flächenelement in der Koordinatenebene $x^1 = \text{const}$, dann erhalten wir für das gerichtete Flächenelement nach Gl. (4.17):

$$\mathrm{d}\vec{o} = \mathrm{d}x^2\,\mathbf{g}_2 \times \mathbf{g}_3\,\mathrm{d}x^3 = \sqrt{g}\,\mathrm{d}x^2\,\mathrm{d}x^3\,\mathbf{g}^1.$$

Die drei gerichteten Linienelemente $\mathrm{d}\vec{r}_{(1)} = \mathbf{g}_l\,\mathrm{d}x_{(1)}^l$, $\mathrm{d}\vec{r}_{(2)} = \mathbf{g}_m\,\mathrm{d}x_{(2)}^m$ und $\mathrm{d}\vec{r}_{(3)} = \mathbf{g}_n\,\mathrm{d}x_{(3)}^n$ spannen ein Parallelepiped (Spat) mit dem Volumen

$$\begin{aligned}
\mathrm{d}V &= [\mathrm{d}\vec{r}_{(1)}, \mathrm{d}\vec{r}_{(2)}, \mathrm{d}\vec{r}_{(3)}] = \left[\frac{\partial\vec{r}}{\partial x_{(1)}^l}\,\mathrm{d}x_{(1)}^l, \frac{\partial\vec{r}}{\partial x_{(2)}^m}\,\mathrm{d}x_{(2)}^m, \frac{\partial\vec{r}}{\partial x_{(3)}^n}\,\mathrm{d}x_{(3)}^n\right] \\
&= [\mathbf{g}_l\,\mathrm{d}x_{(1)}^l, \mathbf{g}_m\,\mathrm{d}x_{(2)}^m, \mathbf{g}_n\,\mathrm{d}x_{(3)}^n] = e_{lmn}\,\mathrm{d}x_{(1)}^l\,\mathrm{d}x_{(2)}^m\,\mathrm{d}x_{(3)}^n \tag{4.18} \\
&= \sqrt{g}(\mathrm{d}x_{(2)}^m\,\mathrm{d}x_{(3)}^n - \mathrm{d}x_{(2)}^n\,\mathrm{d}x_{(3)}^m)\mathrm{d}x_{(1)}^l, \quad l, m, n \quad\text{zykl.}\ 1,2,3
\end{aligned}$$

auf. $g = \det(g_{ij})$ ist die Determinante der kovarianten Metrikkoeffizienten, Gl. (2.69). Das gleiche Ergebnis erhält man, wenn man in Gl. (2.61) $\vec{A} = \mathrm{d}\vec{r}_{(1)}$, $\vec{B} = \mathrm{d}\vec{r}_{(2)}$ und $\vec{C} = \mathrm{d}\vec{r}_{(3)}$ setzt.

Weisen die gerichteten Linienelemente in Richtung der Koordinatenlinien, dann beträgt das Volumenelement

$$\mathrm{d}V = [\mathbf{g}_1\,\mathrm{d}x^1, \mathbf{g}_2\,\mathrm{d}x^2, \mathbf{g}_3\,\mathrm{d}x^3] = e_{123}\,\mathrm{d}x^1\,\mathrm{d}x^2\,\mathrm{d}x^3 = \sqrt{g}\,\mathrm{d}x^1\,\mathrm{d}x^2\,\mathrm{d}x^3$$

$$= \left[\frac{\partial x^{0i}}{\partial x^1}\mathrm{d}x^1\,\mathbf{g}_{0i}, \frac{\partial x^{0j}}{\partial x^2}\mathrm{d}x^2\,\mathbf{g}_{0j}, \frac{\partial x^{0k}}{\partial x^3}\mathrm{d}x^3\,\mathbf{g}_{0k}\right], \quad i,j,k \quad \text{unabh.} \quad 1,2,3.$$

(4.19)

Das obige Spatprodukt ist nach Gl. (1.37) gleich der Jacobischen Funktionaldeterminante

$$\mathrm{d}V = \begin{vmatrix} \frac{\partial x^{01}}{\partial x^1} & \frac{\partial x^{02}}{\partial x^1} & \frac{\partial x^{03}}{\partial x^1} \\ \frac{\partial x^{01}}{\partial x^2} & \frac{\partial x^{02}}{\partial x^2} & \frac{\partial x^{03}}{\partial x^2} \\ \frac{\partial x^{01}}{\partial x^3} & \frac{\partial x^{02}}{\partial x^3} & \frac{\partial x^{03}}{\partial x^3} \end{vmatrix} \mathrm{d}x^1\mathrm{d}x^2\mathrm{d}x^3 = \frac{\partial(x^{01}, x^{02}, x^{03})}{\partial(x^1, x^2, x^3)}\,\mathrm{d}x^1\mathrm{d}x^2\mathrm{d}x^3. \quad (4.20)$$

Wie in [KP93] gezeigt wird, benötigt man Gl. (4.19) bzw. (4.20) bei der Transformation eines räumlichen Bereichsintegrals auf ortsabhängige Koordinaten.

Beispiel 4.2 : Wir bestimmen die ko- und kontravarianten Basisvektoren und die Metrikkoeffizienten der Zylinderkoordinaten

$$\begin{array}{lll} x = r\cos\varphi & & x^{01} = x^1\cos x^2, \\ y = r\sin\varphi & \Rightarrow & x^{02} = x^1\sin x^2, \\ z = z & & x^{03} = x^3. \end{array} \qquad (4.21)$$

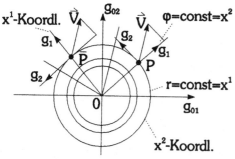

Bild 4.4 Zylinderkoordinaten

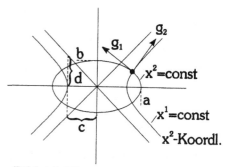

Bild 4.5 Elliptische Koordinaten

Die Gleichung der x^k-Koordinatenlinie des Zylinderkoordinatensystems beschreibt der mit den Komponenten (4.21) gebildete Vektor

$$\vec{r} = x^{0i}\,\mathbf{g}_{0i} = \mathbf{g}_{01}\,x^1\cos x^2 + \mathbf{g}_{02}\,x^1\sin x^2 + \mathbf{g}_{03}\,x^3\,,$$

wenn man x^l, x^m = const setzt (k, l, m zykl. 1,2,3).
Beispielsweise ergibt sich die x^2-Koordinatenlinie, Bild 4.4, für $x^1 = c_1 =$ const und $x^3 = c_3 =$ const zu

$$\vec{r} = \mathbf{g}_{01}\,c_1\cos x^2 + \mathbf{g}_{02}\,c_1\sin x^2 + \mathbf{g}_{03}\,c_3\,.$$

Das ist aber die vektorielle Darstellung eines Kreises mit dem Radius c_1 in der $x^{03} = c_3$-Ebene. Entsprechend erhält man die Gleichungen für die x^1- und x^3-Koordinatenlinien. Die Matrix der ortsabhängigen Transformationskoeffizienten $a_k^{0i} = \frac{\partial x^{0i}}{\partial x^k}$ des Zylinderkoordinatensystems (4.21) erhalten wir durch einfache Rechnung zu:

$$(a_k^{0i}) = \begin{pmatrix} \cos x^2 & \sin x^2 & 0 \\ -x^1\sin x^2 & x^1\cos x^2 & 0 \\ 0 & 0 & 1 \end{pmatrix}; \qquad (4.22)$$

k ist Zeilenindex. Wegen des Zusammenhanges $\mathbf{g}_k = a_k^{0i}\,\mathbf{g}_{0i}$ lassen sich sofort die kovarianten Basisvektoren des Zylinderkoordinatensystems

$$\begin{aligned} \mathbf{g}_1 &= \mathbf{g}_{01}\cos x^2 + \mathbf{g}_{02}\sin x^2\,, \\ \mathbf{g}_2 &= -\mathbf{g}_{01}\,x^1\sin x^2 + \mathbf{g}_{02}\,x^1\cos x^2\,, \\ \mathbf{g}_3 &= \mathbf{g}_{03} \end{aligned} \qquad (4.23)$$

angeben. Die Matrix der kovarianten Metrikkoeffizienten

$$(g_{ij}) = \begin{pmatrix} 1 & 0 & 0 \\ 0 & (x^1)^2 & 0 \\ 0 & 0 & 1 \end{pmatrix}, \qquad g_{ij} = \mathbf{g}_i \cdot \mathbf{g}_j \qquad (4.24)$$

besitzt nur in der Hauptdiagonalen von Null verschiedene Elemente. Daran erkennt man, daß das Zylinderkoordinatensystem ein orthogonales Koordinatensystem ist. Die Metrikkoeffizienten sind die Transformationskoeffizienten zwischen dem ko- und kontravarianten Basissystem. Die kontravarianten Metrikkoeffizienten g^{kl} lassen sich bei bekannten kovarianten Koeffizienten nach Gl. (2.25) bzw.

$$g^{k1}\,g_{1m} + g^{k2}\,g_{2m} + g^{k3}\,g_{3m} = \delta_m^k$$

bestimmen. Diese Beziehung stellt drei Gleichungssysteme mit je drei Gleichungen dar. Wir geben hier nur das erste Gleichungssystem für $k = 1$ und $m =$ 1,2,3 ausführlich an:

$$g^{11}\,g_{11} + g^{12}\,g_{21} + g^{13}\,g_{31} = 1$$
$$g^{11}\,g_{12} + g^{12}\,g_{22} + g^{13}\,g_{32} = 0$$
$$g^{11}\,g_{13} + g^{12}\,g_{23} + g^{13}\,g_{33} = 0\,.$$

Es hat die Lösung

$$g^{11} = 1\,, \quad g^{12} = 0\,, \quad g^{13} = 0\,.$$

Auf analoge Weise erhält man die restlichen Metrikkoeffizienten. Ihre Matrix lautet:

$$(g^{ij}) = \begin{pmatrix} 1 & 0 & 0 \\ 0 & \frac{1}{(x^1)^2} & 0 \\ 0 & 0 & 1 \end{pmatrix}\,. \tag{4.25}$$

Über den Zusammenhang $\mathbf{g}^k = g^{kl}\,\mathbf{g}_l$ kennen wir die kontravarianten Basisvektoren:

$$
\begin{aligned}
\mathbf{g}^1 &= \mathbf{g}_1 = \mathbf{g}_{01} \cos x^2 + \mathbf{g}_{02} \sin x^2\,, \\
\mathbf{g}^2 &= \frac{1}{(x^1)^2}\,\mathbf{g}_2 = -\mathbf{g}_{01} \frac{\sin x^2}{x^1} + \mathbf{g}_{02} \frac{\cos x^2}{x^1}\,, \\
\mathbf{g}^3 &= \mathbf{g}_3 = \mathbf{g}_{03}\,.
\end{aligned}
\tag{4.26}
$$

Wegen $\mathbf{g}^k = a^k_{0i}\,\mathbf{g}^{0i}$ können wir jetzt auch die Matrix der Transformationskoeffizienten a^k_{0i} angeben:

$$(a^k_{0i}) = \begin{pmatrix} \cos x^2 & \sin x^2 & 0 \\ -\frac{\sin x^2}{x^1} & \frac{\cos x^2}{x^1} & 0 \\ 0 & 0 & 1 \end{pmatrix}\,; \tag{4.27}$$

k ist Zeilenindex.

Aufgabe 4.1 : Zeigen Sie, daß die ko- und kontravarianten physikalischen Komponenten eines Vektors $\vec{A} = A^*_i\,\mathbf{g}^{*i} = A^{*k}\,\mathbf{g}^*_k$ im Zylinderkoordinatensystem identisch sind, also $A^*_k = A^{*k}$ gilt.

Aufgabe 4.2 : Gesucht werden die kovarianten Basisvektoren, die Metrikkoeffizienten, der Betrag des gerichteten Linienelementes und das mit $\mathbf{g}_{03} = \mathbf{g}^3$ gebildete Spatprodukt ebener elliptischer Koordinaten. Es gilt:

$$
\begin{aligned}
x^{01} &= \alpha \sin x^1 \cosh x^2\,, \\
x^{02} &= \alpha \cos x^1 \sinh x^2
\end{aligned}
\tag{4.28}
$$

mit $0 \leq x^1 \leq 2\pi$ und $0 \leq x^2 < \infty$. Die Gln. (4.28) beschreiben für $x^2 = $ const Ellipsen als Koordinatenlinien, Bild 4.5. Man erhält nämlich

$$x^{01} = a \sin x^1 \qquad\qquad\quad a = \alpha \cosh x^2 \,,$$

mit den Halbachsen

$$x^{02} = b \cos x^1 \qquad\qquad\quad b = \alpha \sinh x^2 \,,$$

was der Normalform

$$\left(\frac{x^{01}}{a}\right)^2 + \left(\frac{x^{02}}{b}\right)^2 = 1$$

einer Ellipse entspricht. Setzen wir in den Gln. (4.28) andererseits $x^1 = $ const, um die Gleichung der x^2- Koordinatenlinie zu erhalten, dann folgt mit den Abkürzungen

$$c = \alpha \sin x^1 \quad \text{und} \quad d = \alpha \cos x^1$$

$$\left(\frac{x^{01}}{c}\right)^2 - \left(\frac{x^{02}}{d}\right)^2 = (\cosh x^2)^2 - (\sinh x^2)^2 = 1$$

die Normalform einer Hyperbel. c und d sind die reelle und die imaginäre Halbachse.

Aufgabe 4.3 : Man bestimme die ko- und kontravarianten Basisvektoren, die ko- und kontravarianten Metrikkoeffizienten, das Spatprodukt der Basisvektoren, das Volumendifferential der kovarianten Basisvektoren und das Flächendifferential der Kugeloberfläche mit dem Radius R. Der funktionelle Zusammenhang zwischen den Kugelkoordinaten und den kartesischen Koordinaten lautet:

$$\begin{array}{lll} x^{01} = x^1 \sin x^2 \cos x^3 & 0 \leq x^1 \leq \infty \,, \\ x^{02} = x^1 \sin x^2 \sin x^3 \quad \text{mit} & 0 \leq x^2 \leq \pi \,, \qquad\qquad (4.29) \\ x^{03} = x^1 \cos x^2 & 0 \leq x^3 \leq 2\pi \,. \end{array}$$

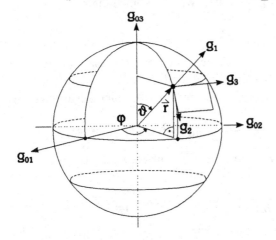

Bild 4.6 Kugelkoordinaten $r = x^1, \vartheta = x^2, \varphi = x^3$

4.1   Wechsel zwischen Koordinatensystemen

$\mathcal{B}$ und $\overline{\mathcal{B}}$ seien zwei verschiedene ortsveränderliche Bezugssysteme mit einem gemeinsamen Koordinatenursprung. Wie in Abschnitt 2.2.5 vereinbart, bilden wir das Bezugssystem $\mathcal{B}$ mit den Basisvektoren $\mathbf{g}_k$, $\mathbf{g}^m$ und das Bezugssystem $\overline{\mathcal{B}}$ mit den Basisvektoren $\overline{\mathbf{g}}_k$, $\overline{\mathbf{g}}^m$. Bei der Transformation von $\mathcal{B}$ nach $\overline{\mathcal{B}}$ oder umgekehrt gelten zwischen den Basisvektoren die Gln. (2.82). Für die Transformationsbeziehungen der ko- und kontravarianten Komponenten eines Tensors 2. Stufe haben wir nach den Gln. (3.27) und (3.26) zu schreiben:

$$\overline{T}_{kl} = \underline{a}_k^m\, \underline{a}_l^n\, T_{mn} \quad \text{und} \quad \overline{T}^{kl} = \overline{a}_m^k\, \overline{a}_n^l\, T^{mn} \tag{4.30}$$

und für die Umkehrung

$$T_{kl} = \overline{a}_k^m\, \overline{a}_l^n\, \overline{T}_{mn} \quad \text{und} \quad T^{kl} = \underline{a}_m^k\, \underline{a}_n^l\, \overline{T}^{mn}. \tag{4.31}$$

Diese Bildungsvorschriften lassen sich analog auf die Komponenten von Tensoren höherer Stufe übertragen.

Das gerichtete Linienelement $\mathrm{d}\vec{r} = \mathbf{g}_k\, \mathrm{d}x^k$ der x^k-Koordinatenlinie, das zur Definition des kovarianten Basisvektors des ortsabhängigen Koordinatensystems dient, ist ein Tensor 1. Stufe. Folglich gilt wegen der Invarianz gegenüber Koordinatentransformation die Beziehung

$$\mathbf{g}_k\, \mathrm{d}x^k = \overline{\mathbf{g}}_l\, \mathrm{d}\overline{x}^l. \tag{4.32}$$

Mit $\mathbf{g}_k = \overline{a}_k^l\, \overline{\mathbf{g}}_l$ und $\overline{\mathbf{g}}_l = \underline{a}_l^k\, \mathbf{g}_k$ erhalten wir die Gleichungen

$$\mathrm{d}\overline{x}^l = \overline{a}_k^l\, \mathrm{d}x^k \quad \text{und} \quad \mathrm{d}x^k = \underline{a}_l^k\, \mathrm{d}\overline{x}^l \tag{4.33}$$

zwischen den Koordinatendifferentialen der beiden ortsabhängigen Bezugssysteme. Da zwischen den Koordinaten x^k und $\overline{x}^l$ der beiden aufeinander abbildbaren Systeme $\mathcal{B}$ und $\overline{\mathcal{B}}$ ein eineindeutiger funktioneller Zusammenhang

$$\overline{x}^l = \overline{x}^l(x^1, x^2, x^3) \quad \text{und} \quad x^k = x^k(\overline{x}^1, \overline{x}^2, \overline{x}^3) \tag{4.34}$$

existiert, ergeben sich die Koordinatendifferentiale auch zu

$$\mathrm{d}\overline{x}^l = \frac{\partial \overline{x}^l}{\partial x^k}\, \mathrm{d}x^k \quad \text{und} \quad \mathrm{d}x^k = \frac{\partial x^k}{\partial \overline{x}^l}\, \mathrm{d}\overline{x}^l. \tag{4.35}$$

Im Vergleich mit Gl. (4.33) erhalten wir

$$\overline{a}_k^l = \frac{\partial \overline{x}^l}{\partial x^k} \quad \text{und} \quad \underline{a}_l^k = \frac{\partial x^k}{\partial \overline{x}^l}. \tag{4.36}$$

In diesen Gleichungen seien die oberen Indizes Zeilenindizes.

Jedes der beiden Bezugssysteme besitzt eine kartesische Ausgangsbasis. Zwischen dieser und dem betreffenden Bezugssystem bestehen nach den Gln. (4.13) und (4.14) die Transformationsbeziehungen

$$a^k_{0i} = \frac{\partial x^k}{\partial x^{0i}}, \quad a^{0i}_k = \frac{\partial x^{0i}}{\partial x^k} \quad \text{und} \quad \underline{a}^{0i}_l = \frac{\partial x^{0i}}{\partial \overline{x}^l}, \quad \overline{a}^l_{0i} = \frac{\partial \overline{x}^l}{\partial x^{0i}}. \tag{4.37}$$

Damit lassen sich die Gln. (4.36) noch wie folgt schreiben:

$$\overline{a}^l_k = \frac{\partial \overline{x}^l}{\partial x^{0i}} \frac{\partial x^{0i}}{\partial x^k} = \overline{a}^l_{0i}\, a^{0i}_k \quad \text{bzw.} \quad (\overline{a}^l_k) = (\overline{a}^l_{0i})(a^{0i}_k) \tag{4.38}$$

und

$$\underline{a}^k_l = \frac{\partial x^k}{\partial x^{0i}} \frac{\partial x^{0i}}{\partial \overline{x}^l} = a^k_{0i}\, \underline{a}^{0i}_l \quad \text{bzw.} \quad (\underline{a}^k_l) = (a^k_{0i})(\underline{a}^{0i}_l). \tag{4.39}$$

In den Gln. (4.38) und (4.39) sei der obere Index ein Zeilenindex. An dieser Stelle weisen wir noch einmal darauf hin, daß die Koeffizienten $\overline{a}^l_k$ bzw. $\underline{a}^k_l$ die Transformation zwischen den kontravarianten Koordinatendifferentialen beider Bezugssysteme vermitteln, aber nicht die Transformation zwischen den x^k- bzw. $\overline{x}^l$-Koordinaten selbst. Die x^k- bzw. $\overline{x}^l$-Koordinaten sind keine Komponenten eines Tensors. Zwischen ihnen existiert lediglich der funktionelle Zusammenhang (4.34).

Beispiel 4.3 : Es sei $\mathcal{B}$ das schiefwinklige Koordinatensystem (Grundsystem 1) des Beispiels 2.1 und $\overline{\mathcal{B}}$ das Kugelkoordinatensystem. Zwischen den kartesischen Koordinaten x^{0i} und den schiefwinkligen Koordinaten x^k besteht der funktionelle Zusammenhang $x^{0i} = x^{0i}(x^1, x^2, x^3)$ und ausgeschrieben:

$$\begin{aligned} x^{01} &= x^1 + x^2 + x^3 & & & x^1 &= x^{01} - x^{02}, \\ x^{02} &= x^2 + x^3 & \text{und deren Umkehrung} & & x^2 &= x^{02} - x^{03}, \\ x^{03} &= x^3 & & & x^3 &= x^{03}. \end{aligned} \tag{4.40}$$

Bilden wir die $\mathbf{g}_k$ nach der Vorschrift (4.10), so erhalten wir

$$\begin{aligned} \mathbf{g}_1 &= \mathbf{g}_{01}, \\ \mathbf{g}_2 &= \mathbf{g}_{01} + \mathbf{g}_{02} & \text{bzw.} \quad \mathbf{g}_k = a^{0i}_k\, \mathbf{g}_{0i}, \\ \mathbf{g}_3 &= \mathbf{g}_{01} + \mathbf{g}_{02} + \mathbf{g}_{03} \end{aligned} \tag{4.41}$$

das Grundsystem 1 (Gl. (2.11)) mit den Transformationskoeffizienten

$$(a^{0i}_k) = \begin{pmatrix} 1 & 0 & 0 \\ 1 & 1 & 0 \\ 1 & 1 & 1 \end{pmatrix} \quad \text{und} \quad (a^l_{0i}) = \begin{pmatrix} 1 & 0 & 0 \\ -1 & 1 & 0 \\ 0 & -1 & 1 \end{pmatrix}. \tag{4.42}$$

Die a_{0i}^l genügen dem Gleichungssystem $a_k^{0i} a_{0i}^l = \delta_k^l$. Bei der Bestimmung der Transformationskoeffizienten $\overline{a}_k^l$ oder $\underline{a}_l^k$ nach den Gln. (4.38) und (4.39) ist zu beachten, daß dort der obere Index Zeilenindex ist, während die Matrizen in Gl. (4.42) so aufgeschrieben wurden, daß der obere Index der Koeffizienten a_k^{0i} und a_{0i}^l Spaltenindex ist.

Der funktionelle Zusammenhang zwischen den kartesischen Koordinaten und den Kugelkoordinaten, Gl. (4.29), lautet in $\overline{\mathcal{B}}$:

$$
\begin{aligned}
x^{01} &= \overline{x}^1 \sin \overline{x}^2 \cos \overline{x}^3 , \\
x^{02} &= \overline{x}^1 \sin \overline{x}^2 \sin \overline{x}^3 , \\
x^{03} &= \overline{x}^1 \cos \overline{x}^2 .
\end{aligned}
\tag{4.43}
$$

Gemäß $\overline{\mathbf{g}}_k = \frac{\partial x^{0i}}{\partial \overline{x}^k} \mathbf{g}_{0i} = \underline{a}_k^{0i} \mathbf{g}_{0i}$ erhalten wir für die Basisvektoren aus Gl. (4.43)

$$
\begin{aligned}
\overline{\mathbf{g}}_1 &= \sin \overline{x}^2 \cos \overline{x}^3 \, \mathbf{g}_{01} + \sin \overline{x}^2 \sin \overline{x}^3 \, \mathbf{g}_{02} + \cos \overline{x}^2 \, \mathbf{g}_{03} , \\
\overline{\mathbf{g}}_2 &= \overline{x}^1 \cos \overline{x}^2 \cos \overline{x}^3 \, \mathbf{g}_{01} + \overline{x}^1 \cos \overline{x}^2 \sin \overline{x}^3 \, \mathbf{g}_{02} - \overline{x}^1 \sin \overline{x}^2 \, \mathbf{g}_{03} , \\
\overline{\mathbf{g}}_3 &= -\overline{x}^1 \sin \overline{x}^2 \sin \overline{x}^3 \, \mathbf{g}_{01} + \overline{x}^1 \sin \overline{x}^2 \cos \overline{x}^3 \, \mathbf{g}_{02}
\end{aligned}
\tag{4.44}
$$

mit der Matrix

$$
(\underline{a}_k^{0i}) = \begin{pmatrix}
\sin \overline{x}^2 \cos \overline{x}^3 & \sin \overline{x}^2 \sin \overline{x}^3 & \cos \overline{x}^2 \\
\overline{x}^1 \cos \overline{x}^2 \cos \overline{x}^3 & \overline{x}^1 \cos \overline{x}^2 \sin \overline{x}^3 & -\overline{x}^1 \sin \overline{x}^2 \\
-\overline{x}^1 \sin \overline{x}^2 \sin \overline{x}^3 & \overline{x}^1 \sin \overline{x}^2 \cos \overline{x}^3 & 0
\end{pmatrix} .
\tag{4.45}
$$

Über das kartesische Koordinatensystem sind die beiden Systeme $\mathcal{B}$ und $\overline{\mathcal{B}}$ miteinander verknüpft. Die Transformationskoeffizienten $\overline{a}_k^l$ und $\underline{a}_l^k$ lassen sich nach den Gln. (4.38) und (4.39) unter Zuhilfenahme der Matrizen (4.42) und (4.45) angeben. Achten wir auf die Bedeutung der Indizes und sei jetzt in $\underline{a}_l^k$ der untere Index Zeilenindex, so folgt:

$$
\begin{aligned}
(\underline{a}_l^k) &= (\underline{a}_l^{0i})(a_{0i}^k) \\
&= \begin{pmatrix}
\sin \overline{x}^2 (\cos \overline{x}^3 - \sin \overline{x}^3) & \sin \overline{x}^2 \sin \overline{x}^3 - \cos \overline{x}^2 & \cos \overline{x}^2 \\
\overline{x}^1 \cos \overline{x}^2 (\cos \overline{x}^3 - \sin \overline{x}^3) & \overline{x}^1 (\cos \overline{x}^2 \sin \overline{x}^3 + \sin \overline{x}^2) & -\overline{x}^1 \sin \overline{x}^2 \\
-\overline{x}^1 \sin \overline{x}^2 (\sin \overline{x}^3 + \cos \overline{x}^3) & \overline{x}^1 \sin \overline{x}^2 \cos \overline{x}^3 & 0
\end{pmatrix} .
\end{aligned}
\tag{4.46}
$$

Damit läßt sich jeweils eine Beziehung

$$
\overline{\mathbf{g}}_l = \underline{a}_l^k \mathbf{g}_k \quad \text{bzw.} \quad \mathbf{g}^k = \underline{a}_l^k \overline{\mathbf{g}}^l
\tag{4.47}
$$

zwischen den ko- und kontravarianten Basisvektoren beider Systeme angeben. Die erste Beziehung ausgeschrieben lautet:

$$\overline{\mathbf{g}}_1 = \sin \overline{x}^2 (\cos \overline{x}^3 - \sin \overline{x}^3) \, \mathbf{g}_1 + (\sin \overline{x}^2 \sin \overline{x}^- \cos \overline{x}^2) \, \mathbf{g}_2 + \cos \overline{x}^2 \, \mathbf{g}_3 \, ,$$

$$\overline{\mathbf{g}}_2 = \overline{x}^1 \cos \overline{x}^2 (\cos \overline{x}^3 - \sin \overline{x}^3) \, \mathbf{g}_1 + \overline{x}^1 (\cos \overline{x}^2 \sin \overline{x}^3 + \sin \overline{x}^2) \, \mathbf{g}_2 - \overline{x}^1 \sin \overline{x}^2 \mathbf{g}_3 \, ,$$

$$\overline{\mathbf{g}}_3 = -\overline{x}^1 \sin \overline{x}^2 (\sin \overline{x}^3 + \cos \overline{x}^3) \, \mathbf{g}_1 + \overline{x}^1 \sin \overline{x}^2 \cos \overline{x}^3 \, \mathbf{g}_2 \, . \qquad (4.48)$$

Für die Umkehrbeziehung

$$\mathbf{g}_k = \overline{a}_k^m \, \overline{\mathbf{g}}_m \quad \text{und} \quad \overline{\mathbf{g}}^m = \overline{a}_k^m \, \mathbf{g}^k \qquad (4.49)$$

benötigen wir die Koeffizienten $\overline{a}_k^m$, die sich als Lösung der Gleichungssysteme $\underline{a}_l^k \, \overline{a}_k^m = \delta_l^m$ einfach bestimmen lassen. Mit den Koeffizienten $\underline{a}_l^k$ und $\overline{a}_k^m$ sind dann auch die Koordinatendifferentiale

$$\mathrm{d}x^k = \underline{a}_l^k \, \mathrm{d}\overline{x}^l \quad \text{und} \quad \mathrm{d}\overline{x}^m = \overline{a}_k^m \, \mathrm{d}x^k$$

bekannt.

Abschließend betrachten wir das Volumenelement, gebildet mit den gerichteten Linienelementen an die Koordinatenlinien, bei Wechsel des Bezugssystems. In $\overline{B}$ lautet das Volumenelement

$$\mathrm{d}\overline{V} = [\overline{\mathbf{g}}_k \, \mathrm{d}\overline{x}^k, \overline{\mathbf{g}}_l \, \mathrm{d}\overline{x}^l, \overline{\mathbf{g}}_m \, \mathrm{d}\overline{x}^m], \quad k,l,m \quad \text{zykl. } 1,2,3 \, . \qquad (4.50)$$

Statt k,l,m zykl. 1,2,3 wollen wir jetzt k,l,m unabh. 1,2,3 zulassen, d.h., wir lassen auch k,l,m antizykl. 1,2,3 zu, wofür das Spatprodukt negativ ist und alle restlichen Index-Kombinationen, für die das Spatprodukt verschwindet. Mit

$$\begin{aligned}
\overline{\mathbf{g}}_k &= \underline{a}_k^p \, \mathbf{g}_p \, , & \mathrm{d}\overline{x}^k &= \overline{a}_s^k \, \mathrm{d}x^s \, , \\
\overline{\mathbf{g}}_l &= \underline{a}_l^q \, \mathbf{g}_q \, , & \mathrm{d}\overline{x}^l &= \overline{a}_t^l \, \mathrm{d}x^t \, , \\
\overline{\mathbf{g}}_m &= \underline{a}_m^r \, \mathbf{g}_r \, , & \mathrm{d}\overline{x}^m &= \overline{a}_n^m \, \mathrm{d}x^n
\end{aligned} \qquad (4.51)$$

folgt

$$\begin{aligned}
\mathrm{d}\overline{V} &= [\underline{a}_k^p \overline{a}_s^k \, \mathbf{g}_p \, \mathrm{d}x^s, \underline{a}_l^q \overline{a}_t^l \, \mathbf{g}_q \, \mathrm{d}x^t, \underline{a}_m^r \overline{a}_n^m \, \mathbf{g}_r \, \mathrm{d}x^n] = [\delta_s^p \, \mathbf{g}_p \, \mathrm{d}x^s, \delta_t^q \, \mathbf{g}_q \, \mathrm{d}x^t, \delta_n^r \, \mathbf{g}_r \, \mathrm{d}x^n] \\
&= [\mathbf{g}_s \, \mathrm{d}x^s, \mathbf{g}_t \, \mathrm{d}x^t, \mathbf{g}_n \, \mathrm{d}x^n] \quad \text{mit} \quad s,t,n \quad \text{unabh. } 1,2,3 \, . \qquad (4.52)
\end{aligned}$$

Wie man unmittelbar sieht, ist $\mathrm{d}\overline{V} = \mathrm{d}V$. Das Volumenelement ist also ein Tensor 0. Stufe, bzw. ein echter Skalar.

Aufgabe 4.4 : Beweisen Sie, daß das Quadrat des skalaren Linienelementes ein echter Skalar ist!

4.2   Gradient, Divergenz und Rotation von Tensorfeldern

Wir wenden uns nun der Theorie der Felder zu. Kann jedem Punkt P einer Teilmenge des $\Re^3$ ein ortsveränderlicher Tensor eindeutig zugeordnet werden, so spricht man von einem Tensorfeld (Skalarfeld, Vektorfeld oder allgemein Tensorfeld).

Nach dieser allgemeinen Definition versteht man unter einem **Skalarfeld** eine Funktion, die jedem Punkt einer Teilmenge des $\Re^n$ (n =1,2,3) eindeutig eine reelle Zahl zuordnet, z.B. den Druck. Das Skalarfeld beschreibt in diesem Fall eine räumliche Druckverteilung. Weitere Beispiele für Skalarfelder sind das Temperaturfeld oder das Potential eines Geschwindigkeitsfeldes.

Das **Vektorfeld** besteht seinerseits aus n ($n = 2,3$) unabhängigen Skalarfeldern, die jedem Punkt einer Teilmenge des $\Re^n$ ($n = 2,3$) eindeutig einen Vektor zuordnen.

Entsprechend besteht ein **Tensorfeld** k-ter Stufe des $\Re^3$ aus 3^k unabhängigen Skalarfeldern.

Von den Feldern setzen wir voraus, daß sie auf einer Teilmenge des $\Re^3$ stetige partielle Ableitungen genügend hoher Ordnung besitzen.

Hängt ein Tensorfeld außer vom Ort auch von der Zeit ab, so ist das Feld instationär, anderenfalls stationär. Bei einem Tensorfeld, $\mathbf{T}$ sei z.B. ein Tensor 2. Stufe, muß jede Komponente $T^{ij}(x^1, x^2, x^3)$ als Funktion der Koordinaten x^k beschrieben werden (bzw. bekannt sein). Skalarfelder lassen sich durch ihre Niveauflächen, Vektorfelder durch Feldlinien veranschaulichen.

4.2.1   Der Gradient eines Skalarfeldes

Durch räumliche Differentiation eines Skalarfeldes entsteht ein Vektorfeld. Am Beispiel des Druckfeldes wollen wir diesen Sachverhalt darstellen. Dabei werden wir den Gradienten bzw. den Nabla-Operator einführen. In einem stationären Druckfeld $p = p(x^1, x^2, x^3)$, das von einem ortsabhängigen Koordinatensystem aus beschrieben wird, herrscht zwischen zwei benachbarten Punkten P und $\overline{P}$ die Druckdifferenz $p + \mathrm{d}p - p = \mathrm{d}p$ mit

$$\mathrm{d}p = \frac{\partial p}{\partial x^1}\,\mathrm{d}x^1 + \frac{\partial p}{\partial x^2}\,\mathrm{d}x^2 + \frac{\partial p}{\partial x^3}\,\mathrm{d}x^3 = \frac{\partial p}{\partial x^k}\,\mathrm{d}x^k, \quad k = 1,2,3. \qquad (4.53)$$

Die beiden Punkte sind durch das gerichtete Linienelement $\mathrm{d}\vec{r} = \mathbf{g}_k\,\mathrm{d}x^k$ verbunden. Die räumliche Druckdifferenz Gl. (4.53) kann nun durch das skalare Produkt zwischen dem gerichteten Linienelement und dem Vektor

$$\vec{G}(p) = \mathbf{g}^1 \frac{\partial p}{\partial x^1} + \mathbf{g}^2 \frac{\partial p}{\partial x^2} + \mathbf{g}^3 \frac{\partial p}{\partial x^3} = \mathbf{g}^l \frac{\partial p}{\partial x^l} \tag{4.54}$$

ersetzt werden

$$\mathrm{d}p = \mathrm{d}\vec{r} \cdot \vec{G}(p) = \mathrm{d}x^k \mathbf{g}_k \cdot \mathbf{g}^l \frac{\partial p}{\partial x^l} = \frac{\partial p}{\partial x^k} \, \mathrm{d}x^k \,. \tag{4.55}$$

Gl. (4.55) legt auch die Reihenfolge der Faktoren des Skalarproduktes fest. Die skalare Verknüpfung gilt nur zwischen dem Linienelement und dem Basisvektor von $\vec{G}$.

Definition 4.2 :   *Sind x^l die Koordinaten eines ortsveränderlichen Koordinatensystems, $\mathbf{g}^l$ der zur x^l-Koordinatenlinie gehörige kontravariante Basisvektor und $\mathbf{T} \in \mathcal{W}$ ein differenzierbares Tensorfeld beliebiger Stufe, dann ist*

$$\mathbf{g}^l \frac{\partial(\mathbf{T})}{\partial x^l} = \mathbf{g}^1 \frac{\partial(\mathbf{T})}{\partial x^1} + \mathbf{g}^2 \frac{\partial(\mathbf{T})}{\partial x^2} + \mathbf{g}^3 \frac{\partial(\mathbf{T})}{\partial x^3} \equiv \mathrm{grad}(\mathbf{T}) \equiv \nabla(\mathbf{T}) \tag{4.56}$$

der Gradient von $\mathbf{T}$, bzw. die tensorielle Anwendung des Nabla-Operators $\nabla() = \mathbf{g}^l \frac{\partial()}{\partial x^l}$ auf das Tensorfeld $\mathbf{T}$.

Eigenschaften:

- Der Gradient ist ein linearer, partieller Ableitungsoperator mit Vektorcharakter.

- Der Gradient wird von einem kontravarianten Basisvektor gebildet.

- Der Gradient ist invariant gegenüber Koordinatentransformation und damit ein Tensor 1. Stufe.

- Erst die Anwendung auf einen Skalar oder Tensor legt ihn endgültig fest. Der Gradient selbst ist weder in seiner Richtung noch in seinem Betrag bestimmt.

Die erste und dritte Eigenschaft beweisen wir im folgenden:
Der vektorielle Differentialoperator $\nabla() = \mathbf{g}^l \frac{\partial()}{\partial x^l} \in \Re^3$ ist linear, wenn er homogen und additiv ist. Es seien $\mathbf{T}, \mathbf{Q} \in \mathcal{W}$ Tensorfelder und $\alpha \in \mathcal{K}$ eine reelle Zahl, dann folgt die Additivität sofort aus

$$\nabla(\mathbf{T} + \mathbf{Q}) = \mathbf{g}^l \frac{\partial}{\partial x^l}(\mathbf{T} + \mathbf{Q}) = \mathbf{g}^l \frac{\partial(\mathbf{T})}{\partial x^l} + \mathbf{g}^l \frac{\partial(\mathbf{Q})}{\partial x^l} = \nabla\mathbf{T} + \nabla\mathbf{Q}$$

und die Homogenität aus

$$\nabla(\alpha \mathbf{T}) = \mathbf{g}^l \frac{\partial(\alpha \mathbf{T})}{\partial x^l} = \alpha \, \nabla \mathbf{T} \,.$$

∇ ist ein Tensor 1. Stufe, wenn sich seine Komponenten nach den Gln. (2.83) und (2.84) transformieren. Nach Gl. (4.34) besteht zwischen den Systemen $\mathcal{B}$ und $\overline{\mathcal{B}}$ der funktionelle Zusammenhang $x^l = x^l(\overline{x}^2, \overline{x}^2, \overline{x}^3)$, der die Umformung

$$\frac{\partial(\cdot)}{\partial \overline{x}^k} = \frac{\partial(\cdot)}{\partial x^l} \frac{\partial x^l}{\partial \overline{x}^k}$$

erlaubt. Damit läßt sich der Nabla-Operator $\overline{\nabla}$ in $\overline{\mathcal{B}}$ in den Nabla-Operator ∇ in $\mathcal{B}$ überführen. Es ergibt sich nämlich

$$\overline{\nabla}(\cdot) = \overline{g}^k \frac{\partial(\cdot)}{\partial \overline{x}^k} = \mathbf{g}^m \, \overline{a}_m^k \, \underline{a}_k^l \frac{\partial(\cdot)}{\partial x^l} = \mathbf{g}^m \, \delta_m^l \frac{\partial(\cdot)}{\partial x^l} = \mathbf{g}^l \frac{\partial(\cdot)}{\partial x^l} = \nabla(\cdot) \,,$$

die Invarianzbeziehung $\overline{\nabla}(\cdot) = \nabla(\cdot)$.

Folgerungen:

1. Der Gradient eines skalaren Feldes, wie z.B.

$$\mathrm{grad}(p) = \mathbf{g}^k \frac{\partial p}{\partial x^k} = \mathbf{g}^k \, p_{,k} \,, \qquad (4.57)$$

steht senkrecht auf Flächen $p = \mathrm{const}$, denn für $p = \mathrm{const}$ folgt aus dem Differential $\mathrm{d}p = \mathrm{d}\vec{r} \cdot \mathrm{grad}(p)$ wegen $\mathrm{d}p = 0$ die Beziehung $\mathrm{d}\vec{r} \cdot \mathrm{grad}(p) = 0$. Da das Linienelement in der $p = \mathrm{const}$ Ebene liegt, muß $\mathrm{grad}(p)$ senkrecht auf $p = \mathrm{const}$ stehen, Bild 4.7.

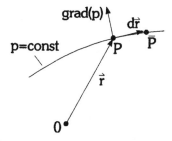

Bild 4.7 Gradient auf einer Fläche konstanten Druckes

In Gl. (4.57) haben wir die partielle Ableitung des Druckes durch den Index der Koordinate, nach der abgeleitet wird, getrennt durch ein Komma, gekennzeichnet. Von dieser Schreibweise machen wir künftig Gebrauch.

2. Sind $p = p(x^1, x^2, x^3)$ ein skalares Feld (z.B. der Druck), $\vec{v} = \vec{v}(x^1, x^2, x^3)$ ein Vektorfeld (z.B. die Geschwindigkeit) und $\mathbf{S} = \mathbf{S}(x^1, x^2, x^3)$ ein Tensorfeld (z.B. der Spannungstensor), so ergibt sich die differentielle Änderung dieser drei Felder in Richtung des gerichteten Linienelementes nach Gl. (4.55) zu:

$$dp = d\vec{r} \cdot \mathrm{grad}(p) = d\vec{r} \cdot \nabla(p) = dx^k \mathbf{g}_k \cdot \mathbf{g}^l \frac{\partial p}{\partial x^l} = dx^k \frac{\partial p}{\partial x^k},$$

$$d\vec{v} = d\vec{r} \cdot \mathrm{grad}(\vec{v}) = d\vec{r} \cdot \nabla(\vec{v}) = dx^k \mathbf{g}_k \cdot \mathbf{g}^l \frac{\partial \vec{v}}{\partial x^l} = dx^k \frac{\partial \vec{v}}{\partial x^k}, \quad (4.58)$$

$$d\mathbf{S} = d\vec{r} \cdot \mathrm{grad}(\mathbf{S}) = d\vec{r} \cdot \nabla(\mathbf{S}) = dx^k \mathbf{g}_k \cdot \mathbf{g}^l \frac{\partial \mathbf{S}}{\partial x^l} = dx^k \frac{\partial \mathbf{S}}{\partial x^k}.$$

Allgemein gilt für das Differential einer beliebigen, differenzierbaren, tensoriellen Feldfunktion $\mathbf{T}$

$$d(\mathbf{T}) = d\vec{r} \cdot \mathrm{grad}(\mathbf{T}). \tag{4.59}$$

Auf die Komponentendarstellung der Differentiale in den Gln. (4.58) gehen wir in den folgenden Abschnitten näher ein.

Zerlegt man das gerichtete Linienelement in Betrag und Richtungsvektor $\vec{t}$ mit $|\vec{t}| = 1$, $d\vec{r} = \vec{t}\,ds$, dann ergibt sich in den drei Fällen der Richtungsdifferentialquotient:

$$\frac{dp}{ds} = \vec{t} \cdot \nabla(p), \quad \frac{d\vec{v}}{ds} = \vec{t} \cdot \nabla(\vec{v}), \quad \frac{d\mathbf{S}}{ds} = \vec{t} \cdot \nabla(\mathbf{S}). \tag{4.60}$$

3. In kartesischen Koordinaten hat der Gradient von $\mathbf{T}$ die Gestalt

$$\mathrm{grad}(\mathbf{T}) = \mathbf{g}^{0m} \frac{\partial \mathbf{T}}{\partial x^{0m}}. \tag{4.61}$$

4. Wenden wir den Gradienten auf die x^k-Koordinate an, dann ergibt sich die Beziehung

$$\mathrm{grad}(x^k) = \mathbf{g}^l \frac{\partial x^k}{\partial x^l} = \mathbf{g}^k. \tag{4.62}$$

5. Ist ein Vektor $\vec{A} = \mathrm{grad}(\Phi)$, wobei Φ eine skalare Feldfunktion sei, so ist das Linienintegral von a nach b

$$\int_a^b d\vec{r} \cdot \vec{A} = \int_a^b d\vec{r} \cdot \mathrm{grad}(\Phi) = \int_a^b d\Phi = \Phi(b) - \Phi(a) \tag{4.63}$$

nur vom Anfangs- und Endpunkt, nicht aber von der Führung des Integrationsweges abhängig.

6. Wir haben gezeigt, daß der Nabla-Operator auf einen Tensor **T** beliebiger
Stufe angewendet werden kann. Stets ist damit ein Differentiationsprozeß
verbunden, dem sich der Tensor unterziehen muß. Der Basisvektor des
∇-Operators und der linke Basisvektor des Tensors können unabhängig
davon skalar, vektoriell oder dyadisch miteinander verknüpft sein. Welche
Verknüpfungsart vorliegt, entscheidet der physikalische Sachverhalt.

Man schreibt bei skalarer Verknüpfung:

$$\nabla \cdot (\mathbf{T}) = \mathrm{div}(\mathbf{T}) \qquad \textbf{Divergenz}\,, \tag{4.64}$$

bei vektorieller Verknüpfung:

$$\nabla \times (\mathbf{T}) = \mathrm{rot}(\mathbf{T}) \qquad \textbf{Rotation}\,, \tag{4.65}$$

bei dyadischer Verknüpfung:

$$\nabla\,(\mathbf{T}) = \mathrm{grad}\,(\mathbf{T}) \qquad \textbf{Gradient}\,. \tag{4.66}$$

Auf die einzelnen Verknüpfungen gehen wir näher ein.

4.2.2 Divergenz eines Vektors und die Christoffel-Symbole

Die Divergenz eines Vektors führt auf einen Skalar, die eines Tensors n-ter Stufe
auf einen Tensor $n-1$-ter Stufe. Betrachten wir zunächst die Divergenz des
Vektors $\vec{A} = A^k\,\mathbf{g}_k$

$$\mathrm{div}\vec{A} = \nabla \cdot (A^k\,\mathbf{g}_k) = U \quad \text{oder} \quad U = \mathbf{g}^l \cdot \frac{\partial \vec{A}}{\partial x^l} = \mathbf{g}^l \cdot \frac{\partial (A^k\mathbf{g}_k)}{\partial x^l}\,. \tag{4.67}$$

Da wir die Operation in einem ortsveränderlichen Koordinatensystem
ausführen, sind nicht nur die kontravarianten Komponenten, sondern auch die
kovarianten Basisvektoren Funktionen der krummlinigen Koordinaten. Die Differentiation erstreckt sich daher auf A^k und $\mathbf{g}_k$. Es gilt

$$U = \mathbf{g}^l \cdot (A^k_{,l}\,\mathbf{g}_k + A^k\,\mathbf{g}_{k,l}) = A^k_{,k} + A^k\,\mathbf{g}^l \cdot \mathbf{g}_{k,l}\,. \tag{4.68}$$

Definition 4.3 : *Die Christoffel-Symbole $\Gamma^m_{kl} \equiv \left\{ {\,m\, \atop k\ \ l} \right\}$ zerlegen die Ableitung $\frac{\partial \mathbf{g}_k}{\partial x^l}$ der kovarianten Basisvektoren $\mathbf{g}_k$ nach der Koordinate x^l in Richtung der kovarianten Basisvektoren, d.h.*

$$\frac{\partial \mathbf{g}_k}{\partial x^l} = \mathbf{g}_{k,l} = \Gamma^m_{kl}\,\mathbf{g}_m\,. \tag{4.69}$$

Die Bezeichnung der Christoffel-Symbole in geschweiften Klammern ist vornehmlich in der angelsächsischen Literatur [Edg89], [Gru85] üblich. Wir benutzen sie hier nicht.

Für die Divergenz von $\vec{A}$ erhalten wir mit Gl. (4.69)

$$\text{div}\,\vec{A} = U = A^k_{,k} + A^k\, \mathbf{g}^l \cdot \mathbf{g}_m\, \Gamma^m_{kl} = A^k_{,k} + A^k\, \Gamma^l_{kl}\,. \tag{4.70}$$

Wir gehen jetzt auf die Zerlegung der Ableitung in Gl. (4.69) näher ein. Es ist

$$\mathbf{g}_{k,l} = \frac{\partial \mathbf{g}_k}{\partial x^l} = \frac{\partial}{\partial x^l}(a^{0n}_k\, \mathbf{g}_{0n}) = \mathbf{g}_{0n}\, \frac{\partial a^{0n}_k}{\partial x^l}\,, \tag{4.71}$$

da die kartesischen Basisvektoren ortsunabhängig sind. Nach den Gln. (4.69) und (4.71) besteht der Zusammenhang:

$$\mathbf{g}_{k,l} = \Gamma^m_{kl}\, \mathbf{g}_m = \mathbf{g}_{0n}\, \frac{\partial a^{0n}_k}{\partial x^l} = a^m_{0n}\, \frac{\partial a^{0n}_k}{\partial x^l}\, \mathbf{g}_m\,,$$

aus dem sich durch Vergleich

$$\Gamma^m_{kl} = a^m_{0n}\, \frac{\partial a^{0n}_k}{\partial x^l} \tag{4.72}$$

eine von drei möglichen Darstellungen der Christoffel-Symbole ergibt. Wegen der Symmetriebedingung (4.12) gilt der

---

Satz 4.1 : *Die Christoffel-Symbole Γ^m_{kl} sind bezüglich der beiden unteren Indizes symmetrisch.*

Insgesamt gibt es im $\Re^3$ 27 Christoffel-Symbole. Hält man z.B. in Gl. (4.72) l fest, dann lassen sich diese 27 Symbole in drei Matrizen

$$(\Gamma^m_{k1}) = (\frac{\partial a^{0n}_k}{\partial x^1})(a^m_{0n})\,, \quad (\Gamma^m_{k2}) = (\frac{\partial a^{0n}_k}{\partial x^2})(a^m_{0n})\,, \quad (\Gamma^m_{k3}) = (\frac{\partial a^{0n}_k}{\partial x^3})(a^m_{0n})$$

darstellen. Der untere Index der a^{0n}_k sei Zeilenindex.

Die Divergenz eines Vektor- oder Tensorfeldes stellt eine lokale Quelldichte dar. Unter der lokalen Quelldichte versteht man z.B. in der Strömungslehre den Quotienten bestehend aus dem resultierenden Volumenstrom über die geschlossene Oberfläche einer infinitesimalen Kugel und dessen Kugelvolumen. Das Geschwindigkeitsfeld einer Strömung ist quellfrei, wenn die Divergenz des Geschwindigkeitsvektors $\vec{v}$ im gesamten Strömungsfeld verschwindet, also div $\vec{v} = 0$ gilt. Eine koordinatenfreie Darstellung der Divergenz, der Rotation und des Gradienten werden z.B. in [S-P88] und [KP93] angegeben.

Beispiel 4.4 : Wir bilden den Gradienten in Zylinderkoordinaten und geben ihn in seinen physikalischen Komponenten an. Die Zylinderkoordinaten haben wir in Beispiel 4.2 mit Gl. (4.21) eingeführt. Dem Beispiel entnehmen wir auch die ko- und kontravarianten Basisvektoren des Zylinderkoordinatensystems, Gln. (4.23) und (4.26), die Transformationskoeffizienten, a_k^{0i} und a_{0i}^k, Gln. (4.22) und (4.27) und die kontravarianten Metrikkoeffizienten, Gl. (4.25). Nach den Gln. (4.56) und (2.38) erhalten wir für den Gradienten in den physikalischen Komponenten

$$\text{grad}(\cdot) = \mathbf{g}^l \frac{\partial(\cdot)}{\partial x^l} = \mathbf{g}^{*l} \sqrt{g^{(ll)}} \frac{\partial(\cdot)}{\partial x^l} . \tag{4.73}$$

Die $\mathbf{g}^{*1}, \mathbf{g}^{*2}, \mathbf{g}^{*3}$ sind die normierten Basisvektoren (Einheitsvektoren) in $x^1 \equiv r, x^2 \equiv \varphi, x^3 \equiv z$-Richtung. Mit $g^{(11)} = 1, g^{(22)} = \frac{1}{(x^1)^2}$ und $g^{(33)} = 1$ nach Gl. (4.25) läßt sich schließlich schreiben:

$$\text{grad}(\cdot) = \mathbf{g}^{*1} \frac{\partial(\cdot)}{\partial x^1} + \mathbf{g}^{*2} \frac{1}{x^1} \frac{\partial(\cdot)}{\partial x^2} + \mathbf{g}^{*3} \frac{\partial(\cdot)}{\partial x^3} = \vec{e}_r \frac{\partial(\cdot)}{\partial r} + \vec{e}_\varphi \frac{1}{r} \frac{\partial(\cdot)}{\partial \varphi} + \vec{e}_z \frac{\partial(\cdot)}{\partial z} \tag{4.74}$$

mit

$$\begin{aligned} \vec{e}_r &= \mathbf{g}^{*1} = \mathbf{g}^{01} \cos x^2 + \mathbf{g}^{02} \sin x^2 \, , \\ \vec{e}_\varphi &= \mathbf{g}^{*2} = -\mathbf{g}^{01} \sin x^2 + \mathbf{g}^{02} \cos x^2 \, , \\ \vec{e}_z &= \mathbf{g}^{*3} = \mathbf{g}^{03} \, . \end{aligned} \tag{4.75}$$

4.2.3   Der Rotor eines Vektors

Unter dem Rotor eines Vektors $\vec{A}$ versteht man die vektorielle Verknüpfung des Nabla-Operators mit $\vec{A}$, also

$$\nabla \times \vec{A} = \text{rot}\vec{A} = \vec{B} . \tag{4.76}$$

$\vec{B}$ ist ein Vektor. Es ist zweckmäßig, $\vec{A}$ im kontravarianten Basissystem darzustellen. Bei der Komponentendarstellung der Gl. (4.76)

$$\vec{B} = \nabla \times \vec{A} = \mathbf{g}^l \times \frac{\partial}{\partial x^l}(A_m \mathbf{g}^m) = \mathbf{g}^l \times \mathbf{g}^m A_{m,l} + A_m \mathbf{g}^l \times \mathbf{g}^m_{,l} \tag{4.77}$$

tritt die Ableitung eines kontravarianten Basisvektors nach der Koordinate x^l auf, nämlich $\mathbf{g}^m_{,l}$. Diese Ableitung zerlegt man wieder in Richtung der kontravarianten Basisvektoren

$$\frac{\partial \mathbf{g}^m}{\partial x^l} = \mathbf{g}^m_{,l} = \Gamma'^m_{rl} \mathbf{g}^r . \tag{4.78}$$

Wegen

$$\frac{\partial \mathbf{g}^m}{\partial x^l} = \frac{\partial}{\partial x^l}(a_{0n}^m\,\mathbf{g}^{0n}) = \mathbf{g}^{0n}\frac{\partial a_{0n}^m}{\partial x^l} = a_r^{0n}\frac{\partial a_{0n}^m}{\partial x^l}\,\mathbf{g}^r$$

ergibt sich für das Symbol

$$\Gamma_{rl}^{\prime m} = a_r^{0n}\frac{\partial a_{0n}^m}{\partial x^l}\,. \tag{4.79}$$

Zwischen den Symbolen $\Gamma_{rl}^{\prime m}$ und den Christoffel-Symbolen Γ_{rl}^m besteht ein direkter Zusammenhang. Differenzieren wir $\mathbf{g}_r \cdot \mathbf{g}^m = \delta_r^m$ nach x^l, was

$$\frac{\partial}{\partial x^l}(\mathbf{g}_r \cdot \mathbf{g}^m) = 0 \quad \text{oder} \quad \mathbf{g}_{r,l} \cdot \mathbf{g}^m + \mathbf{g}_r \cdot \mathbf{g}_{,l}^m = 0 \tag{4.80}$$

ergibt, so tritt hierbei die Ableitung des kontravarianten Basisvektors $\mathbf{g}^m$ auf. Mit den Gln. (4.78), (4.80) und (4.69) folgt nun unmittelbar

$$\mathbf{g}_r \cdot \mathbf{g}_{,l}^m = \mathbf{g}_r \cdot \mathbf{g}^i\,\Gamma_{il}^{\prime m} = \Gamma_{rl}^{\prime m} = -\mathbf{g}_{r,l} \cdot \mathbf{g}^m = -\Gamma_{rl}^n\,\mathbf{g}_n \cdot \mathbf{g}^m = -\Gamma_{rl}^m$$

bzw.

$$\Gamma_{rl}^{\prime m} = -\Gamma_{rl}^m \tag{4.81}$$

und damit

$$\mathbf{g}_{,l}^m = -\Gamma_{rl}^m\,\mathbf{g}^r\,. \tag{4.82}$$

Nebenbei haben wir eine weitere Beziehung kennengelernt, mit der man die Christoffel-Symbole berechnen kann:

$$\mathbf{g}_{k,l} \cdot \mathbf{g}^m = \Gamma_{kl}^m \quad \text{und} \quad \mathbf{g}_{,l}^m \cdot \mathbf{g}_k = -\Gamma_{kl}^m\,. \tag{4.83}$$

In Abschnitt 4.2.4 geben wir noch eine dritte Beziehung für die Christoffel-Symbole an.
Nach diesen Vorbereitungen kommen wir auf die Rotorbildung eines Vektors zurück. In Gl. (4.77) ersetzen wir $\mathbf{g}_{,l}^m = -\Gamma_{rl}^m\,\mathbf{g}^r$. Dann nimmt der zweite Term dieser Gleichung die Gestalt an:

$$A_m\,\mathbf{g}^l \times \mathbf{g}_{,l}^m = -\mathbf{g}^l \times \mathbf{g}^r\,\Gamma_{rl}^m\,A_m\,.$$

Nach den Gln. (2.53) und (2.70) ist

$$\mathbf{g}^l \times \mathbf{g}^r = \begin{cases} \frac{1}{\sqrt{g}}\,\mathbf{g}_s & \text{für} \quad l,r,s \quad \text{zykl.} \quad 1,2,3\,, \\ -\frac{1}{\sqrt{g}}\,\mathbf{g}_s & \text{für} \quad l,r,s \quad \text{antizykl.} \quad 1,2,3\,, \\ 0 \quad \text{sonst}\,. \end{cases} \tag{4.84}$$

Unter Beachtung der Symmetrie der Christoffel-Symbole erhalten wir

$$A_m \mathbf{g}^l \times \mathbf{g}^m_{,l} = -\frac{1}{\sqrt{g}} A_m (\Gamma^m_{rl} - \Gamma^m_{lr}) \mathbf{g}_s = 0 \,. \qquad (4.85)$$

In Gl. (4.85) durchlaufen l, r, s die Werte 1,2,3 zykl. und m unabhängig 1,2,3. Für den Rotor von $\vec{A}$ geht daher Gl. (4.77) in die einfache Beziehung

$$\begin{aligned}
\vec{B} = \mathrm{rot}\vec{A} &= A_{m,l}\,\mathbf{g}^l \times \mathbf{g}^m \\
&= \frac{1}{\sqrt{g}}(A_{m,l} - A_{l,m})\mathbf{g}_n \,, \quad l, m, n \quad \text{zykl.} \quad 1,2,3 \qquad (4.86)
\end{aligned}$$

bzw. mit dem $\mathbf{e}^{(3)}$ Tensor, Gl. (3.111), in

$$\mathrm{rot}\vec{A} = e^{klm} A_{m,l}\,\mathbf{g}_k \,, \quad k, l, m, \quad \text{unabh.} \quad 1,2,3 \qquad (4.87)$$

über.

Ein Strömungsfeld, für das überall $\mathrm{rot}\vec{v} = 0$ gilt, nennt man drehungsfrei. Nur reibungsfreie Strömungsfelder sind drehungsfrei.

Beispiel 4.5 : Das kinematische Verhalten eines Strömungsfeldes in dem räumlichen Bereich $\mathcal{G}$ beschreibt der orts- und zeitabhängige Geschwindigkeitsvektor $\vec{v}(\vec{x}, t)$. Reibungsbehaftete Strömungen sind stets auch drehungsbehaftet, d.h., für sie ist der Wirbelvektor $\vec{\omega} = \frac{1}{2}\mathrm{rot}\vec{v}$ in $\mathcal{G}$ von Null verschieden. Die Geschwindigkeitsverteilung

$$\vec{v} = x^1 \mathbf{g}_{01} - x^2 \mathbf{g}_{02} = v_m \mathbf{g}^{0m} \,, \quad (v_m)^T = (x^1 \ -x^2 \ 0) \qquad (4.88)$$

beschreibt im kartesischen Koordinatensystem eine ebene reibungsfreie Staupunktströmung. Der Wirbelvektor dieser Strömung ist zunächst ganz allgemein

$$\vec{\omega} = \frac{1}{2}\mathrm{rot}\vec{v} = \frac{1}{2}e^{klm}v_{m,l}\,\mathbf{g}_{0k} = \frac{1}{2}\frac{1}{\sqrt{g}}(v_{m,l} - v_{l,m})\mathbf{g}_{0k} \,,$$

$$k, l, m \quad \text{zykl.} \quad 1,2,3 \,. \qquad (4.89)$$

Da im kartesischen Koordinatensystem $\sqrt{g} = +1$ ist, erhalten wir für den Wirbelvektor

$$\begin{aligned}
\vec{\omega} &= \frac{1}{2}\mathrm{rot}\vec{v} = \frac{1}{2}\left[\left(\frac{\partial v_3}{\partial x^2} - \frac{\partial v_2}{\partial x^3}\right)\mathbf{g}_{01} + \left(\frac{\partial v_1}{\partial x^3} - \frac{\partial v_3}{\partial x^1}\right)\mathbf{g}_{02} + \left(\frac{\partial v_2}{\partial x^1} - \frac{\partial v_1}{\partial x^2}\right)\mathbf{g}_{03}\right] \\
&= 0 \,, \qquad (4.90)
\end{aligned}$$

mit den vorgegebenen Geschwindigkeitskomponenten (4.88). Das Geschwindigkeitsfeld (4.88) ist also drehungsfrei.

4.2.4 Das Transformationsverhalten der Christoffel-Symbole

Wir haben mit den Gln. (4.72), (4.79) und (4.83), bzw.

$$\Gamma^m_{kl} = a^m_{0n} \frac{\partial a^{0n}_k}{\partial x^l} = -a^{0n}_k \frac{\partial a^m_{0n}}{\partial x^l} \tag{4.91}$$

und

$$\Gamma^m_{kl} = \mathbf{g}_{k,l} \cdot \mathbf{g}^m = -\mathbf{g}_k \cdot \mathbf{g}^m_{,l} \tag{4.92}$$

zwei Beziehungen für die Christoffel-Symbole kennengelernt. Im folgenden wollen wir noch eine dritte Beziehung angeben, die im Gegensatz zu den beiden obigen nicht nur im Euklidischen Raum anwendbar ist, sondern auch in Räumen allgemeiner Natur gilt. Wir stellen die Christoffel-Symbole durch die Metrikkoeffizienten dar. Differenziert man $\mathbf{g}_k = g_{kq}\,\mathbf{g}^q$ nach x^n, was

$$\mathbf{g}_{k,n} = g_{kq,n}\,\mathbf{g}^q + g_{kq}\,\mathbf{g}^q_{,n} \tag{4.93}$$

ergibt, und multipliziert anschließend Gl. (4.93) mit $\mathbf{g}^p$, wobei wir im letzten Term $\mathbf{g}^p = g^{pr}\,\mathbf{g}_r$ setzen, dann geht Gl. (4.93) in

$$\mathbf{g}_{k,n} \cdot \mathbf{g}^p = g_{kq,n}\,\mathbf{g}^q \cdot \mathbf{g}^p + g_{kq}\,\mathbf{g}^q_{,n} \cdot \mathbf{g}_r\,g^{pr} \tag{4.94}$$

über. In Gl. (4.94) führen wir jetzt mit Gl. (4.92) die Christoffel-Symbole ein:

$$\Gamma^p_{kn} = g_{kq,n}\,g^{qp} - g_{kq}\,\Gamma^q_{rn}\,g^{pr}\,. \tag{4.95}$$

Nach Multiplikation mit g_{pl} nimmt Gl. (4.95) die Gestalt

$$g_{pl}\,\Gamma^p_{kn} + g_{kq}\,\Gamma^q_{ln} = g_{kl,n} \tag{4.96}$$

an. k, l, n sind die freien Indizes dieser Gleichung. Vertauscht man sie zyklisch, so entstehen die Gleichungen

$$
\begin{aligned}
g_{pl}\,\Gamma^p_{kn} + g_{kq}\,\Gamma^q_{ln} &= g_{kl,n}\,, \\
g_{pn}\,\Gamma^p_{lk} + g_{lq}\,\Gamma^q_{nk} &= g_{ln,k}\,, \\
g_{pk}\,\Gamma^p_{nl} + g_{nq}\,\Gamma^q_{kl} &= g_{nk,l}\,.
\end{aligned}
$$

Wir multiplizieren die erste Gleichung mit $-\frac{1}{2}$ und die beiden anderen mit $\frac{1}{2}$ und addieren die Gleichungen. In der Summe

$$-\;\frac{1}{2}g_{pl}\,\Gamma^p_{kn} - \frac{1}{2}g_{kq}\,\Gamma^q_{ln} + \frac{1}{2}g_{pn}\,\Gamma^p_{lk} + \frac{1}{2}g_{lq}\,\Gamma^q_{nk} +$$

$$+\;\frac{1}{2}g_{pk}\,\Gamma^p_{nl} + \frac{1}{2}g_{nq}\,\Gamma^q_{kl} = \frac{1}{2}(g_{ln,k} + g_{nk,l} - g_{kl,n})$$

kann man den stummen Index q durch p ersetzen. Beachten wir die Symmetrieeigenschaften der Christoffel-Symbole und der Metrikkoeffizienten, dann verbleibt

$$g_{pn}\, \Gamma_{lk}^{p} = \frac{1}{2}(g_{ln,k} + g_{nk,l} - g_{kl,n})\,.$$

Diese Gleichung multiplizieren wir schließlich mit g^{mn}. Es folgt die gesuchte Beziehung

$$\Gamma_{lk}^{m} = \Gamma_{kl}^{m} = \frac{1}{2}g^{mn}(g_{ln,k} + g_{nk,l} - g_{kl,n})\,. \tag{4.97}$$

Interessant ist in diesem Zusammenhang der bei Divergenzbildung, Gl. (4.70), auftretende Spezialfall

$$\Gamma_{lk}^{l} = \Gamma_{kl}^{l} = \frac{1}{2}g^{kn}\, g_{kn,l}\,, \tag{4.98}$$

der aus Gl. (4.97) nicht ohne weiteres ersichtlich ist. Um die Beziehung zu bestätigen, bilden wir die Ableitung des kovarianten Basisvektors $\mathbf{g}_k$

$$\frac{\partial}{\partial x^l}(\mathbf{g}_k) = \mathbf{g}_{k,l} = \frac{\partial}{\partial x^l}(g_{kn}\, \mathbf{g}^n) = g_{kn,l}\, \mathbf{g}^n + g_{kn}\, \mathbf{g}_{,l}^n$$

oder

$$\Gamma_{kl}^{i}\, \mathbf{g}_i = g_{kn,l}\, \mathbf{g}^n - g_{kn}\, \Gamma_{ml}^{n}\, \mathbf{g}^m\,. \tag{4.99}$$

Diese Gleichung multiplizieren wir zunächst skalar mit $\mathbf{g}_n$

$$\Gamma_{kl}^{i}\, g_{in} = g_{kn,l} - g_{kn}\, \Gamma_{nl}^{n} \tag{4.100}$$

und anschließend mit dem kontravarianten Metrikkoeffizienten g^{kn}, was

$$\Gamma_{kl}^{i}\, g_{in} g^{kn} = g_{kn,l} g^{kn} - g_{kn} g^{kn}\, \Gamma_{nl}^{n} \tag{4.101}$$

ergibt. Wegen $g_{in} g^{kn} = \delta_i^k$ und $g_{kn} g^{kn} = 1$ geht Gl. (4.101) unmittelbar in

$$\Gamma_{kl}^{k} = g_{kn,l} g^{kn} - \Gamma_{nl}^{n} \tag{4.102}$$

über. Da in Γ_{nl}^{n} ohne Einschränkung der Index $n = k$ gesetzt werden darf, folgt

$$\Gamma_{kl}^{k} = \frac{1}{2} g_{kn,l}\, g^{kn}\,,$$

die Behauptung Gl. (4.98).

Abschließend untersuchen wir noch das Transformationsverhalten der Christoffel-Symbole bei Wechsel des Koordinatensystems von $\mathcal{B}$ nach $\overline{\mathcal{B}}$ und umgekehrt. Die Transformationsbeziehung $\overline{x}^k = \overline{x}^k(x^l)$, Gl. (4.34), zwischen den Koordinaten von $\mathcal{B}$ und $\overline{\mathcal{B}}$ ist nach Voraussetzung eineindeutig. Zwischen den Basisvektoren beider Systeme gilt:

$$\overline{\mathbf{g}}_p = \underline{a}_p^m \, \mathbf{g}_m \quad \text{und} \quad \mathbf{g}_p = \overline{a}_p^m \, \overline{\mathbf{g}}_m \,. \tag{4.103}$$

Wir differenzieren $\overline{\mathbf{g}}_p$ nach $\overline{x}^l$

$$\overline{\mathbf{g}}_{p,l} = \frac{\partial \underline{a}_p^m}{\partial \overline{x}^l} \, \mathbf{g}_m + \underline{a}_p^m \, \frac{\partial \mathbf{g}_m}{\partial \overline{x}^l} \,. \tag{4.104}$$

Nun ist aber nach Gl. (4.36)

$$\frac{\partial \mathbf{g}_m}{\partial \overline{x}^l} = \frac{\partial \mathbf{g}_m}{\partial x^n} \frac{\partial x^n}{\partial \overline{x}^l} = \mathbf{g}_{m,n} \, \underline{a}_l^n \,. \tag{4.105}$$

Damit nimmt die Ableitung des kontravarianten Basisvektors in $\overline{\mathcal{B}}$ die Gestalt

$$\overline{\mathbf{g}}_{p,l} = \mathbf{g}_m \frac{\partial \underline{a}_p^m}{\partial \overline{x}^l} + \underline{a}_p^m \, \underline{a}_l^n \, \mathbf{g}_{m,n} = \mathbf{g}_m \frac{\partial \underline{a}_p^m}{\partial \overline{x}^l} + \underline{a}_p^m \, \underline{a}_l^n \, \Gamma_{mn}^q \, \mathbf{g}_q \tag{4.106}$$

an. Sie transformiert sich nicht wie ein Tensor. Demzufolge ist die Ableitung eines kovarianten Basisvektors auch kein Tensor. Aus physikalischer Sicht ist das verständlich, denn man könnte den Basisvektor in ein geradliniges Koordinatensystemen überführen, in dem sämtliche Ableitungen des Basisvektors dann verschwinden. Dagegen ist ein Tensor unabhängig vom Koordinatensystem. Multiplizieren wir Gl. (4.106) skalar mit $\overline{\mathbf{g}}^k = \overline{a}_q^k \, \mathbf{g}^q$, also

$$\overline{\mathbf{g}}_{p,l} \cdot \overline{\mathbf{g}}^k = \overline{\Gamma}_{pl}^k = \mathbf{g}_m \cdot \mathbf{g}^q \, \overline{a}_q^k \frac{\partial \underline{a}_p^m}{\partial \overline{x}^l} + \underline{a}_p^m \, \underline{a}_l^n \, \overline{a}_q^k \, \mathbf{g}_{m,n} \cdot \mathbf{g}^q \,,$$

dann ergibt sich unmittelbar die Beziehung

$$\overline{\Gamma}_{pl}^k = \frac{\partial \underline{a}_p^q}{\partial \overline{x}^l} \, \overline{a}_q^k + \underline{a}_p^m \, \underline{a}_l^n \, \overline{a}_q^k \, \Gamma_{mn}^q \,, \tag{4.107}$$

nach der sich die Christoffel-Symbole bei Wechsel des Bezugssystems transformieren. Nach Gl. (4.107) sind die Christoffel-Symbole keine Komponenten eines Tensors.

Aufgabe 4.5 : Es ist die partielle Ableitung der kontravarianten Metrikkoeffizienten zu bilden.

4.2.5   Der Gradient eines Vektors

Wendet man den Nabla-Operator dyadisch auf den Vektor $\vec{A} = A^k\,\mathbf{g}_k$ an, dann entsteht der Vektorgradient, ein Tensor 2. Stufe

$$
\begin{aligned}
\mathbf{T} &= \nabla\vec{A} = \operatorname{grad}\vec{A} = \mathbf{g}^l\frac{\partial\vec{A}}{\partial x^l} = \mathbf{g}^l\frac{\partial}{\partial x^l}(A^k\,\mathbf{g}_k) = \mathbf{g}^l(A^k_{,l}\,\mathbf{g}_k + A^k\,\mathbf{g}_{k,l}) \\
&= \mathbf{g}^l(A^k_{,l}\,\mathbf{g}_k + A^k\,\Gamma^m_{kl}\,\mathbf{g}_m) = (A^k_{,l} + A^m\,\Gamma^k_{ml})\mathbf{g}^l\mathbf{g}_k = T^{\;k}_l\,\mathbf{g}^l\mathbf{g}_k
\end{aligned}
$$

bzw.

$$
\mathbf{T} = \nabla\vec{A} = A^k_{;l}\,\mathbf{g}^l\mathbf{g}_k = T^{\;k}_l\,\mathbf{g}^l\mathbf{g}_k \quad \text{mit} \quad T^{\;k}_l = A^k_{,l} + A^m\,\Gamma^k_{ml}\,. \tag{4.108}
$$

In der Komponentenschreibweise bezeichnet man

$$
A^k_{;l} = A^k_{,l} + A^m\,\Gamma^k_{ml} \tag{4.109}
$$

als die kovariante Ableitung der kontravarianten Komponenten des Vektors $\vec{A}$. Kovariante Ableitung und Gradientenbildung sind gleichwertige Begriffe. Stellt man den Vektor $\vec{A}$ im kontravarianten Basissystem dar, dann erhält man für den Gradienten

$$
\begin{aligned}
\nabla\vec{A} &= \mathbf{g}^l\frac{\partial}{\partial x^l}(A_k\,\mathbf{g}^k) = \mathbf{g}^l(A_{k,l}\,\mathbf{g}^k + A_k\,\mathbf{g}^k_{,l}) \\
&= (A_{k,l} - A_m\Gamma^m_{kl})\mathbf{g}^l\mathbf{g}^k = T_{lk}\,\mathbf{g}^l\mathbf{g}^k = A_{k;l}\,\mathbf{g}^l\mathbf{g}^k\,. \tag{4.110}
\end{aligned}
$$

Dabei ist

$$
A_{k;l} = A_{k,l} - A_m\,\Gamma^m_{kl} \tag{4.111}
$$

die kovariante Ableitung der kovarianten Komponente.
Für das Vektordifferential (4.58) können wir jetzt schreiben:

$$
\mathrm{d}\vec{A} = \mathrm{d}\vec{r}\cdot\operatorname{grad}\vec{A} = \mathrm{d}x^i\,A_{k;l}\,\mathbf{g}_i\cdot\mathbf{g}^l\mathbf{g}^k = A_{k;i}\,\mathrm{d}x^i\,\mathbf{g}^k\,. \tag{4.112}
$$

Beispiel 4.6 : Wir beweisen im folgenden die Beziehung

$$
A_{n;l} = A^k_{;l}\,g_{kn}\,. \tag{4.113}
$$

Nach der Gl. (4.110) gilt $\nabla\vec{A} = A_{n;l}\,\mathbf{g}^l\mathbf{g}^n$. Wegen $A_n = A^k\,g_{kn}$ ist

$$
\begin{aligned}
\nabla\vec{A} &= \mathbf{g}^l\frac{\partial}{\partial x^l}(A_n\mathbf{g}^n) = \mathbf{g}^l\frac{\partial}{\partial x^l}(A^k\,g_{kn}\mathbf{g}^n) \\
&= [A^k_{,l}\,g_{kn} + A^k\,g_{kn,l} - A^k\,g_{kr}\Gamma^r_{nl}]\mathbf{g}^l\mathbf{g}^n\,. \tag{4.114}
\end{aligned}
$$

Ersetzt man nun in Gl. (4.114)

$$g_{kn,l} = g_{pn} \Gamma^p_{kl} + g_{kq} \Gamma^q_{nl}$$

nach Gl. (4.96), dann erhalten wir für

$$\nabla \vec{A} = [A^k_{,l} g_{kn} + A^k \Gamma^p_{kl} g_{pn}] \mathbf{g}^l \mathbf{g}^n. \qquad (4.115)$$

Im zweiten Term auf der rechten Seite können wir den Summationsindex k durch m ersetzen und anschließend p durch k. Es folgt somit

$$\nabla \vec{A} = [A^k_{,l} + A^m \Gamma^k_{ml}] g_{kn} \mathbf{g}^l \mathbf{g}^n = A^k_{;l} g_{kn} \mathbf{g}^l \mathbf{g}^n. \qquad (4.116)$$

Mit Gl. (4.116) haben wir unmittelbar die zu beweisende Beziehung (4.113) erhalten.

Die Gl. (4.113) läßt sich mit Hilfe von Gl. (2.23) auch in einer Zeile

$$\nabla \vec{A} = A^k_{;l} \mathbf{g}^l \mathbf{g}_k = A^k_{;l} g_{kn} \mathbf{g}^l \mathbf{g}^n = A_{n;l} \mathbf{g}^l \mathbf{g}^n$$

beweisen.

Aufgabe 4.6 : Geben Sie mögliche Darstellungen von $\mathrm{rot}\vec{A}$ an! Hinweis: Erweitert man die Komponentendarstellung von $\mathrm{rot}\vec{A}$ in den Gln. (4.86) und (4.87) durch die Null der Gl. (4.85), dann läßt sich die Rotation des Vektors $\vec{A}$ auch durch die kovariante Ableitung, Gl. (4.111), ausdrücken. Mit Hilfe der Gln. (4.82) und (4.111) erhält man:

$$\mathrm{rot}\vec{A} = A_{m;l} \mathbf{g}^l \times \mathbf{g}^m = \frac{1}{\sqrt{g}}(A_{m;l} - A_{l;m})\mathbf{g}_n, \quad l,m,n \quad \text{zykl.} \quad 1,2,3 \qquad (4.117)$$

oder

$$\mathrm{rot}\vec{A} = e^{klm} A_{m;l} \mathbf{g}_k, \quad k,l,m \quad \text{unabh.} \quad 1,2,3. \qquad (4.118)$$

Beispiel 4.7 : $\vec{A}$ sei ein stetig differenzierbares Vektorfeld. Wir suchen $\vec{B} = \mathrm{rot}\vec{A}$ in Zylinderkoordinaten. Dabei soll $\vec{B}$ in den physikalischen Komponenten angegeben werden. Nach Gl.(4.86) ist

$$\vec{B} = \mathrm{rot}\vec{A} = \frac{1}{\sqrt{g}}(A_{m,l} - A_{l,m}) \mathbf{g}_n, \quad l,m,n \quad \text{zykl.} \quad 1,2,3$$

bzw.

$$\mathrm{rot}\vec{A} = \frac{1}{x^1}\Big[(A_{3,2} - A_{2,3})\mathbf{g}_1 + (A_{1,3} - A_{3,1})\mathbf{g}_2 + (A_{2,1} - A_{1,2})\mathbf{g}_3\Big].$$

In dieser Gleichung führen wir die physikalischen Komponenten und Basisvektoren ein. Nach den Gln.(2.39) und (2.36) ist

$$A_k = \frac{A_k^*}{\sqrt{g^{kk}}} \quad \text{und} \quad \mathbf{g}_k = \sqrt{g_{kk}}\, \mathbf{g}_k^*$$

mit den physikalischen Komponenten A_k^*. Die ko- und kontravarianten Metrikkoeffizienten der Zylinderkoordinaten sind uns aus Beispiel 4.2 bekannt. Mit dem Spatprodukt $[\mathbf{g}_1, \mathbf{g}_2, \mathbf{g}_3] = \sqrt{g} = x^1$ und obigen Beziehungen erhalten wir die gesuchte Darstellung

$$\vec{B} = \mathrm{rot}\,\vec{A} = \left(\frac{1}{x^1}A_{3,2}^* - A_{2,3}^*\right)\mathbf{g}_1^* + \left(A_{1,3}^* - A_{3,1}^*\right)\mathbf{g}_2^* + \left(A_{2,1}^* + \frac{A_2^*}{x^1} - \frac{1}{x^1}A_{1,2}^*\right)\mathbf{g}_3^*.$$

In der technischen Literatur benutzt man gewöhnlich die Bezeichnungen $r = x^1$, $\varphi = x^2$ und $z = x^3$ für die drei Koordinaten, $\vec{e}_r = \mathbf{g}_1^*$, $\vec{e}_\varphi = \mathbf{g}_2^*$ und $\vec{e}_z = \mathbf{g}_3^*$ für die normierten Basisvektoren und $A_r = A_1^*$, $A_\varphi = A_2^*$ und $A_z = A_3^*$ für die physikalischen Komponenten. Mit diesen Beziehungen kann man auch schreiben:

$$\vec{B} = \mathrm{rot}\,\vec{A} = \left(\frac{1}{r}\frac{\partial A_z}{\partial \varphi} - \frac{\partial A_\varphi}{\partial z}\right)\vec{e}_r + \left(\frac{\partial A_r}{\partial z} - \frac{\partial A_z}{\partial r}\right)\vec{e}_\varphi + \left(\frac{\partial A_\varphi}{\partial r} + \frac{A_\varphi}{r} - \frac{1}{r}\frac{\partial A_r}{\partial \varphi}\right)\vec{e}_z.$$

Aufgabe 4.7 : Berechnen Sie sämtliche Christoffel-Symbole der Zylinder- und Kugelkoordinaten!

Aufgabe 4.8 : Bilden Sie die Divergenz eines Geschwindigkeitsfeldes $\vec{v}$ in Zylinderkoordinaten! Die Gleichung ist in den physikalischen Komponenten zu schreiben.

4.2.6   Der Gradient eines Tensors 2. Stufe

Bildet man den Gradienten eines Tensors 2. Stufe, so erhält man einen Tensor 3. Stufe. Mit $\mathbf{T} = T^{kl}\mathbf{g}_k\mathbf{g}_l$ folgt für den Gradienten:

$$\begin{aligned}
\mathbf{C}^{(3)} &= \nabla\mathbf{T} = \mathbf{g}^m \frac{\partial}{\partial x^m}(T^{kl}\mathbf{g}_k\mathbf{g}_l) \\
&= \mathbf{g}^m(T_{,m}^{kl}\,\mathbf{g}_k\mathbf{g}_l + T^{kl}\,\mathbf{g}_{k,m}\mathbf{g}_l + T^{kl}\,\mathbf{g}_k\mathbf{g}_{l,m}).
\end{aligned} \tag{4.119}$$

Nun ist nach Gl. (4.69) $\mathbf{g}_{k,m} = \Gamma_{km}^n \mathbf{g}_n$ und entsprechend $\mathbf{g}_{l,m} = \Gamma_{lm}^n \mathbf{g}_n$. Mit diesen Beziehungen erhalten wir für den Tensor

$$\mathbf{C}^{(3)} = \mathbf{g}^m(T_{,m}^{kl}\,\mathbf{g}_k\mathbf{g}_l + T^{kl}\Gamma_{km}^n\,\mathbf{g}_n\mathbf{g}_l + T^{kl}\Gamma_{lm}^n\,\mathbf{g}_k\mathbf{g}_n). \tag{4.120}$$

Im zweiten und dritten Term der Gl. (4.118) können wir wiederum die Summationsindizes umbenennen, so daß man

$$\mathbf{C}^{(3)} = (T^{kl}_{,m} + T^{nl}\,\Gamma^k_{nm} + T^{kn}\,\Gamma^l_{nm})\mathbf{g}^m\mathbf{g}_k\mathbf{g}_l = T^{kl}_{;m}\,\mathbf{g}^m\mathbf{g}_k\mathbf{g}_l \qquad (4.121)$$

erhält. Man bezeichnet

$$T^{kl}_{;m} = T^{kl}_{,m} + T^{nl}\,\Gamma^k_{nm} + T^{kn}\,\Gamma^l_{nm} \qquad (4.122)$$

als die kovariante Ableitung der kontravarianten Komponente von $\mathbf{T}$. Das Differential des Tensors $\mathbf{T}$ ist

$$\mathrm{d}\mathbf{T} = \mathrm{d}\vec{r}\cdot \mathrm{grad}\,\mathbf{T} = \mathrm{d}x^i\,T^{kl}_{;m}\,\mathbf{g}_i\cdot\mathbf{g}^m\mathbf{g}_k\mathbf{g}_l = T^{kl}_{;i}\,\mathrm{d}x^i\,\mathbf{g}_k\mathbf{g}_l\,. \qquad (4.123)$$

Aufgabe 4.9 : Bilden Sie die kovariante Ableitung der kovarianten und gemischten Komponenten eines Tensors 2. Stufe.

4.2.7 Die kovariante Ableitung der Metrikkoeffizienten

Wie wir bereits gezeigt haben, bilden die Metrikkoeffizienten die Komponenten des Einheitstensors $\mathbf{E} = g^{kl}\,\mathbf{g}_k\mathbf{g}_l = g_{kl}\,\mathbf{g}^k\mathbf{g}^l$. Die kovariante Ableitung der kontravarianten Metrikkoeffizienten ist nach Gl. (4.122):

$$g^{kl}_{;m} = g^{kl}_{,m} + g^{nl}\Gamma^k_{nm} + g^{kn}\Gamma^l_{nm}\,. \qquad (4.124)$$

Die partielle Ableitung der Metrikkoeffizienten $g^{kl}_{,m}$ läßt sich mit Hilfe der Christoffel-Symbole in Richtung der kontravarianten Metrikkoeffizienten zerlegen. Um das zu zeigen, leiten wir $\mathbf{g}^k = g^{kl}\,\mathbf{g}_l$ nach x^m ab: $\mathbf{g}^k_{,m} = g^{kl}_{,m}\,\mathbf{g}_l + g^{kl}\,\mathbf{g}_{l,m}\,.$ Diese Gleichung multiplizieren wir skalar mit $\mathbf{g}_r = g_{rp}\,\mathbf{g}^p$. Mit Gl. (4.92) folgt:

$$\mathbf{g}^k_{,m}\cdot\mathbf{g}_r = -\Gamma^k_{rm} = g^{kl}_{,m}\,\mathbf{g}_l\cdot\mathbf{g}_r + g^{kl}\,g_{rp}\,\mathbf{g}_{l,m}\cdot\mathbf{g}^p$$

bzw.

$$-\Gamma^k_{rm} = g^{kl}_{,m}\,g_{lr} + g^{kl}\,\Gamma^p_{lm}\,g_{rp}\,.$$

Diese Beziehung läßt sich nach der gesuchten Ableitung $g^{kl}_{,m}$ auflösen, wenn man sie mit g^{rn} multipliziert. Es ergibt sich mit

$$-\Gamma^k_{rm}\,g^{rn} = g^{kl}_{,m}\,g_{lr}\,g^{rn} + g^{kl}\,\Gamma^p_{lm}\,g_{rp}\,g^{rn}$$

$$g^{kn}_{,m} = -g^{rn}\,\Gamma^k_{rm} - g^{kl}\,\Gamma^n_{lm}$$

und n mit l vertauscht:

$$g_{,m}^{kl} = -g^{rl}\,\Gamma_{rm}^{k} - g^{kn}\,\Gamma_{nm}^{l}\,. \tag{4.125}$$

In Gl. (4.124) ersetzen wir nun $g_{,m}^{kl}$ durch Gl. (4.125). Da man in

$$g_{;m}^{kl} = -g^{rl}\,\Gamma_{rm}^{k} - g^{kn}\,\Gamma_{nm}^{l} + g^{nl}\,\Gamma_{nm}^{k} + g^{kn}\,\Gamma_{nm}^{l}$$

den stummen Summationsindex r im 1. Term auf der rechten Seite in n umbenennen darf, folgt schließlich die Beziehung

$$g_{;m}^{kl} = 0\,. \tag{4.126}$$

Ganz entsprechend beweist man auch, daß

$$g_{kl;m} = 0 \tag{4.127}$$

gilt. Wir haben damit den Satz von Ricci bewiesen:

Satz 4.2 : *Die kovarianten Ableitungen der Metrikkoeffizienten sind Null.*

Wir betrachten die kovariante Ableitung der gemischten Komponenten des Einheitstensors $\mathbf{E} = \delta_l^k\,\mathbf{g}_k\mathbf{g}^l$, nämlich

$$\delta_{l;m}^{k} = \delta_{l,m}^{k} + \delta_l^n\,\Gamma_{nm}^{k} - \delta_n^k\,\Gamma_{lm}^{n} = \delta_{l,m}^{k} + \Gamma_{lm}^{k} - \Gamma_{lm}^{k} = \delta_{l,m}^{k}\,. \tag{4.128}$$

Da $\delta_{l,m}^{k} = 0$ ist, verschwindet die kovariante Ableitung

$$\delta_{l;m}^{k} = 0\,. \tag{4.129}$$

Die komponentenfreie Darstellung der Gln. (4.126), (4.127) und (4.129) lautet

$$\operatorname{grad}\mathbf{E} = 0\,. \tag{4.130}$$

Aufgabe 4.10 : Man leite Gl. (4.127) her.

Neben der kovarianten Ableitung eines Tensors existiert auch die kontravariante Ableitung.

Definition 4.4 : *Sind A^k und T^{kl} kontravariante Tensorkomponenten, so ergibt sich ihre kontravariante Ableitung aus der kovarianten Ableitung durch das Hochziehen des kovarianten Differentiationsindex mit Hilfe der kontravarianten Metrikkoeffizienten. Es gilt:*

$$A^{k;m} = A_{;s}^{k}\,g^{sm} \quad und \quad T^{kl;m} = T_{;s}^{kl}\,g^{sm}\,. \tag{4.131}$$

Mit den Gln. (4.111) und (4.109) haben wir die kovariante Ableitung einer ko- und kontravarianten Vektorkomponente eingeführt. Analog dazu definieren wir die kovariante Ableitung der Basisvektoren $\mathbf{g}_k$ und $\mathbf{g}^k$.

Definition 4.5 : *Sind $\mathbf{g}_k$ und $\mathbf{g}^k$ beliebige ortsabhängige ko- und kontravariante Basisvektoren, dann ist*

$$\mathbf{g}_{k;l} = \mathbf{g}_{k,l} - \Gamma^m_{kl}\,\mathbf{g}_m \quad und \quad \mathbf{g}^k_{;l} = \mathbf{g}^k_{,l} + \Gamma^k_{ml}\,\mathbf{g}^m \qquad (4.132)$$

ihre kovariante Ableitung.

Folgerungen:

- Wegen $\mathbf{g}_{k,l} = \Gamma^m_{kl}\,\mathbf{g}_m$ und $\mathbf{g}^k_{,l} = -\Gamma^k_{ml}\,\mathbf{g}^m$ verschwinden die kovarianten Ableitungen der Basisvektoren und es gilt

$$\mathbf{g}_{k;l} = \vec{O} \quad und \quad \mathbf{g}^k_{;l} = \vec{O}. \qquad (4.133)$$

- Die Christoffel-Symbole des kartesischen Koordinatensystems sind sämtlich Null. Denn nach Gl. (4.133) ist $\mathbf{g}_{0i;0l} = \mathbf{g}_{0i,0l} - \Gamma^{0m}_{0i0l}\,\mathbf{g}_{0m} = \vec{O}$, und wegen $\mathbf{g}_{0i,0l} = \vec{O}$ und der linearen Unabhängigkeit der $\mathbf{g}_{0i}\,\forall\,i = 1,2,3$ folgt aus

$$\Gamma^{0m}_{0i0l}\,\mathbf{g}_{0m} = \Gamma^{01}_{0i0l}\,\mathbf{g}_{01} + \Gamma^{02}_{0i0l}\,\mathbf{g}_{02} + \Gamma^{03}_{0i0l}\,\mathbf{g}_{03} = \vec{O} \quad \forall\,i,l = 1,2,3$$

die Behauptung, nämlich $\Gamma^{0m}_{0i0l} = 0$. Dieses Ergebnis erhält man unmittelbar auch aus Gl. (4.97). Die von Null verschiedenen Metrikkoeffizienten des kartesischen Koordinatensystems sind 1. Folglich verschwinden ihre Ableitungen.

Aufgabe 4.11 : Ist v_{0j} die Komponente eines Vektors $\vec{v}$ im kartesischen Koordinatensystem, dann ist zu zeigen, daß die kovariante Ableitung der Vektorkomponente gleich der partiellen Ableitung ist, also $v_{0j;0i} = v_{0j,0i}$ und $v_{0j;l} = v_{0j,l}$ gilt.

4.3 Beispiele für die Differentiation von Tensorfeldern

Die hier betrachteten Tensorfelder sollen die in Abschnitt 4.2 genannten Voraussetzungen erfüllen. Bei der Differentiation von Summen und Produkten von

Tensoren gelten die gleichen Rechenregeln, wie sie von der Differentiation skalarer Größen her bekannt sind.
$\forall \mathbf{X}^{(k)}, \mathbf{Y}^{(l)} \in \mathcal{W}$ gilt:

$$\nabla(\mathbf{X}^{(k)} + \mathbf{Y}^{(k)}) \;=\; \nabla \mathbf{X}^{(k)} + \nabla \mathbf{Y}^{(k)}, \tag{4.134}$$

$$\nabla(\mathbf{X}^{(k)} \mathbf{Y}^{(l)}) \;=\; \nabla(\overset{\downarrow}{\mathbf{X}}{}^{(k)} \mathbf{Y}^{(l)}) + \nabla(\mathbf{X}^{(k)} \overset{\downarrow}{\mathbf{Y}}{}^{(l)}).$$

Mit dem Pfeil kennzeichnen wir den Operanden, auf den die Differentiation anzuwenden ist. Die Reihenfolge der miteinander verknüpften Tensoren darf nicht vertauscht werden, da bei der skalaren, vektoriellen und dyadischen Multiplikation das Kommutativgesetz nicht gilt. Wir betrachten jetzt einige Beispiele.

1. Sind U und V skalare Funktionen, so gilt

$$\boxed{\operatorname{grad}(U\,V) = V \operatorname{grad} U + U \operatorname{grad} V = \vec{A}.} \tag{4.135}$$

Die Beziehung (4.135) läßt sich über die Komponentendarstellung

$$\operatorname{grad}(U\,V) = \mathbf{g}^k \frac{\partial}{\partial x^k}(U\,V) = (U_{,k}\,V + U\,V_{,k})\mathbf{g}^k = V \operatorname{grad} U + U \operatorname{grad} V$$

beweisen.

2. Ist U ein Skalarfeld und $\vec{A}$ ein Vektorfeld, so gilt

$$\boxed{\operatorname{div}(U\,\vec{A}) = \vec{A}\cdot \operatorname{grad} U + U \operatorname{div}\vec{A}.} \tag{4.136}$$

Beweis:

$$\operatorname{div}(U\,\vec{A}) = \nabla\cdot(U\,\vec{A}) = \nabla\cdot(\overset{\downarrow}{U}\,\vec{A}) + \nabla\cdot(U\,\overset{\downarrow}{\vec{A}}) = \vec{A}\cdot\nabla U + U\nabla\cdot\vec{A}$$

bzw. in Komponentendarstellung ist

$$
\begin{aligned}
\operatorname{div}(U\vec{A}) = \mathbf{g}^m \cdot \frac{\partial}{\partial x^m}(U A^k \mathbf{g}_k) &= \mathbf{g}^m \cdot (U_{,m} A^k \mathbf{g}_k + U A^k_{,m}\mathbf{g}_k + U A^k \mathbf{g}_{k,m}) \\
&= (U_{,m} A^k + U A^k_{,m} + U A^n \Gamma^k_{nm})\mathbf{g}^m \cdot \mathbf{g}_k.
\end{aligned}
$$

Mit $A^k_{;m} = A^k_{,m} + A^n \Gamma^k_{nm}$ erhalten wir unmittelbar:

$$\operatorname{div}(U\vec{A}) = (U_{,m} A^k + U A^k_{;m})\delta^m_k = U_{,k} A^k + U A^k_{;k} = \vec{A}\cdot \operatorname{grad} U + U \operatorname{div}\vec{A}. \tag{4.137}$$

3. Für die Rotation des Vektorfeldes $(U \, \vec{A})$ gilt:

$$\boxed{\operatorname{rot}(U \, \vec{A}) = U \operatorname{rot} \vec{A} - \vec{A} \times \operatorname{grad} U \, .}$$ (4.138)

Beweis: Es ist

$$\operatorname{rot}(U \, \vec{A}) = \mathbf{g}^j \times \frac{\partial}{\partial x^j}[U A_k \mathbf{g}^k] = [U_{,j} A_k + U A_{k,j} - U A_n \Gamma^n_{kj}] \mathbf{g}^j \times \mathbf{g}^k \, .$$

Mit der Gl. (4.111) und $\mathbf{g}^j \times \mathbf{g}^k = e^{ijk} \mathbf{g}_i$, i, j, k unabh. $1, 2, 3$ erhalten wir

$$\operatorname{rot}(U \, \vec{A}) = e^{ijk} U_{,j} A_k \mathbf{g}_i + e^{ijk} U A_{k;j} \mathbf{g}_i = \operatorname{grad} U \times \vec{A} + U \operatorname{rot} \vec{A} \, .$$ (4.139)

Aufgabe 4.12 : Man beweise Gl. (4.138) mit Hilfe der symbolischen Darstellung.

Aufgabe 4.13 : Geben Sie die Komponentendarstellung von $\vec{B} \times \operatorname{rot} \vec{A}$ an!

4. Es seien $\vec{A}, \vec{B}$ Vektorfelder. Für $\operatorname{grad}(\vec{A} \cdot \vec{B})$ erhalten wir:

$$\boxed{\operatorname{grad}(\vec{A} \cdot \vec{B}) = \vec{B} \cdot \operatorname{grad} \vec{A} + \vec{B} \times \operatorname{rot} \vec{A} + \vec{A} \cdot \operatorname{grad} \vec{B} + \vec{A} \times \operatorname{rot} \vec{B} \, .}$$ (4.140)

Beweis: Mit $\vec{A} = A^l \mathbf{g}_l$ und $\vec{B} = B_m \mathbf{g}^m$ erhält man für $\vec{A} \cdot \vec{B} = A^l B_l$ und für

$$\operatorname{grad}(\vec{A} \cdot \vec{B}) = \nabla(\vec{A} \cdot \vec{B}) = \mathbf{g}^k \frac{\partial}{\partial x^k}(A^l B_l) = (B_l A^l_{,k} + A^l B_{l,k}) \mathbf{g}^k \, .$$ (4.141)

Statt der partiellen Ableitung führen wir in Gl. (4.141) mit den Gln. (4.109) und (4.111) die kovarianten Ableitungen $A^l_{;k} = A^l_{,k} + A^m \Gamma^l_{mk}$ und $B_{l;k} = B_{l,k} - B_m \Gamma^m_{lk}$ ein. Wegen

$$B_l A^l_{;k} + A^l B_{l;k} = B_l A^l_{,k} + B_l A^m \Gamma^l_{mk} + A^l B_{l,k} - B_m A^l \Gamma^m_{lk} = B_l A^l_{,k} + A^l B_{l,k}$$

geht Gl. (4.141) über in

$$\operatorname{grad}(\vec{A} \cdot \vec{B}) = (B_l A^l_{;k} + A^l B_{l;k}) \, \mathbf{g}^k \, .$$ (4.142)

Nach Gl. (4.113) läßt sich im Term $B_l A^l_{;k}$ der Gl. (4.142) der Index l herauf- und herunterziehen. Wir erweitern dazu $A_{m;k} = A^l_{;k} g_{lm}$ mit g^{ln}

$$g^{ln} A_{m;k} = A^l_{;k} g_{lm} g^{ln} = A^l_{;k} \delta^n_m \, .$$

Damit ergibt sich $A^l_{;k} = g^{lm} A_{m;k}$ und

$$B_l A^l_{;k} = B_l g^{lm} A_{m;k} = B^m A_{m;k} = B^l A_{l;k} \,. \tag{4.143}$$

Gl. (4.143) in Gl. (4.142) eingesetzt und geeignet erweitert ergibt:

$$\text{grad}(\vec{A} \cdot \vec{B}) = \left[B^l (A_{l;k} - A_{k;l}) + B^l A_{k;l} + A^l (B_{l;k} - B_{k;l}) + A^l B_{k;l} \right] \mathbf{g}^k \,. \tag{4.144}$$

Wir benutzen nun die in Aufgabe 4.12 bereitgestellte Beziehung

$$\vec{B} \times \text{rot}\vec{A} = B^l (A_{l;k} - A_{k;l}) \, \mathbf{g}^k \,. \tag{4.145}$$

Weiterhin ist

$$\vec{B} \cdot \text{grad}\vec{A} = B^l A_{k;l} \, \mathbf{g}^k \,. \tag{4.146}$$

Mit den Gln. (4.145) und (4.146) nimmt Gl. (4.144) unmittelbar die Gestalt der Gl. (4.140) an.

Ersetzt man in Gl. (4.140) die Vektoren $\vec{A}$ und $\vec{B}$ durch den Geschwindigkeitsvektor $\vec{v}$, so erhält man die Lambsche Formel

$$\vec{v} \cdot \text{grad}\vec{v} = \frac{1}{2}\text{grad}(\vec{v})^2 - \vec{v} \times \text{rot}\vec{v} \,. \tag{4.147}$$

Mit ihr läßt sich in der Strömungslehre die konvektive Trägheitskraft pro Masseneinheit in der Bewegungsgleichung umformen.

Aufgabe 4.14 : Man beweise, daß die kovariante Ableitung der Komponenten e^{ijk} des vollständig antisymmetrischen Tensors verschwinden, d.h.

$$e^{ijk}_{\;;l} = 0 \quad \text{und} \quad e_{ijk;l} = 0 \tag{4.148}$$

ist.

5. Wir bilden die Divergenz des Vektorfeldes $(\vec{A} \times \vec{B})$. Es gilt:

$$\boxed{\text{div}(\vec{A} \times \vec{B}) = \vec{B} \cdot \text{rot}\vec{A} - \vec{A} \cdot \text{rot}\vec{B} \,.} \tag{4.149}$$

Gl. (4.149) kann man über die symbolische Darstellung oder über die Komponentendarstellung beweisen. Wir wählen hier den zweiten Weg. Ausgehend von

$$\vec{A} \times \vec{B} = e^{lmn} A_m B_n \, \mathbf{g}_l = H^l \mathbf{g}_l = \vec{H}$$

ergibt sich für

$$\text{div}(\vec{A} \times \vec{B}) = \mathbf{g}^i \cdot \frac{\partial}{\partial x^i}(H^l \mathbf{g}_l) = (H^l_{;i} + H^j \Gamma^l_{ji})\mathbf{g}^i \cdot \mathbf{g}_l = H^l_{;i}\delta^i_l = H^l_{;l}$$

und damit

$$\text{div}(\vec{A} \times \vec{B}) = (e^{lmn} A_m B_n)_{;l}, \quad l,m,n \quad \text{unabh.} \quad 1,2,3.$$

Da nach Gl. (4.148) $e^{lmn}_{;l} = 0$ ist, erhalten wir:

$$\text{div}(\vec{A} \times \vec{B}) = e^{lmn}(A_m B_n)_{;l} = e^{lmn}(A_{m;l} B_n + A_m B_{n;l}). \tag{4.150}$$

Wegen Gl. (4.118) ist

$$e^{lmn} A_{m;l} B_n = e^{nlm} A_{m;l} B_n = \vec{B} \cdot \text{rot}\vec{A}$$

und

$$e^{lmn} A_m B_{n;l} = -e^{mln} A_m B_{n;l} = -\vec{A} \cdot \text{rot}\vec{B}.$$

Setzt man diese Beziehungen in Gl. (4.150) ein, so ergibt sich unmittelbar die Gl. (4.149).

6. Wir bilden die Rotation des Vektorfeldes $(\vec{A} \times \vec{B})$. Es gilt:

$$\boxed{\text{rot}(\vec{A} \times \vec{B}) = \vec{B} \cdot \text{grad}\vec{A} - \vec{B}\text{div}\vec{A} + \vec{A}\text{div}\vec{B} - \vec{A} \cdot \text{grad}\vec{B}.} \tag{4.151}$$

Beweis: Ausgehend von

$$\vec{A} \times \vec{B} = e_{lmn} A^m B^n \mathbf{g}^l = H_l \mathbf{g}^l = \vec{H}, \quad l,m,n \quad \text{unabh.} \quad 1,2,3$$

mit $H_l = e_{lmn} A^m B^n$ und den Gln. (4.118) und (4.148) erhalten wir für

$$\begin{aligned}
\text{rot}(\vec{A} \times \vec{B}) &= \nabla \times \vec{H} = e^{ijl} H_{l;j}\mathbf{g}_i = e^{ijl}(e_{lmn} A^m B^n)_{;j}\,\mathbf{g}_i \\
&= e^{ijl}e_{lmn}(A^m B^n)_{;j}\mathbf{g}_i = e^{ijl}_{mnl}(A^m B^n)_{;j}\,\mathbf{g}_i \\
&= \delta^{ij}_{mn}(B^n A^m_{;j} + A^m B^n_{;j})\,\mathbf{g}_i.
\end{aligned}$$

Nach Gl. (3.127) folgt für

$$\begin{aligned}
\text{rot}(\vec{A} \times \vec{B}) &= (\delta^i_m\delta^j_n - \delta^j_m\delta^i_n)(B^n A^m_{;j} + A^m B^n_{;j})\mathbf{g}_i \\
&= (B^j A^i_{;j} - B^i A^j_{;j} + A^i B^j_{;j} - A^j B^i_{;j})\mathbf{g}_i. \tag{4.152}
\end{aligned}$$

Die Komponentendarstellung der Gl. (4.152) entspricht in dieser Reihenfolge der rechten Seite der Gl. (4.151).

Aufgabe 4.15 : Man beweise die Gln. (4.149) und (4.151) über die symbolische Darstellung.

4.3.1　Mehrfache Anwendung des Gradienten

Die mehrfache Anwendung des Gradienten auf einen Tensor erhöht dessen Stufe.
Aus einem Tensor $\mathbf{T}^{(k)}$ k-ter Stufe wird durch zweifache Anwendung des Gradienten ein Tensor $(k+2)$-ter Stufe, nämlich

$$\mathbf{U}^{(k+2)} = \nabla\nabla\mathbf{T}^{(k)}. \tag{4.153}$$

Die Gl. (4.153) in Komponentendarstellung lautet:

$$\nabla\nabla\mathbf{T}^{(k)} = \mathbf{g}^r \frac{\partial}{\partial x^r}\left(\mathbf{g}^s \frac{\partial}{\partial x^s}(T^{i\cdots l}\mathbf{g}_i\cdots\mathbf{g}_l)\right) = T^{i\cdots l}{}_{;sr}\,\mathbf{g}^r\mathbf{g}^s\mathbf{g}_i\cdots\mathbf{g}_l. \tag{4.154}$$

Sämtliche hinter dem Semikolon auftretenden Indizes charakterisieren kovariante Ableitungen.

Wir stellen den Sachverhalt ausführlich dar, beginnend mit der zweifachen Anwendung des Nabla-Operators auf eine skalare Feldfunktion Φ.

4.3.2　Der Laplace-Operator

Es sei $\Phi \in \Re^3$ eine skalare Feldfunktion, z.B. das Potential eines Geschwindigkeitsfeldes. Dann ist

$$\operatorname{grad}\Phi = \mathbf{g}^k \frac{\partial\Phi}{\partial x^k} = \Phi_{,k}\,\mathbf{g}^k = v_k\,\mathbf{g}^k = \vec{v} \tag{4.155}$$

mit $v_k = \Phi_{,k}$ gleich dem Geschwindigkeitsvektor $\vec{v}$. Durch zweifache Gradientenbildung von Φ entsteht ein Tensor 2. Stufe

$$\mathbf{V} = \operatorname{grad}\operatorname{grad}\Phi = \operatorname{grad}\vec{v} = V_{lk}\,\mathbf{g}^l\mathbf{g}^k. \tag{4.156}$$

In Beispiel 3.4 haben wir den Geschwindigkeitsgradienten $\mathbf{V}$ als Strömungstensor identifiziert. Ausgehend von

$$\begin{aligned}
\mathbf{V} &= \operatorname{grad}\vec{v} = \mathbf{g}^l \frac{\partial}{\partial x^l}(\Phi_{,k}\,\mathbf{g}^k) = \mathbf{g}^l \frac{\partial}{\partial x^l}(v_k\,\mathbf{g}^k) \\
&= (\Phi_{,kl} - \Phi_{,m}\,\Gamma_{kl}^m)\mathbf{g}^l\mathbf{g}^k = (v_{k,l} - v_m\,\Gamma_{kl}^m)\mathbf{g}^l\mathbf{g}^k = v_{k;l}\,\mathbf{g}^l\mathbf{g}^k
\end{aligned} \tag{4.157}$$

erhält man die Komponentendarstellung

$$V_{lk} = (\Phi_{,kl} - \Phi_{,m}\,\Gamma_{kl}^m) = v_{k;l}. \tag{4.158}$$

Verknüpfen wir in Gl. (4.156) die Gradienten skalar miteinander, oder bilden wir in Gl. (4.157) das Skalarprodukt (Verjüngung) zwischen den Basisvektoren, so erhalten wir den Laplace-Operator angewandt auf Φ

$$\Delta\Phi = \nabla\cdot\nabla\Phi = (\Phi_{,kl} - \Phi_{,m}\Gamma^m_{kl})g^{kl} = (\Phi_{,k})_{;l}\,g^{kl} = v_{k;l}\,g^{kl}\,. \qquad (4.159)$$

Anmerkung: Das Geschwindigkeitspotential Φ einer inkompressiblen, reibungsfreien Strömung genügt der Gleichung $\Delta\Phi = 0$.

Aufgabe 4.16 : Geben Sie $\Delta\Phi$ in Zylinderkoordinaten an!

Wir wenden jetzt den Gradienten zweifach auf das Vektorfeld $\vec{A} \in \mathcal{V}$ an. Mit Gl. (4.109) ergibt sich der Tensor 3. Stufe:

$$
\begin{aligned}
\operatorname{grad}\operatorname{grad}\vec{A} &= \nabla\nabla\vec{A} = \mathbf{g}^m\frac{\partial}{\partial x^m}(A^k_{,l} + A^n\Gamma^k_{nl})\mathbf{g}^l\mathbf{g}_k \\
&= \mathbf{g}^m\Big[\big(A^k_{,lm} + A^n_{,m}\Gamma^k_{nl} + A^n\Gamma^k_{nl,m}\big)\mathbf{g}^l\mathbf{g}_k \\
&\quad + \big(A^k_{,l} + A^n\Gamma^k_{nl}\big)\mathbf{g}^l_{,m}\mathbf{g}_k + \big(A^k_{,l} + A^n\Gamma^k_{nl}\big)\mathbf{g}^l\mathbf{g}_{k,m}\Big]\,. \quad (4.160)
\end{aligned}
$$

Unter Beachtung von $\mathbf{g}^l_{,m} = -\Gamma^l_{pm}\mathbf{g}^p$ und $\mathbf{g}_{k,m} = \Gamma^p_{km}\mathbf{g}_p$ erhalten wir

$$
\begin{aligned}
\operatorname{grad}\operatorname{grad}\vec{A} &= \Big[A^k_{,lm} + A^n_{,m}\Gamma^k_{nl} + A^n\Gamma^k_{nl,m} - \big(A^k_{,p} + A^n\Gamma^k_{np}\big)\Gamma^p_{lm} \\
&\quad + \big(A^p_{,l} + A^n\Gamma^p_{nl}\big)\Gamma^k_{pm}\Big]\mathbf{g}^m\mathbf{g}^l\mathbf{g}_k = A^k_{;lm}\,\mathbf{g}^m\mathbf{g}^l\mathbf{g}_k\,, \quad (4.161)
\end{aligned}
$$

wobei

$$
\begin{aligned}
A^k_{;lm} = A^k_{,lm} + A^n_{,m}\Gamma^k_{nl} + A^n\Gamma^k_{nl,m} &\quad - \big(A^k_{,p} + A^n\Gamma^k_{np}\big)\Gamma^p_{lm} \\
&\quad + \big(A^p_{,l} + A^n\Gamma^p_{nl}\big)\Gamma^k_{pm} \quad (4.162)
\end{aligned}
$$

oder

$$A^k_{;lm} = \big(A^k_{;l}\big)_{,m} - A^k_{;p}\Gamma^p_{lm} + A^p_{;l}\Gamma^k_{pm} \qquad (4.163)$$

die zweifache kovariante Ableitung der kontravarianten Vektorkomponente ist. Aus dem Tensor 3. Stufe, Gl. (4.161), ergibt sich durch Verjüngung des Nabla-Produktes der Tensor 1. Stufe:

$$\operatorname{div}\operatorname{grad}\vec{A} = \nabla\cdot\nabla\vec{A} = \Delta\vec{A} = A^k_{;lm}\,g^{lm}\,\mathbf{g}_k = \big(A^{k;m}\big)_{;m}\mathbf{g}_k = \big(A^k_{;l}\big)^{;l}\mathbf{g}_k\,. \quad (4.164)$$

In Gl. (4.164) wird der Laplace-Operator auf den Vektor $\vec{A}$ angewandt. Der Zerlegungssatz, Gl. (1.41),

$$\nabla\times(\nabla\times\vec{A}) = \nabla\nabla\cdot\vec{A} - \nabla\cdot\nabla\vec{A}$$

erlaubt die symbolische Darstellung

$$\boxed{\Delta \vec{A} = \operatorname{div} \operatorname{grad} \vec{A} = \operatorname{grad} \operatorname{div} \vec{A} - \operatorname{rot} \operatorname{rot} \vec{A}.} \tag{4.165}$$

Gl. (4.165) soll einerseits in Komponentendarstellung überführt werden, zum anderen wollen wir sie über die Komponentendarstellung beweisen.

Beweis: Zunächst geben wir die Komponentendarstellung von $\operatorname{rot} \operatorname{rot} \vec{A}$ an. Ausgehend von der Darstellung $\vec{A} = A^k \, \mathbf{g}_k$ ist

$$\operatorname{rot} \vec{A} = \mathbf{g}^l \frac{\partial}{\partial x^l} (A^k \mathbf{g}_k) = (A^k_{;l} + A^m \Gamma^k_{ml}) \mathbf{g}^l \times \mathbf{g}_k = A^k_{;l} \, g^{lj} \, \mathbf{g}_j \times \mathbf{g}_k \,,$$

und mit $\mathbf{g}_j \times \mathbf{g}_k = e_{ijk} \, \mathbf{g}^i$ erhalten wir

$$\operatorname{rot} \vec{A} = e_{ijk} A^k_{;l} \, g^{lj} \, \mathbf{g}^i = H_i \, \mathbf{g}^i = \vec{H} \,.$$

Damit bilden wir

$$\operatorname{rot} \vec{H} = \mathbf{g}^s \times \frac{\partial}{\partial x^s} (H_t \mathbf{g}^t) = (H_{t,s} - H_n \Gamma^n_{ts}) \, \mathbf{g}^s \times \mathbf{g}^t = H_{t;s} \, \mathbf{g}^s \times \mathbf{g}^t \,,$$

was mit $\mathbf{g}^s \times \mathbf{g}^t = e^{rst} \, \mathbf{g}_r$

$$\operatorname{rot} \operatorname{rot} \vec{A} = e^{rst} H_{t;s} \, \mathbf{g}_r = e^{rst} \left(e_{tjk} A^k_{;l} \, g^{lj} \right)_{;s} \mathbf{g}_r \tag{4.166}$$

ergibt. Da nach den Gln. (4.148) und (4.126) $e_{tjk;s} = 0$ und $g^{lj}_{;s} = 0$ sind, reduziert sich Gl. (4.166) auf

$$
\begin{aligned}
\operatorname{rot} \operatorname{rot} \vec{A} &= e^{rst}_{jkt} \left(A^k_{;l} \right)_{;s} g^{lj} \, \mathbf{g}_r = \delta^{rs}_{jk} \left(A^k_{;ls} \right) g^{lj} \, \mathbf{g}_r \\
&= \delta^r_j \delta^s_k \left(A^k_{;ls} \right) g^{lj} \, \mathbf{g}_r - \delta^s_j \delta^r_k \left(A^k_{;ls} \right) g^{lj} \, \mathbf{g}_r \\
&= \left(A^k_{;lk} \, g^{lr} - A^r_{;lj} \, g^{lj} \right) \mathbf{g}_r = \left[\left(A^{k;r} \right)_{;k} - \left(A^{r;j} \right)_{;j} \right] \mathbf{g}_r \,. \tag{4.167}
\end{aligned}
$$

Analog geben wir die Komponentendarstellung von $\operatorname{grad} \operatorname{div} \vec{A}$ an. Es ist zweckmäßig, von

$$
\begin{aligned}
\nabla \nabla \vec{A} &= \mathbf{g}^m \frac{\partial}{\partial x^m} (A^k_{;l} \mathbf{g}^l \mathbf{g}_k) = \left[\left(A^k_{;l} \right)_{,m} - A^k_{;p} \Gamma^p_{lm} + A^p_{;l} \Gamma^k_{pm} \right] \mathbf{g}^m \mathbf{g}^l \mathbf{g}_k \\
&= \left(A^k_{;l} \right)_{;m} \mathbf{g}^m \mathbf{g}^l \mathbf{g}_k = A^k_{;lm} \, \mathbf{g}^m \mathbf{g}^l \mathbf{g}_k
\end{aligned}
$$

auszugehen. Das skalare Produkt zwischen den Basisvektoren $\mathbf{g}^l \cdot \mathbf{g}_k = \delta^l_k$ führt unmittelbar auf

$$\operatorname{grad} \operatorname{div} \vec{A} = \left(A^k_{;k} \right)_{;m} \mathbf{g}^m = A^k_{;km} \, \mathbf{g}^m \,.$$

Mit $\mathbf{g}^m = g^{mr} \, \mathbf{g}_r$ läßt sich auch schreiben:

$$\operatorname{grad} \operatorname{div} \vec{A} = \left(A^k_{;k} \right)_{;m} g^{mr} \, \mathbf{g}_r = \left(A^k_{;k} \right)^{;r} \mathbf{g}_r \,. \tag{4.168}$$

Die Gln. (4.168) und (4.167) in Gl. (4.165) eingesetzt ergeben

$$\Delta \vec{A} = \left(A^k_{;k} \right)_{;m} g^{mr}\, \mathbf{g}_r - \left(A^k_{;m} \right)_{;k} g^{mr}\, \mathbf{g}_r + \left(A^r_{;m} \right)_{;j} g^{mj}\, \mathbf{g}_r \,.$$

Da $A^k_{;km} = A^k_{;mk}$ gilt, verschwinden die ersten beiden Terme und es gilt:

$$\Delta \vec{A} = \left(A^r_{;m} \right)_{;j} g^{mj}\, \mathbf{g}_r = \left(A^{r;m} \right)_{;m} \mathbf{g}_r \,. \tag{4.169}$$

Diese Darstellung ist aber mit Gl. (4.164) identisch.

Aufgabe 4.17 : Sind $\Phi \in \Re^3$ eine skalare Feldfunktion und $\vec{A} \in \mathcal{V}$ ein Vektorfeld, so gelten die Beziehungen

$$\boxed{\operatorname{rot}\operatorname{grad}\Phi = 0 \quad \text{und} \quad \operatorname{div}\operatorname{rot}\vec{A} = 0 ,} \tag{4.170}$$

die mit Hilfe der Komponentendarstellung zu beweisen sind.

Schließlich weisen wir auf die Vertauschbarkeit der Operatoren rot und Δ hin. Ist das Vektorfeld $\vec{A}$ mindestens dreimal stetig differenzierbar, so ergibt die Anwendung der Rotation auf die Gl. (4.165)

$$\operatorname{rot}\operatorname{rot}\operatorname{rot}\vec{A} = \operatorname{rot}\operatorname{grad}\operatorname{div}\vec{A} - \operatorname{rot}\operatorname{div}\operatorname{grad}\vec{A} \,. \tag{4.171}$$

Wir ersetzen andererseits in Gl. (4.165) $\vec{A}$ durch $\operatorname{rot}\vec{A}$, nämlich

$$\operatorname{rot}\operatorname{rot}\operatorname{rot}\vec{A} = \operatorname{grad}\operatorname{div}\operatorname{rot}\vec{A} - \operatorname{div}\operatorname{grad}\operatorname{rot}\vec{A} \,. \tag{4.172}$$

Wegen der Gln. (4.170) ergibt sich aus den Gln. (4.171) und (4.172)

$$\operatorname{rot}\operatorname{div}\operatorname{grad}\vec{A} = \operatorname{div}\operatorname{grad}\operatorname{rot}\vec{A}$$

bzw.

$$\operatorname{rot}\Delta\vec{A} = \Delta\operatorname{rot}\vec{A} \,. \tag{4.173}$$

Aufgabe 4.18 : Die Komponentendarstellungen der Gln. (4.167) und (4.168) benutzen die kontravariante Vektorkomponente. Geben Sie die entsprechenden Gleichungen mit der kovarianten Vektorkomponente an!

4.3.3   Der Riemann-Christoffel-Tensor

Im Gegensatz zu Gl. (4.160) wenden wir jetzt den Gradienten zweifach auf das Vektorfeld $\vec{A} = A_k\,\mathbf{g}^k \in \mathcal{V}$ in kontravarianter Darstellung an.
Mit $\operatorname{grad}\vec{A} = \mathbf{g}^l\frac{\partial}{\partial x^l}\big(A_k\mathbf{g}^k\big) = \big(A_{k,l}-A_n\Gamma_{kl}^n\big)\mathbf{g}^l\mathbf{g}^k = A_{k;l}\,\mathbf{g}^l\mathbf{g}^k$ ergibt sich wiederum ein Tensor 3. Stufe

$$
\begin{aligned}
\operatorname{grad}\operatorname{grad}\vec{A} = {} & \Big[A_{k,lm} - A_{n,m}\Gamma_{kl}^n - A_n\Gamma_{kl,m}^n - \big(A_{k,p} - A_n\Gamma_{kp}^n\big)\Gamma_{lm}^p \\
& - \big(A_{p,l} - A_n\Gamma_{pl}^n\big)\Gamma_{km}^p\Big]\mathbf{g}^m\mathbf{g}^l\mathbf{g}^k = A_{k;lm}\,\mathbf{g}^m\mathbf{g}^l\mathbf{g}^k\,, \quad (4.174)
\end{aligned}
$$

mit

$$
\begin{aligned}
A_{k;lm} = {} & A_{k,lm} - A_{n,m}\Gamma_{kl}^n - A_n\Gamma_{kl,m}^n \quad - \big(A_{k,p} - A_n\Gamma_{kp}^n\big)\Gamma_{lm}^p \\
& - \big(A_{p,l} - A_n\Gamma_{pl}^n\big)\,\Gamma_{km}^p\,. \quad (4.175)
\end{aligned}
$$

Vertauschen wir die Reihenfolge der kovarianten Ableitungen in Gl. (4.175), so erhalten wir andererseits die Beziehung

$$
\begin{aligned}
A_{k;ml} = {} & A_{k,ml} - A_{n,l}\Gamma_{km}^n - A_n\Gamma_{km,l}^n \quad - \big(A_{k,p} - A_n\Gamma_{kp}^n\big)\,\Gamma_{ml}^p \\
& - \big(A_{p,m} - A_n\Gamma_{pm}^n\big)\,\Gamma_{kl}^p\,. \quad (4.176)
\end{aligned}
$$

Die Differenz der Gln. (4.175) und (4.176) führt auf die Komponente

$$
A_{k;lm} - A_{k;ml} = A_n\big(\Gamma_{km,l}^n - \Gamma_{kl,m}^n + \Gamma_{pl}^n\,\Gamma_{km}^p - \Gamma_{pm}^n\,\Gamma_{kl}^p\big) = A_n R_{klm}^n \quad (4.177)
$$

eines dreistufigen Tensorfeldes, das durch das Skalarprodukt eines Tensors 4. Stufe $\mathbf{R}^{(4)} = R_{klm}^n\,\mathbf{g}_n\mathbf{g}^m\mathbf{g}^l\mathbf{g}^k$ mit dem Vektor $\vec{A}$ von links entsteht.

Definition 4.6 : *Die mit den Christoffel-Symbolen gebildete Komponente*

$$
R_{klm}^n = \Gamma_{km,l}^n - \Gamma_{kl,m}^n + \Gamma_{pl}^n\,\Gamma_{km}^p - \Gamma_{pm}^n\,\Gamma_{kl}^p \quad (4.178)
$$

bildet den Riemann-Christoffel-Tensor (RCT) 4. Stufe

$$
\mathbf{R}^{(4)} = R_{klm}^n\,\mathbf{g}_n\mathbf{g}^m\mathbf{g}^l\mathbf{g}^k\,. \quad (4.179)
$$

Folgerungen:

1. Die Reihenfolge der kovarianten Ableitungen ist in Gl. (4.175) genau dann vertauschbar, wenn der RCT verschwindet, d.h., aus $R_{klm}^n = 0$ folgt $A_{k;lm} = A_{k;ml}$.

2. Die Christoffel-Symbole der kartesischen Koordinaten sind sämtlich Null, und daher verschwinden auch die Komponenten des RCT's. Wegen der Transformationsgesetze (3.26) und (3.27) bei Wechsel des Bezugssystems verschwindet der RCT dann auch in jedem anderen Koordinatensystem des Euklidischen Raumes. Im Tensorraum $\mathcal{W}$ gilt somit $R^n_{klm} = 0$. Die R^n_{klm} sind in Riemannschen Räumen im allgemeinen von Null verschieden [Käs54], [DH55].

3. Durch Überschieben mit dem kovarianten Metrikkoeffizienten g_{nj} erhalten wir den RCT mit der rein kovarianten Komponente

$$R_{jklm} = g_{jn}\left[\Gamma^n_{km,l} - \Gamma^n_{kl,m} + \Gamma^n_{pl}\Gamma^p_{km} - \Gamma^n_{pm}\Gamma^p_{kl}\right].\tag{4.180}$$

Die Symmetrie- und Antisymmetrieeigenschaften des RCT lassen sich nicht unmittelbar aus der Komponentendarstellung (4.180) ablesen. Eine dafür geeignete Darstellung ist

$$R_{jklm} = g_{po}\Gamma^o_{jm}\Gamma^p_{kl} - g_{po}\Gamma^o_{jl}\Gamma^p_{km} + \frac{1}{2}\left(g_{mj,kl} + g_{kl,jm} - g_{km,jl} - g_{lj,km}\right).\tag{4.181}$$

Gl. (4.181) erhalten wir mit Hilfe mehrerer Umformungen, die wir hier nur kurz andeuten wollen. Mit Gl. (4.97) ersetzen wir die partielle Ableitung der Christoffel-Symbole in Gl. (4.180). Wir erhalten

$$\Gamma^n_{km,l} = \frac{1}{2}\left[g^{no}_{,l}(g_{mo,k} + g_{ok,m} - g_{km,o}) + g^{no}(g_{mo,kl} + g_{ko,ml} - g_{km,ol})\right].$$

Die partielle Ableitung des kontravarianten Metrikkoeffizienten $g^{no}_{,l}$ eliminieren wir mit Gl. (4.125), während nach Gl. (4.96) $g_{mo,k} + g_{ok,m} - g_{km,o} = 2\Gamma^p_{km}g_{po}$ ist. Mit diesen Umformungen ergibt sich:

$$g_{jn}\Gamma^n_{km,l} = -g_{jn}\Gamma^n_{pl}\Gamma^p_{km} - g_{po}\Gamma^o_{jl}\Gamma^p_{km} + \frac{1}{2}\left(g_{mj,kl} + g_{kj,ml} - g_{km,jl}\right).\tag{4.182}$$

Vertauschen wir in Gl. (4.182) m mit l, so folgt eine entsprechende Gleichung für

$$g_{jn}\Gamma^n_{kl,m} = -g_{jn}\Gamma^n_{pm}\Gamma^p_{kl} - g_{po}\Gamma^o_{jm}\Gamma^p_{kl} + \frac{1}{2}\left(g_{lj,km} + g_{kj,lm} - g_{kl,jm}\right).\tag{4.183}$$

Die Gln. (4.182) und (4.183) in Gl. (4.180) eingesetzt ergibt die Gl. (4.181). An Hand der Gl. (4.181) bestätigen wir die Symmetrieeigenschaft

$$R_{jklm} = R_{lmjk}\tag{4.184}$$

und die Antisymmetriebeziehungen

$$R_{jklm} = -R_{jkml} \quad \Rightarrow \quad R_{jkll} = 0 \tag{4.185}$$

und

$$R_{jklm} = -R_{kjlm} \quad \Rightarrow \quad R_{kklm} = 0. \tag{4.186}$$

Der RCT hat im $\Re^3$ nur 6 voneinander unabhängige Komponenten. Es sind das

$$R_{1212}, \quad R_{1213}, \quad R_{1223}, \quad R_{1313}, \quad R_{1323}, \quad R_{2323}. \tag{4.187}$$

4. Jede beliebige Fläche im dreidimensionalen Euklidischen Raum kann als zweidimensionaler Riemannscher Raum aufgefaßt werden. Die Fläche, bzw. den Riemannschen Raum, beschreibt man z.B. durch die $x^3 = $ const Koordinatenfläche eines krummlinigen Koordinatensystems. Dann bilden die x^1- und x^2-Koordinatenlinien gleichzeitig auch die Koordinatenlinien des zweidimensionalen Riemannschen Raumes. Der einfachste zweidimensionale Riemannsche Raum ist die Kugel.

Auf der Ebene $x^3 = $ const besitzt der RCT nur eine unabhängige Komponente R_{1212}. Wie wir hier nicht näher begründen, ist R_{1212} proportional dem Gaußschen Krümmungsmaß der Fläche $x^3 = $ const. Deshalb bezeichnet man den Tensor $\mathbf{R}^{(4)}$ auch als Riemannschen Krümmungstensor. Nähere Ausführungen zur Flächentheorie und zum Krümmungstensor sind [DH55], [Käs54] und [Kli93] zu entnehmen.

4.4 Integralsätze

Die Integralsätze sind spezielle Tensorintegrale und von großer praktischer Bedeutung. Bei der Auswertung der Erhaltungssätze der Mechanik sind Volumenintegrale in Oberflächenintegrale und gewisse Oberflächenintegrale in Linienintegrale umzuwandeln und umgekehrt. Diese Umwandlungen beziehen sich auf Skalar-, Vektor- und Tensorfelder. Dabei unterscheiden wir zwischen dem skalaren Linienelement ds, dem gerichteten oder vektoriellen Linienelement d$\vec{s}$, dem skalaren Flächenelement do und dem gerichteten Flächenelement d$\vec{o}$. Das Raumelement dV tritt dagegen nur skalar auf.
Die Integralsätze von Stokes, Gauß und Green werden z.B. in [KP93] für Vektorfelder hergeleitet. Wir geben hier ihre tensorielle Darstellung an und verweisen auf Anwendungen.

Definition 4.7 : *Es sei $\vec{v} \in \mathcal{V}$ ein stückweise stetiges Vektorfeld (z.B. ein räumliches Geschwindigkeitsfeld eines strömenden Fluides), das in einem dreidimensionalen einfach zusammenhängenden Bereich $\mathcal{G}$ definiert ist, und es sei $\vec{s}(t) \in \mathcal{V}$ mit $t \in I = [a, b]$ eine innerhalb von $\mathcal{G}$ gelegene geschlossene orientierte glatte Raumkurve Λ in der Parameterdarstellung $\vec{s}(t) = s^i(t)\,\mathbf{g}_i$. Nach Thomson ist dann das Linienintegral 2. Art [KP93]*

$$\Gamma = \oint_\Lambda d\vec{s} \cdot \vec{v} = \oint_\Lambda \overset{\bullet}{\vec{s}}(t) \cdot \vec{v}\, dt \qquad (4.188)$$

die Zirkulation Γ längs der geschlossenen Kurve Λ.

Die Komponentendarstellung der Gl. (4.188) bedarf der Erläuterung. Zunächst betrachten wir die Raumkurve Λ im kartesischen Koordinatensystem. Sie hat dort die Parameterdarstellung

$$\vec{s}(t) = s^{0i}(t)\,\mathbf{g}_{0i} = x^{0i}(t)\,\mathbf{g}_{0i}. \qquad (4.189)$$

Nach Voraussetzung ist Λ eine glatte Kurve, d.h., die Komponenten $s^{0i}(t)$ bzw. $x^{0i}(t)$ sind im Inneren des Definitionsbereichs I stetig differenzierbare Funktionen. Jedem $t \in I$ ist eindeutig ein x^{0i} zugeordnet. Die Umkehrung gilt allerdings nicht. Mit $t = a$ ist der Anfangspunkt der Kurve und mit $t = b$ der Endpunkt festgelegt. Anfangs- und Endpunkt der Kurve fallen bei geschlossener Kurve zusammen ($\vec{s}(a) = \vec{s}(b)$). Im kartesischen Koordinatensystem gilt für das gerichtete Linienelement $d\vec{s}$ an die Kurve Λ

$$d\vec{s} = dx^{0i}(t)\,\mathbf{g}_{0i} = \frac{dx^{0i}(t)}{dt}\,\mathbf{g}_{0i}\, dt = x^{\overset{\bullet}{0i}}(t)\,\mathbf{g}_{0i}\, dt. \qquad (4.190)$$

In dem krummlinigen Koordinatensystem mit den Koordinatenlinien x^1, x^2, x^3 habe die Raumkurve Λ die Darstellung

$$\vec{s}(t) = s^i\,\mathbf{g}_i, \quad \text{mit} \quad s^i = a^i_{0j}\,x^{0j} \quad \text{und} \quad \mathbf{g}_i = a^{0k}_i\,\mathbf{g}_{0k}. \qquad (4.191)$$

Die Komponenten s^i und die Basisvektoren $\mathbf{g}_i$ sind direkt von den krummlinigen Koordinaten x^1, x^2, x^3 abhängig. Über den funktionellen Zusammenhang Gl. (4.8) bzw. deren Umkehrung $x^{0i} = x^{0i}(x^1, x^2, x^3)$ sind die krummlinigen Koordinaten x^1, x^2, x^3 mit den kartesischen Koordinaten x^{01}, x^{02}, x^{03} verknüpft. Schließlich sind die x^{0i} auf der Raumkurve Funktionen des Kurvenparameters t, $x^{0i} = x^{0i}(t)$. Auf Grund der Abhängigkeitsfolge

$$x^k = x^k(x^{01}, x^{02}, x^{03}) \quad \text{und} \quad x^{0i} = x^{0i}(t)$$

sind entlang der Raumkurve auch die x^k und damit auch die s^i und $\mathbf{g}_i$ Funktionen von t. Das gerichtete Linienelement an die Raumkurve hat demzufolge die Darstellung

$$\mathrm{d}\,\vec{s} = \mathrm{d}\vec{r} \cdot \mathrm{grad}\,\vec{s}\,\Big|_\Lambda = \mathrm{d}x^k\,\mathbf{g}_k \cdot \mathbf{g}^l\,\frac{\partial \vec{s}}{\partial x^l}\Big|_\Lambda = \mathrm{d}x^k\,\frac{\partial}{\partial x^k}(s^i\mathbf{g}_i)\Big|_\Lambda = \mathrm{d}\,x^k s^i_{;k}\,\mathbf{g}_i\,\Big|_\Lambda$$

bzw.

$$\mathrm{d}\,\vec{s} = \overset{\bullet}{x^k}(t)\;s^i_{;k}\,\mathbf{g}_i\,\Big|_{x^l(t)}\,\mathrm{d}t = \overset{\bullet}{x^k}(t)\;\left[s^i_{,k} + s^n\Gamma^i_{nk}\right]\mathbf{g}_i\,\Big|_{x^l(t)}\,\mathrm{d}t\,. \tag{4.192}$$

Stellen wir $\vec{v}$ im kontravarianten Basissystem dar, $\vec{v} = v_j\,\mathbf{g}^j$, dann lautet die Komponentendarstellung der Zirkulation

$$\Gamma = \oint_\Lambda \overset{\bullet}{x^k}(t)\;s^i_{;k}\,v_i\,\Big|_{x^l(t)}\,\mathrm{d}t = \oint_\Lambda \overset{\bullet}{x^k}(t)\;(s^i_{,k} + s^n\Gamma^i_{nk})v_i\,\Big|_{x^l(t)}\,\mathrm{d}t \tag{4.193}$$

und entsprechend im kartesischen Koordinatensystem

$$\Gamma = \oint_\Lambda \overset{\bullet}{x^{0i}}(t)\;v_{0i}\,\Big|_{x^{0l}(t)}\,\mathrm{d}t\,. \tag{4.194}$$

Ein Sonderfall ergibt sich dann, wenn Λ mit einer Koordinatenlinie, z.B. $x^k = x^3$, identisch ist. Die Koordinatenlinie muß aber eine geschlossene Kurve bilden, wie z.B. die x^3-Linie der Zylinderkoordinaten, Bild 4.4.
Aus strömungstechnischer Sicht ist die Zirkulation ein integrales Maß für die Drehung eines endlichen oder unendlichen Geschwindigkeitsfeldes. Diese Aussage geht auf den Stokesschen Integralsatz zurück. Der Auftrieb eines Tragflügels hängt von der Zirkulation um ihn herum ab.

Beispiel 4.8 : Die Gleichung der Schraubenlinie ist ein einfaches Beispiel einer nicht geschlossenen Raumkurve Λ. Sie lautet in kartesischen Koordinaten

$$\vec{s}(t) = x^{0i}(t)\,\mathbf{g}_{0i} = a\,\cos(t)\,\mathbf{g}_{01} + a\,\sin(t)\,\mathbf{g}_{02} + bt\,\mathbf{g}_{03}\,; \tag{4.195}$$

t ist Kurvenparameter, $t \in I = [0, 2\pi]$, und a und b sind Konstante. Das gerichtete Linienelement bzw. der Tangentenvektor an Λ ist

$$\frac{\mathrm{d}\vec{s}}{\mathrm{d}t} = \overset{\bullet}{x}{}^{0i}\,\mathbf{g}_{0i} = -a\,\sin(t)\,\mathbf{g}_{01} + a\,\cos(t)\,\mathbf{g}_{02} + b\,\mathbf{g}_{03}\,. \tag{4.196}$$

Bei einer vollen Umdrehung hat die Schraubenlinie die Bogenlänge

$$s = \int\limits_{t=0}^{2\pi} |\mathrm{d}\vec{s}| = \int\limits_{t=0}^{2\pi} |\dot{\vec{s}}|\,\mathrm{d}t = \int\limits_{t=0}^{2\pi} \sqrt{\left(\dot{x}^{01}\right)^2 + \left(\dot{x}^{02}\right)^2 + \left(\dot{x}^{03}\right)^2}\,\mathrm{d}t. \qquad (4.197)$$

In unserem speziellen Fall ergibt sich:

$$s = \int\limits_0^{2\pi} \sqrt{a^2 + b^2}\,\mathrm{d}t = 2\pi\sqrt{a^2 + b^2}.$$

4.4.1 Der Stokessche Integralsatz

Der Stokessche Integralsatz ist eine Beziehung zwischen dem Oberflächenintegral über eine offene Fläche $\mathcal{O}$ und dem Integral über die Randkurve Λ dieser Fläche. Mit ihm läßt sich z.B. in der Strömungsmechanik die Zirkulation über ein Flächenintegral bestimmen.

Satz 4.3 : *Es sei $\vec{v} \in \mathcal{V}$ ein stetig partiell differenzierbares Vektorfeld, das in einem dreidimensionalen einfach zusammenhängenden Bereich $\mathcal{G}$ definiert ist. In $\mathcal{G}$ sei $\mathcal{O}$ eine offene glatte Fläche mit der zweimal stetig partiell differenzierbaren Parameterdarstellung $\vec{o} = \vec{o}(\xi, \eta)$, mit $\xi, \eta, \in \mathcal{M}$. Der Definitionsbereich $\mathcal{M}$ bilde bezüglich der ξ und η einen Normalbereich [KP93]. Weiterhin seien die offene Oberfläche $\mathcal{O}$ und ihr Rand Λ so orientiert, daß, wenn $\mathcal{O}$ von außen betrachtet wird, Λ entgegen dem Uhrzeigersinn durchlaufen wird. Unter diesen Voraussetzungen lautet der Stokessche Integralsatz*

$$\oint\limits_\Lambda \mathrm{d}\vec{s} \cdot \vec{v} = \int\limits_\mathcal{O} \mathrm{d}\vec{o} \cdot \mathrm{rot}\,\vec{v}. \qquad (4.198)$$

Zum Beweis des Integralsatzes verweisen wir auf [KP93]. Die Komponentendarstellung der Gl. (4.198) geben wir unter folgenden Voraussetzungen an: Von einem kartesischen Koordinatensystem aus werden mit Hilfe des Ortsvektors

$$\vec{r} = x^{0i}(x^1, x^2, x^3)\,\mathbf{g}_{0i} \qquad (4.199)$$

die Koordinatenflächen eines krummlinigen Koordinatensystems mit den Koordinatenlinien x^1, x^2, x^3 beschrieben. Dieses krummlinige Koordinatensystem sei so gewählt, daß die zu betrachtende Oberfläche $\mathcal{O}$ Bestandteil einer der drei Koordinatenflächen ist. Das krummlinige Koordinatensystem ist mithin der

Oberfläche $\mathcal{O}$ speziell angepaßt. Diese Vorgehensweise ist immer dann zu emp-
fehlen, wo sich passend zu $\mathcal{O}$ ein solcher funktioneller Zusammenhang (4.199)
angeben läßt. Beispielsweise läßt sich mit Hilfe der Kugelkoordinaten Gl. (4.29)
für $x^1 = R = $ const die Oberfläche eines Kugelabschnittes beschreiben.
Die Oberfläche $\mathcal{O}$ habe die vektorielle Darstellung

$$\vec{o} = \vec{r} = x^{0i}(x^1 = \text{const}, x^2, x^3)\mathbf{g}_{0i}\,. \tag{4.200}$$

Statt $x^1 = $ const kann die Oberfläche $\mathcal{O}$ auch durch $x^2 = $ const oder $x^3 = $ const
gebildet werden. Nach Gl. (4.200) wird

$$\mathcal{O} = \left\{ x^{0i} \in \Re^3 \big| x^{0i}(x^2, x^3), \quad i = 1,2,3, \quad x^2, x^3 \in \mathcal{M} \right\}$$

durch das x^2, x^3- Liniennetz über dem Normalbereich $\mathcal{M}$ gebildet, Bild 4.8. Die
$x^2 = \xi$ und $x^3 = \eta$ sind die Parameter der Flächendarstellung. Die x^{0i} seien im
Inneren von $\mathcal{M}$ zweimal stetig differenzierbare Funktionen.

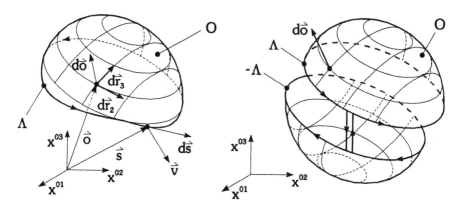

Bild 4.8 Oberfläche $\mathcal{O}$ mit Rand Λ Bild 4.9 Endliches Volumen V

Die gerichteten Linienelemente an die beiden Koordinatenlinien der Oberfläche
$\mathcal{O}$ sind dann:

$$\mathrm{d}\,\vec{r}_2 = \frac{\partial x^{0i}}{\partial x^2}\,\mathrm{d}x^2\,\mathbf{g}_{0i} = \mathrm{d}x^2\,\mathbf{g}_2 \quad \text{und} \quad \mathrm{d}\,\vec{r}_3 = \frac{\partial x^{0j}}{\partial x^3}\,\mathrm{d}x^3\,\mathbf{g}_{0j} = \mathrm{d}x^3\,\mathbf{g}_3\,. \tag{4.201}$$

Sie bilden das gerichtete Oberflächenelement

$$\mathrm{d}\,\vec{o} = \mathrm{d}\,\vec{r}_2 \times \mathrm{d}\,\vec{r}_3 = \mathbf{g}_2 \times \mathbf{g}_3\,\mathrm{d}x^2\mathrm{d}x^3 = \sqrt{g}\,\mathbf{g}^1\,\mathrm{d}x^2\mathrm{d}x^3\,. \tag{4.202}$$

Mit $\vec{v} = v_l\,\mathbf{g}^l$ und

$$\operatorname{rot}\vec{v} = \frac{1}{\sqrt{g}}(v_{l;k} - v_{k;l})\mathbf{g}_m = \frac{1}{\sqrt{g}}(v_{l,k} - v_{k,l})\mathbf{g}_m\,, \qquad k,l,m \quad \text{zykl.} \quad 1,2,3$$

läßt sich damit

$$\begin{aligned} \mathrm{d}\,\vec{o}\cdot\operatorname{rot}\vec{v} = (v_{l;k} - v_{k;l})\delta_m^1\,\mathrm{d}x^2\mathrm{d}x^3 &= (v_{3;2} - v_{2;3})\,\mathrm{d}x^2\mathrm{d}x^3 \\ &= (v_{3,2} - v_{2,3})\,\mathrm{d}x^2\mathrm{d}x^3 \qquad (4.203) \end{aligned}$$

schreiben.

Die Randkurve Λ der Oberfläche $\mathcal{O}$ mit dem Kurvenparameter $t \in I = [a,b]$ genügt der Gleichung

$$\vec{s}(t) = \vec{o}(x^1 = const, x^2(t), x^3(t)) = x^{0i}(x^1 = const, x^2(t), x^3(t))\mathbf{g}_{0i}\,. \qquad (4.204)$$

Dabei muß für die geschlossene Kurve Λ die Beziehung $\vec{s}(a) = \vec{s}(b)$ gelten. Nach Voraussetzung sind $x^2(t)$ und $x^3(t)$ stetig differenzierbare Funktionen auf dem Intervall I. Nach Gl. (4.204) ergibt sich für das gerichtete Kurvendifferential

$$\mathrm{d}\,\vec{s} = \left(\frac{\partial x^{0i}}{\partial x^2}\frac{\mathrm{d}x^2}{\mathrm{d}t}\,\mathrm{d}t + \frac{\partial x^{0i}}{\partial x^3}\frac{\mathrm{d}x^3}{\mathrm{d}t}\,\mathrm{d}t\right)\mathbf{g}_{0i} = \left(\,\overset{\bullet}{x}^2\,\mathbf{g}_2 + \overset{\bullet}{x}^3\,\mathbf{g}_3\right)\big|_\Lambda \mathrm{d}t\,.$$

Wir erhalten damit

$$\vec{v}\cdot\mathrm{d}\,\vec{s}\,\Big|_\Lambda = v_l\,\mathbf{g}^l\big|_\Lambda \cdot \left(\,\overset{\bullet}{x}^2\,\mathbf{g}_2 + \overset{\bullet}{x}^3\,\mathbf{g}_3\right)\big|_\Lambda \mathrm{d}t = \left(v_2\,\overset{\bullet}{x}^2 + v_3\,\overset{\bullet}{x}^3\right)\big|_\Lambda \mathrm{d}t\,.$$

Unter den genannten Voraussetzungen lautet der Stokessche Integralsatz in Komponentendarstellung

$$\oint_\Lambda \left(v_2\,\overset{\bullet}{x}^2 + v_3\,\overset{\bullet}{x}^3\right)\mathrm{d}t = \int_O (v_{3,2} - v_{2,3})\,\mathrm{d}x^2\mathrm{d}x^3\,. \qquad (4.205)$$

Ist die betrachtete Oberfläche im kartesischen Koordinatensystem keine Teilmenge einer bekannten krummlinigen Koordinatenfläche, dann ist statt Gl. (4.205) die folgende Gleichung anwendbar:

$$\oint_\Lambda \left(\frac{\partial x^{0k}}{\partial \xi}\,\overset{\bullet}{\xi} + \frac{\partial x^{0k}}{\partial \eta}\,\overset{\bullet}{\eta}\right)v_{0k}\,\mathrm{d}t = \int_O \frac{\partial x^{0i}}{\partial \xi}\frac{\partial x^{0j}}{\partial \eta}(v_{0j,0i} - v_{0i,0j})\mathrm{d}\xi\,\mathrm{d}\eta\,, \qquad (4.206)$$

mit i,j,k unabh. $1,2,3$. Die Oberfläche $\mathcal{O}$ muß in der Parameterdarstellung

$$\vec{r} = \vec{o}(\xi,\eta) = x^{0i}(\xi,\eta)\,\mathbf{g}_{0i} \quad \text{mit} \quad \xi,\eta \in \mathcal{M} \subset \Re^2 \qquad (4.207)$$

gegeben sein. $x^{0i}(\xi, \eta)$ besitze stetige partielle Ableitungen nach ξ und η, und es sei $\frac{\partial \vec{r}}{\partial \xi} \times \frac{\partial \vec{r}}{\partial \eta} \neq \vec{O}$ für alle ξ, η im Inneren von $\mathcal{M}$. Dann sind die gerichteten Linienelemente an die ξ- und η-Linien

$$\mathrm{d}\vec{r}_\xi = \frac{\partial x^{0i}}{\partial \xi} \mathrm{d}\xi \, \mathbf{g}_{0i} \quad \text{und} \quad \mathrm{d}\vec{r}_\eta = \frac{\partial x^{0j}}{\partial \eta} \mathrm{d}\eta \, \mathbf{g}_{0j} \,. \tag{4.208}$$

Das Differential der Tangentialflächennormalen ist

$$\mathrm{d}\vec{o} = \mathrm{d}\vec{r}_\xi \times \mathrm{d}\vec{r}_\eta = \frac{\partial x^{0i}}{\partial \xi} \frac{\partial x^{0j}}{\partial \eta} \mathbf{g}_{0i} \times \mathbf{g}_{0j} \, \mathrm{d}\xi \mathrm{d}\eta = e_{hij} \frac{\partial x^{0i}}{\partial \xi} \frac{\partial x^{0j}}{\partial \eta} \mathbf{g}^{0h} \, \mathrm{d}\xi \mathrm{d}\eta \tag{4.209}$$

mit h, i, j unabh. $1, 2, 3$. Mit

$$\mathrm{rot}\vec{v} = e^{klm} v_{0m;0l} \, \mathbf{g}_{0k} = e^{klm} v_{0m,0l} \, \mathbf{g}_{0k} \,, \quad k, lm \text{ unabh. } 1, 2, 3$$

erhalten wir schließlich für

$$\mathrm{d}\vec{o} \cdot \mathrm{rot}\vec{v} = \frac{\partial x^{0i}}{\partial \xi} \frac{\partial x^{0j}}{\partial \eta} (v_{0j,0i} - v_{0i,0j}) \mathrm{d}\xi \mathrm{d}\eta = \frac{\partial x^{0i}}{\partial \xi} \frac{\partial x^{0j}}{\partial \eta} (v_{0j;0i} - v_{0i;0j}) \mathrm{d}\xi \mathrm{d}\eta \,. \tag{4.210}$$

Der zweite Term auf der rechten Seite der Gl. (4.210) ist gegenüber dem ersten Term um Null erweitert. Gl. (4.207) bildet die Parameterebene $\mathcal{M}$ auf die Oberfläche $\mathcal{O}$ ab. Dabei geht die Randkurve $\Lambda_{\mathcal{M}}$ von $\mathcal{M}$ in die Randkurve Λ von $\mathcal{O}$ über. Ist

$$\vec{r}_{\mathcal{M}}(t) = \xi(t) \, \mathbf{g}_{01} + \eta(t) \, \mathbf{g}_{02} \tag{4.211}$$

die Gleichung der Randkurve $\Lambda_{\mathcal{M}}$, so ist

$$\vec{r}(t) = \vec{s}(t) = x^{0i}\big(\xi(t), \eta(t)\big) \, \mathbf{g}_{0i} \tag{4.212}$$

die Gleichung der Randkurve Λ von $\mathcal{O}$ und

$$\mathrm{d}\vec{s} = \overset{\bullet}{x}{}^{0i} \, \mathbf{g}_{0i} \, \mathrm{d}t = \left(\frac{\partial x^{0i}}{\partial \xi} \overset{\bullet}{\xi} + \frac{\partial x^{0i}}{\partial \eta} \overset{\bullet}{\eta} \right) \mathbf{g}_{0i} \, \mathrm{d}t \tag{4.213}$$

ihr Liniendifferential. Das Differential der Zirkulation ist dann

$$\mathrm{d}\vec{s} \cdot \vec{v} = \left(\frac{\partial x^{0k}}{\partial \xi} \overset{\bullet}{\xi} + \frac{\partial x^{0k}}{\partial \eta} \overset{\bullet}{\eta} \right) v_{0k} \, \mathrm{d}t \,. \tag{4.214}$$

Die Gln. (4.210) und (4.214) sind die Integranden des Stokesschen Satzes (4.206).

Ist die Fläche, Gl. (4.206), eine echte Teilmenge der Koordinatenfläche eines krummlinigen Koordinatensystems, dann geht Gl. (4.206) in Gl. (4.205) über.

Aufgabe 4.19 : Für den Fall, daß $\xi = x^2$ und $\eta = x^3$ gilt, $\mathcal{O}$ also eine echte Teilmenge der Koordinatenfläche $x^1 = $ const ist, ist die Identität der beiden Gln. (4.205) und (4.206) zu zeigen.

Beispiel 4.9 : In einer ebenen Potentialströmung, die aus der Überlagerung eines Parallelstromes mit einem Potentialwirbel bestehen soll, ist die Zirkulation längs eines Kreises Λ mit dem Radius R um den Koordinatenursprung zu berechnen. Das Geschwindigkeitsfeld dieser Strömung

$$\vec{v} = v^{0i}\,\mathbf{g}_{0i} \quad \text{mit} \quad (v^{0i}) = \begin{pmatrix} u_\infty + \frac{Kx^{02}}{2\pi r^2} \\ -\frac{Kx^{01}}{2\pi r^2} \\ 0 \end{pmatrix} = (v_{0i}) \qquad (4.215)$$

mit $r^2 = (x^{01})^2 + (x^{02})^2$ ist in kartesischen Koordinaten gegeben. u_∞ und K sind Konstante. Der Integrationsweg Λ, über den die Zirkulation zu bilden ist, hat die Parameterdarstellung

$$\vec{s}(t) = x^{0i}(t)\,\mathbf{g}_{0i} \quad \text{mit} \quad x^{0i}(t) = R \begin{pmatrix} \cos t \\ \sin t \\ 0 \end{pmatrix} ; \qquad (4.216)$$

t ist Kurvenparameter, $t \in I = [0, 2\pi]$. Da sowohl $\vec{v}$ als auch $\vec{s}(t)$ in kartesischen Koordinaten vorgegeben sind, liegt es nahe, die Zirkulation nach Gl. (4.194) zu bestimmen. Die Rechnung ergibt:

$$\Gamma = \int\limits_0^{2\pi} \left(\overset{\bullet}{x}{}^{0i} \right)^T (v_{0i}) \Big|_{x^{0l}(t)} \, dt$$

$$= -R \int\limits_0^{2\pi} \left[\left(u_\infty + \frac{KR\sin t}{2\pi R^2} \right) \sin t + \frac{KR\cos t}{2\pi R^2} \cos t \right] dt = -K \, . (4.217)$$

Das gleiche Ergebnis erhalten wir nach Gl. (4.193), wenn $\vec{v}$ und $\vec{s}$ in krummlinigen Koordinaten beschrieben werden. Wir wollen diesen zweiten Weg auch beschreiten. Als krummlinige Koordinaten wählen wir die Zylinderkoordinaten, da sich die x^2- Koordinatenlinie mit $x^1 = R = $ const dem Integrationsweg Λ anpaßt. Zwischen den kartesischen Koordinaten und den Zylinderkoordinaten besteht der funktionelle Zusammenhang (4.21). In Beispiel 4.2 haben wir die Transformationskoeffizienten a_k^{0i} und a_{0i}^k, Gln. (4.22) und (4.27), bereitgestellt. In Aufgabe 4.7 wurden die Christoffel-Symbole berechnet, von denen nur drei von Null verschieden sind, nämlich $\Gamma_{22}^1 = -x^1$ und $\Gamma_{21}^2 = \Gamma_{12}^2 = \frac{1}{x^1}$. Das Geschwindigkeitsfeld (4.215) hat in Zylinderkoordinaten die Darstellung

$$\vec{v} = v_j \, \mathbf{g}^j = v_{0i} \, \mathbf{g}^{0i} = v_{0i} \, a_j^{0i} \, \mathbf{g}^j \quad \text{mit} \quad (v_j) = (a_j^{0i})^T (v_{0i}) . \tag{4.218}$$

Die kovarianten Geschwindigkeitskomponenten v_j ergeben sich mit (a_j^{0i}) nach Gl. (4.22), (v_{0i}) nach Gl. (4.215) und $x^{0i} = x^{0i}(x^1, x^2, x^3)$ nach Gl. (4.21) unmittelbar zu:

$$
\begin{aligned}
(v_j) &=
\begin{pmatrix}
\cos x^2 & \sin x^2 & 0 \\
-x^1 \sin x^2 & x^1 \cos x^2 & 0 \\
0 & 0 & 1
\end{pmatrix}
\begin{pmatrix}
u_\infty + \frac{K x^{02}}{2\pi r^2} \\
-\frac{K x^{01}}{2\pi r^2} \\
0
\end{pmatrix} \\[2mm]
&=
\begin{pmatrix}
u_\infty \cos x^2 \\
-u_\infty x^1 \sin x^2 - \frac{K}{2\pi} \\
0
\end{pmatrix} .
\end{aligned}
\tag{4.219}
$$

Der Integrationsweg Λ, Gl. (4.216), ist ebenfalls in Zylinderkoordinaten anzugeben. Infolge des funktionellen Zusammenhanges (4.21) und der Gl. (4.216) ergibt sich aus

$$
R
\begin{pmatrix}
\cos t \\
\sin t \\
0
\end{pmatrix}
=
\begin{pmatrix}
x^1 \cos x^2 \\
x^1 \sin x^2 \\
x^3
\end{pmatrix}
\quad \Rightarrow \quad
x^k(t) =
\begin{pmatrix}
R \\
t \\
0
\end{pmatrix} .
\tag{4.220}
$$

Damit erhalten wir für den Ortsvektor entlang Γ

$$\vec{s} = x^{0k}(t) \, \mathbf{g}_{0k} = x^{0k}(t) a_{0k}^i \, \mathbf{g}_i \Big|_{x^l(t)} = s^i \, \mathbf{g}_i \tag{4.221}$$

und für die kontravarianten Komponenten:

$$(s^i) = (a_{0k}^i)(x^{0k}) \big|_{x^l(t)} =
\begin{pmatrix}
R \\
0 \\
0
\end{pmatrix} .
\tag{4.222}
$$

Die Zirkulation

$$\Gamma = \int_0^{2\pi} \overset{\bullet}{x}{}^k(t) \big(s^i_{,k} + s^n \Gamma_{nk}^i\big) v_i \Big|_{x^l(t)} \, dt$$

ist wegen $s^i_{,k} = 0 \quad \forall\, i,k = 1,2,3 \quad$ und $\quad \left(\overset{\bullet}{x}{}^k \right)^T = (0\,1\,0)$

$$
\begin{aligned}
\Gamma &= \int_0^{2\pi} \overset{\bullet}{x}{}^k \, s^1 \Gamma_{1k}^i \, v_i \big|_{x^l(t)} \, dt = R \int_0^{2\pi} \Gamma_{12}^2 \, v_2 \big|_{x^l(t)} \, dt \\[2mm]
&= -\int_0^{2\pi} \left(u_\infty R \sin t + \frac{K}{2\pi} \right) dt = -K ,
\end{aligned}
\tag{4.223}
$$

in Übereinstimmung mit Gl. (4.217).

4.4.2 Der Gaußsche Integralsatz

Der Gaußsche Integralsatz überführt ein Raumintegral über einen beschränkten Bereich $\mathcal{G}$ in ein Integral über die geschlossene Oberfläche dieses Bereiches.

Satz 4.4 : *Es sei $\mathcal{G}$ ein beschränkter dreidimensionaler einfach zusammenhängender Bereich, der aus endlich vielen räumlichen Normalbereichen [KP93] zusammengesetzt ist. $\mathcal{G}$ habe eine stückweise glatte geschlossene Oberfläche $\mathcal{O}$ mit nach außen gerichteter Flächennormalen. $\mathcal{O}$ genüge den in Satz 4.3 genannten Voraussetzungen. Auf $\mathcal{G}$ ist ein stetig partiell differenzierbares Tensorfeld $\mathbf{T} \in \mathcal{W}$ beliebiger Stufe gegeben. Dann gilt*

$$\int\limits_{\mathcal{G}} \operatorname{div} \mathbf{T}\, dV = \int\limits_{\mathcal{O}} d\vec{o} \cdot \mathbf{T} . \qquad (4.224)$$

$dV = \sqrt{g}\, dx^1\, dx^2\, dx^3$ *ist das mit den Koordinatenflächen gebildete Volumenelement.*

In der Literatur [Kne61], [KP93], [DH55], [Lag56] wird der Gaußsche Satz für den Fall bewiesen, daß $\mathbf{T}$ ein Tensor 1. Stufe ist. Wir folgen dieser Vorgehensweise in der Absicht, Gl. (4.224) anschaulich zu erläutern.

Zunächst ersetzen wir willkürlich $\mathbf{T}$ durch das stetig partiell differenzierbare Geschwindigkeitsfeld $\vec{v}$ einer stationären Strömung und führen die folgenden Betrachtungen der Übersichtlichkeit wegen im kartesischen Koordinatensystem durch. $\operatorname{div} \vec{v} = \frac{\partial v^{0i}}{\partial x^{0i}}$ beschreibt die örtliche Änderung der Geschwindigkeit im Aufpunkt A. Den Aufpunkt umgeben wir mit einem infinitesimal kleinen Quader $\overline{\mathcal{G}}$, der die Kantenlängen $dx^{01}, dx^{02}, dx^{03}$ hat. $\overline{\mathcal{G}}$ ist ein Normalbereich bezüglich der x^{01}, x^{02}-, der x^{01}, x^{03}- und der x^{02}, x^{03}-Ebene und $\overline{\mathcal{O}}$ seine Oberfläche. $\overline{\mathcal{O}}$ besteht aus den 6 infinitesimalen Quaderflächen. $\operatorname{div} \vec{v}$ ist eine Quelldichte. In einer quellfreien inkompressiblen Strömung ist $\operatorname{div} \vec{v} = 0$. Der Ausdruck

$$\int\limits_{\overline{\mathcal{G}}} \operatorname{div} \vec{v}\, dV = \int\limits_{\overline{\mathcal{G}}} \frac{\partial v^{0i}}{\partial x^{0i}}\, dx^{01} dx^{02} dx^{03}$$

$$= \int\limits_{\overline{\mathcal{O}}} v^{01} dx^{02} dx^{03} + v^{02} dx^{01} dx^{03} + v^{03} dx^{01} dx^{02}$$

$$= \int\limits_{\overline{\mathcal{O}}} v^{0j}\, \mathrm{d}x^{0k}\, \mathrm{d}x^{0l}\,, \quad j,k,l \quad \text{zykl.} \quad 1,2,3\,, \qquad (4.225)$$

$$= \int\limits_{\overline{\mathcal{O}}} v^{0j}\, \mathrm{d}o^{0j} = \int\limits_{\overline{\mathcal{O}}} \mathrm{d}\vec{o}\cdot\vec{v}$$

bilanziert den in $\overline{\mathcal{G}}$ entstehenden oder verschwindenden inkompressiblen Fluid-volumenstrom mit dem über die Oberfläche $\overline{\mathcal{O}}$ aus- oder eintretenden Volumen-strom. Erstrecken wir die Bilanz über den gesamten Bereich $\mathcal{G}$, dann folgt aus Gl. (4.225)

$$\int\limits_{\mathcal{G}} \operatorname{div}\vec{v}\, \mathrm{d}V = \int\limits_{\mathcal{O}} \mathrm{d}\vec{o}\cdot\vec{v} \qquad (4.226)$$

der gewöhnliche Integralsatz von Gauß. Der Ersatz des Tensors $\mathbf{T}$ in Gl. (4.225) durch den speziellen Vektor $\vec{v}$ geschah nur wegen der physikalischen Argumen-tation. Die Aussage der Gl. (4.226) ist von der speziellen Tensorfunktion un-abhängig. Allgemein können wir schreiben

$$\int\limits_{\mathcal{G}} \nabla\cdot(\dots)\, \mathrm{d}V = \int\limits_{\mathcal{O}} \mathrm{d}\vec{o}\cdot(\dots)\,. \qquad (4.227)$$

Wie im folgenden gezeigt wird, gelten somit auch folgende zwei Integralsätze:

$$\int\limits_{\mathcal{G}} \operatorname{grad}\varphi\, \mathrm{d}V = \int\limits_{\mathcal{O}} \varphi\, \mathrm{d}\vec{o} \quad \text{und} \quad \int\limits_{\mathcal{G}} \operatorname{rot}\vec{v}\, \mathrm{d}V = \int\limits_{\mathcal{O}} \mathrm{d}\vec{o}\times\vec{v}\,. \qquad (4.228)$$

φ und $\vec{v}$ sind Tensoren 0. und 1. Stufe.

Beweis: Es sei $\vec{A} \neq \vec{O} \in \mathcal{V}$ ein beliebiges konstantes Vektorfeld in $\mathcal{G}$.
Wir wenden den Gaußschen Satz (4.227) zunächst auf das Feld $\varphi\vec{A}$ an. Wegen $\operatorname{div}(\varphi\vec{A}) = \vec{A}\cdot\operatorname{grad}\varphi$ erhalten wir

$$\int\limits_{\mathcal{G}} \operatorname{div}(\varphi\,\vec{A})\, \mathrm{d}V = \vec{A}\cdot\int\limits_{\mathcal{G}} \operatorname{grad}\varphi\, \mathrm{d}V = \vec{A}\cdot\int\limits_{\mathcal{O}} \varphi\, \mathrm{d}\vec{o}$$

bzw.

$$\vec{A}\cdot\left(\int\limits_{\mathcal{G}} \operatorname{grad}\varphi\, \mathrm{d}V - \int\limits_{\mathcal{O}} \varphi\, \mathrm{d}\vec{o}\right) = 0\,.$$

Da $\vec{A} \neq \vec{O}$ ist, muß der Ausdruck in der Klammer verschwinden. Die erste Beziehung der Gl. (4.228) ist somit bewiesen.

Der Gaußsche Integralsatz wird jetzt auf $\vec{v} \times \vec{A}$ angewendet. Da

$$\nabla \cdot (\vec{v} \times \vec{A}) = \nabla \cdot \left(\overset{\downarrow}{\vec{v}} \times \vec{A} \right) + \nabla \cdot \left(\vec{v} \times \overset{\downarrow}{\vec{A}} \right)$$

gilt und wir für

$$\nabla \cdot \left(\overset{\downarrow}{\vec{v}} \times \vec{A} \right) = \left[\nabla, \overset{\downarrow}{\vec{v}}, \vec{A} \right] = \left[\vec{A}, \nabla, \overset{\downarrow}{\vec{v}} \right] = \vec{A} \cdot \operatorname{rot} \vec{v}$$

und

$$\nabla \cdot \left(\vec{v} \times \overset{\downarrow}{\vec{A}} \right) = \left[\nabla, \vec{v}, \overset{\downarrow}{\vec{A}} \right] = - \left[\vec{v}, \nabla, \overset{\downarrow}{\vec{A}} \right] = -\vec{v} \cdot \operatorname{rot} \vec{A}$$

erhalten, ist wegen $\vec{A} = \text{const}$ der Ausdruck $\operatorname{div}(\vec{v} \times \vec{A}) = \vec{A} \cdot \operatorname{rot} \vec{v}$, und der Gaußsche Integralsatz führt auf:

$$\vec{A} \cdot \left(\int\limits_{\mathcal{G}} \operatorname{rot} \vec{v} \, dV - \int\limits_{\mathcal{O}} d\vec{o} \times \vec{v} \right) = 0.$$

Damit haben wir den zweiten Integralsatz in Gl. (4.228) bewiesen.
Die Komponentendarstellung des Gaußschen Integralsatzes (4.224) geben wir unter folgenden Voraussetzungen an:
Der Bereich $\mathcal{G}$ sei bezüglich der drei Koordinatenebenen ein Normalbereich, Bild 4.9, [KP93]. Seine geschlossene Oberfläche $\mathcal{O}$ sei in der Parameterdarstellung $\vec{o} = \vec{o}(\xi, \eta)$ mit $\xi, \eta \in \mathcal{M}$ gegeben, und sie erfülle die in Satz 4.3 genannten Voraussetzungen. Ohne Einschränkung sei $\mathbf{T}$ ein Tensor 2. Stufe. Dann lautet die Komponentendarstellung des Gaußschen Integralsatzes in kartesischen Koordinaten

$$\int\limits_{\mathcal{G}} T^{0k0l}_{,0k} \, \mathbf{g}_{0l} \, dx^{01} dx^{02} dx^{03} = \int\limits_{\mathcal{O}} \left(\frac{\partial x^{0i}}{\partial \xi} \frac{\partial x^{0j}}{\partial \eta} - \frac{\partial x^{0j}}{\partial \xi} \frac{\partial x^{0i}}{\partial \eta} \right) T^{0h0l} \, \mathbf{g}_{0l} \, d\xi d\eta \quad (4.229)$$

mit k, l unabh. $1, 2, 3$ und h, i, j zykl. $1, 2, 3$.
Die Darstellung in den krummlinigen Koordinaten lautet:

$$\int\limits_{\mathcal{G}} T^{kl}_{;k} \, \mathbf{g}_l \sqrt{g} \, dx^1 dx^2 dx^3 = \int\limits_{\mathcal{O}} o_k \, T^{kn} \, \mathbf{g}_n \, d\xi d\eta. \quad (4.230)$$

In den Gl. (4.229) und (4.230) sind $\vec{o} = x^{0i}(\xi, \eta) \, \mathbf{g}_{0i}$ die Gleichung der geschlossenen Oberfläche des Bereiches $\mathcal{G}$,

$$d\vec{o} = \left(\frac{\partial x^{0i}}{\partial \xi} \frac{\partial x^{0j}}{\partial \eta} - \frac{\partial x^{0j}}{\partial \xi} \frac{\partial x^{0i}}{\partial \eta} \right) \mathbf{g}^{0h} \, d\xi d\eta \quad (4.231)$$

das gerichtete Oberflächenelement in kartesischen Koordinaten und

$$d\vec{o} = o_k\,\mathbf{g}^k\,d\xi d\eta \quad \text{mit} \quad o_k = \left(\frac{\partial x^{0i}}{\partial \xi}\frac{\partial x^{0j}}{\partial \eta} - \frac{\partial x^{0j}}{\partial \xi}\frac{\partial x^{0i}}{\partial \eta}\right) a_k^{0h} \qquad (4.232)$$

das Oberflächenelement in krummlinigen Koordinaten.

Beispiel 4.10 : Es ist das Bereichsintegral über eine Kugel mit dem Radius R von der Divergenz des Vektorfeldes $\vec{v} = a\,x^{0i}\,\mathbf{g}_{0i}$ zu bilden. Den Integrationsbereich $\mathcal{G}$ beschreiben wir zweckmäßig mittels Kugelkoordinaten. Wir berechnen beide Seiten des Integralsatzes

$$\int\limits_{\mathcal{G}} \operatorname{div}\vec{v}\,dV = \int\limits_{\mathcal{O}} d\vec{o}\cdot\vec{v} \qquad (4.233)$$

getrennt. Zunächst ist das Vektorfeld $\vec{v}$ in Kugelkoordinaten darzustellen. Dazu benutzen wir die in Aufgabe 4.2 bereitgestellten Ergebnisse. Es ist

$$\vec{v} = a\,x^{0i}\,\mathbf{g}_{0i} = a\,x^{0i}\,a_{0i}^k\,\mathbf{g}_k = v^k\,\mathbf{g}_k\,.$$

Die kovarianten Basisvektoren der Kugelkoordinaten ergeben sich zu $\mathbf{g}_k = a_k^{0i}\,\mathbf{g}_{0i}$. Die kontravarianten Vektorkomponenten folgen aus

$$
\begin{aligned}
(v^k) &= a(a_{0i}^k)(x^{0i}) \\
&= \begin{pmatrix} \sin x^2 \cos x^3 & \sin x^2 \sin x^3 & \cos x^2 \\ \frac{\cos x^2}{x^1}\cos x^3 & \frac{\cos x^2}{x^1}\sin x^3 & -\frac{\sin x^2}{x^1} \\ -\frac{\sin x^3}{x^1\sin x^2} & \frac{\cos x^3}{x^1\sin x^2} & 0 \end{pmatrix} \begin{pmatrix} ax^1\sin x^2\cos x^3 \\ ax^1\sin x^2\sin x^3 \\ ax^1\cos x^2 \end{pmatrix} \\
&= \begin{pmatrix} a\,x^1 \\ 0 \\ 0 \end{pmatrix}.
\end{aligned}
$$

Die Divergenz des Vektorfeldes ist nach Gl. (4.70)

$$\nabla\cdot\vec{v} = v_{,k}^k + v^m\,\Gamma_{mk}^k = v_{;k}^k\,.$$

Da nach Aufgabe 4.7 die Christoffel-Symbole der Kugelkoordinaten bis auf

$$\Gamma_{22}^1 = -x^1\,, \quad \Gamma_{33}^1 = -x^1(\sin x^2)^2\,, \quad \Gamma_{21}^2 = \frac{1}{x^1}\,,$$

$$\Gamma_{33}^2 = -\sin x^2\cos x^2\,, \quad \Gamma_{13}^3 = \frac{1}{x^1}\,, \quad \Gamma_{23}^3 = \cot x^2$$

verschwinden, erhalten wir für div $\vec{v} = 3\,a$.

Mit $\sqrt{g} = (x^1)^2 \sin x^2$ folgt für das Volumenintegral des Gaußschen Integralsatzes

$$\int\limits_{\mathcal{G}} \operatorname{div} \vec{v} \sqrt{g} \, \mathrm{d}x^1 \mathrm{d}x^2 \mathrm{d}x^3 = 3a \int\limits_0^R \int\limits_0^\pi \int\limits_0^{2\pi} (x^1)^2 \sin x^2 \, \mathrm{d}x^1 \mathrm{d}x^2 \mathrm{d}x^3 = 4a\pi R^3 \,. \quad (4.234)$$

Die Gleichung der Kugeloberfläche mit dem Radius R lautet:

$$\vec{o} = x^{0i}(\xi, \eta) \, \mathbf{g}_{0i} \,, \quad \xi, \eta \in \mathcal{M} = [0 \le \xi \le \pi, 0 \le \eta \le 2\pi] \quad \text{und} \quad x^1 = R$$

bzw.

$$\vec{o} = R \sin \xi \cos \eta \, \mathbf{g}_{01} + R \sin \xi \sin \eta \, \mathbf{g}_{02} + R \cos \xi \, \mathbf{g}_{03} \,.$$

Mit den gerichteten Linienelementen der ξ- und η-Linien

$$\mathrm{d}\,\vec{r}_\xi = \frac{\partial x^{0i}}{\partial \xi} \mathrm{d}\xi \, \mathbf{g}_{0i} = [R \cos \xi \cos \eta \, \mathbf{g}_{01} + R \cos \xi \sin \eta \, \mathbf{g}_{02} - R \sin \xi \, \mathbf{g}_{03}] \mathrm{d}\xi$$

und

$$\mathrm{d}\,\vec{r}_\eta = \frac{\partial x^{0j}}{\partial \eta} \mathrm{d}\eta \, \mathbf{g}_{0j} = [-R \sin \xi \sin \eta \, \mathbf{g}_{01} + R \sin \xi \cos \eta \, \mathbf{g}_{02}] \mathrm{d}\eta$$

bilden wir das gerichtete Oberflächenelement

$$\mathrm{d}\,\vec{o} = \mathrm{d}\,\vec{r}_\xi \times \mathrm{d}\,\vec{r}_\eta = \left(\frac{\partial x^{0i}}{\partial \xi} \frac{\partial x^{0j}}{\partial \eta} - \frac{\partial x^{0j}}{\partial \xi} \frac{\partial x^{0i}}{\partial \eta} \right) \mathbf{g}^{0h} \, \mathrm{d}\xi \mathrm{d}\eta = o_{0h} \, \mathbf{g}^{0h} \, \mathrm{d}\xi \mathrm{d}\eta \,;$$

h, i, j zykl. $1, 2, 3$ zunächst in kartesischen Koordinaten. Es ergibt sich

$$(o_{0h})^T = (R^2 \sin^2 \xi \, \cos \eta \quad R^2 \sin^2 \xi \, \sin \eta \quad R^2 \cos \xi \, \sin \xi) \,.$$

Das gerichtete Oberflächenelement in Kugelkoordinaten ist dann:

$$\mathrm{d}\,\vec{o} = o_{0h} \, a_k^{0h} \, \mathbf{g}^k \, \mathrm{d}\xi \mathrm{d}\eta = o_k \, \mathbf{g}^k \, \mathrm{d}\xi \mathrm{d}\eta$$

mit

$$(o_k) = (a_k^{0h})^T \big|_{\mathcal{O}} (o_{0h}) = \begin{pmatrix} R^2 \sin \xi \\ 0 \\ 0 \end{pmatrix} \,.$$

Das Oberflächenintegral des Gaußschen Integralsatzes führt auf das Resultat

$$\int\limits_{\mathcal{O}} \mathrm{d}\,\vec{o} \cdot \vec{v} = a \int\limits_{\xi=0}^\pi \int\limits_{\eta=0}^{2\pi} R^3 \sin \xi \, \mathrm{d}\eta \mathrm{d}\xi = 4a\pi R^3 \,, \quad (4.235)$$

das mit der Gl. (4.234) identisch ist.

Aus dem Gaußschen Integralsatz lassen sich die Greenschen Formeln herleiten. Sind Φ und Ψ zwei skalare Feldfunktionen in $\mathcal{G}$ und gelten die Voraussetzungen in Satz 4.4, dann ist

$$\int_{\mathcal{G}} \text{div}\,(\Phi\,\text{grad}\,\Psi)\,dV = \int_{\mathcal{G}} (\text{grad}\,\Phi \cdot \text{grad}\,\Psi + \Phi\,\Delta\,\Psi)\,dV,$$

$$= \int_{\mathcal{O}} d\,\vec{o} \cdot \Phi\,\text{grad}\,\Psi \qquad (4.236)$$

der erste Greensche Satz. $d\,\vec{o} \cdot \text{grad}\,\Psi$ ist eine Ableitung von Ψ in Richtung der Oberflächennormalen. Vertauscht man in Gl. (4.236) die Funktion Φ mit Ψ und subtrahiert die auf diese Weise erhaltene Formel

$$\int_{\mathcal{G}} (\text{grad}\,\Psi \cdot \text{grad}\,\Phi + \Psi\,\Delta\,\Phi)\,dV = \int_{\mathcal{O}} d\,\vec{o} \cdot \Psi\,\text{grad}\,\Phi \qquad (4.237)$$

von Gl. (4.236), dann ergibt sich

$$\int_{\mathcal{G}} (\Phi\,\Delta\,\Psi - \Psi\,\Delta\,\Phi)\,dV = \int_{\mathcal{O}} d\,\vec{o} \cdot \big(\Phi\,\text{grad}\,\Psi - \Psi\,\text{grad}\,\Phi\big) \qquad (4.238)$$

der zweite Greensche Satz. Mit den vorstehenden Beziehungen lassen sich die Integralsätze in die Komponentenschreibweise überführen.

4.5   Eine Anwendung der Integralsätze

In Definition 4.7 haben wir die Zirkulation längs einer einfachen geschlossenen glatten Raumkurve gebildet, die der Rand einer offenen Fläche ist, Bild 4.8. Nach dem Stokesschen Integralsatz (4.198) ist

$$\Gamma = \oint_{\Lambda} d\,\vec{s} \cdot \vec{v} = \int_{\mathcal{O}} d\,\vec{o} \cdot \text{rot}\,\vec{v}. \qquad (4.239)$$

Wir betrachten nun die geschlossene Fläche in Bild 4.9, die den räumlichen Bereich $\mathcal{G}$ berandet. Durch einen Schnitt zerlegen wir sie in zwei Hälften, auf die jeweils Gl. (4.239) angewendet werden darf. Da Λ an der unteren Flächenhälfte entgegengesetzt wie an der oberen durchlaufen wird, verschwindet die längs der beiden Ränder gebildete Zirkulation. Wir erhalten somit den Helmholtzschen Wirbelsatz

---

Satz 4.5 : *Die Zirkulation eines stetigen partiell differenzierbaren Geschwindigkeitsfeldes $\vec{v} \in \mathcal{V}$ über der geschlossenen glatten Oberfläche eines einfach zusammenhängenden Bereiches $\mathcal{G}$ ist stets Null.*

Satz 4.5 erlaubt folgende Schlußfolgerung: Da $\mathcal{O}$ eine geschlossene Oberfläche ist, kann das Oberflächenintegral der Gl. (4.239) mittels des Gaußschen Integralsatzes in ein Volumenintegral überführt werden

$$\int_{\mathcal{O}} \mathrm{d}\,\vec{o} \cdot \mathrm{rot}\,\vec{v} = \int_{\mathcal{G}} \mathrm{div}\,(\mathrm{rot}\,\vec{v})\,\mathrm{d}V\,. \tag{4.240}$$

Wegen $\mathrm{div}\,\mathrm{rot}\vec{v} \equiv 0$ folgt mit dem Vektor $\vec{\omega} = \frac{1}{2}\mathrm{rot}\vec{v}$ der Drehung (Wirbelvektor) für die Zirkulation

$$\Gamma = \int_{\mathcal{O}} \mathrm{d}\,\vec{o} \cdot \mathrm{rot}\,\vec{v} = 2\int_{\mathcal{O}} \mathrm{d}\,\vec{o} \cdot \vec{\omega} = 2\int_{\mathcal{G}} \mathrm{div}\,\vec{\omega}\,\mathrm{d}V = 0 \tag{4.241}$$

bzw.
$$\mathrm{div}\,\vec{\omega} = 0\,. \tag{4.242}$$

Gl. (4.242) ist der räumliche Wirbelerhaltungssatz in differentieller Form. Er ist rein kinematischer Natur und keinen physikalischen Einschränkungen unterworfen. Der Wirbelerhaltungssatz gilt in stationärer, instationärer, kompressibler und inkompressibler Strömung. Er steht somit in Analogie zur Kontinuitätsgleichung inkompressibler Fluide. Satz 4.5 läßt auch folgende Formulierung zu:

Satz 4.6 : *Im Inneren eines Strömungsbereiches kann kein Wirbelfaden beginnen oder enden.*

Ein Wirbelfaden muß sich also entweder bis an die Grenzen des Strömungsbereiches erstrecken oder in sich zurücklaufend einen geschlossenen Ring bilden.

4.5.1 Der Fundamentalsatz der Vektoranalysis

Satz 4.7 : *Ist $\vec{v} \in \Re^3$ ein stetig differenzierbares Vektorfeld in einem beschränkten oder unbeschränkten räumlichen Bereich $\mathcal{G}$ mit hinreichend glattem Rand $\mathcal{O}$, dann läßt sich $\vec{v}$ in einen drehungsfreien Anteil $\vec{v}_1$ und in einen quellfreien Anteil $\vec{v}_2$ zerlegen, d.h., es gilt $\vec{v} = \vec{v}_1 + \vec{v}_2$ mit*

$$\mathrm{rot}\,\vec{v}_1 = 0 \quad und \quad \mathrm{div}\,\vec{v}_2 = 0\,. \tag{4.243}$$

$\vec{v}$ kann das Geschwindigkeitsfeld einer quell- und drehungsbehafteten Strömung sein. In diesem allgemeinen Fall existieren neben den Gln. (4.243) noch die Aussagen

$$\operatorname{div} \vec{v}_1 = q_0 \quad \text{und} \quad \operatorname{rot} \vec{v}_2 = 2\vec{\omega} \, ; \qquad (4.244)$$

q_0 ist die Quelldichte, und $\vec{\omega}$ ist der Wirbelvektor.

Beweis: Für das drehungsfreie Feld $\vec{v}_1$ existiert ein Geschwindigkeitspotential $\Phi(\vec{x})$, so daß $\vec{v}_1 = \operatorname{grad}\Phi$ gilt. Die erste Gleichung (4.244) legt die Dgl. für Φ fest:

$$\operatorname{div}\operatorname{grad}\Phi = \Delta\Phi = q_0 = \operatorname{div}\vec{v} . \qquad (4.245)$$

Die Rotation von $\vec{v}_1 = \operatorname{grad}\Phi$ verschwindet identisch. Den Anteil $\vec{v}_2$ des Geschwindigkeitsfeldes $\vec{v}$ beschreiben wir mit dem vektoriellen Wirbelpotential $\vec{\varepsilon}$. Es ist dann $\vec{v}_2 = \operatorname{rot}\vec{\varepsilon}$, so daß die Divergenz von $\vec{v}_2$ identisch verschwindet. Die zweite Beziehung der Gl. (4.244) legt die Dgl. für $\vec{\varepsilon}$ fest:

$$\operatorname{rot}\operatorname{rot}\vec{\varepsilon} = 2\vec{\omega} = \operatorname{rot}\vec{v} . \qquad (4.246)$$

Nach dem Zerlegungssatz (4.165) ist

$$\operatorname{rot}\operatorname{rot}\vec{\varepsilon} = \operatorname{grad}\operatorname{div}\vec{\varepsilon} - \Delta\vec{\varepsilon} = 2\vec{\omega} .$$

Unterwirft man $\vec{\varepsilon}$ zusätzlich der Bedingung $\operatorname{div}\vec{\varepsilon} = 0$, die mit dem räumlichen Wirbelerhaltungssatz verträglich ist, so ergibt sich für $\vec{\varepsilon}$ die Dgl.

$$\Delta\vec{\varepsilon} = -2\vec{\omega} = -\operatorname{rot}\vec{v} . \qquad (4.247)$$

Die Bedingung $\operatorname{div}\vec{\varepsilon} = 0$ sorgt einerseits dafür, daß $\vec{\varepsilon}$ bis auf eine Konstante bestimmt ist, andererseits besagt sie, daß am Rande des räumlichen Wirbelgebietes die Wirbellinien in der Randfläche liegen und somit geschlossen sind [Tru89]. Die Lösung der Poissonschen Dgln. (4.245) und (4.247) ist unter den getroffenen Voraussetzungen eindeutig, und sie existiert nach der Potentialtheorie [Edg89], [Kne61].   □

Kapitel 5

Lösungen und Lösungshinweise

1.1 Die Arbeit: $W = \int\limits_0^\pi (a\vec{e}_1 + b\vec{e}_2) \cdot (\vec{e}_1 + c\cos(t)\vec{e}_2)\mathrm{d}t = a\pi$.

1.2 Nach Voraussetzung ist: $C = \overline{C}^T$. Die Behauptung ist: $C^T = C^{-1}$. Nach Gl. (1.18) ist $\overline{C}C = E$. Wegen $\overline{C} = C^T$ folgt $C^T C = E$ und daraus $C^T = C^{-1}$. □

1.3 Maximum-Norm: $\parallel \vec{A} \parallel_1 = \max\limits_{i=1,2,3} |A_i|$,

$$\parallel \vec{A} \parallel_1 = 0 \Leftrightarrow \quad \text{wenn} \quad A_i = 0 \,,$$

$$\parallel \lambda\vec{A} \parallel_1 = \max\limits_{i=1,2,3} |\lambda A_i| = |\lambda| \max\limits_{i=1,2,3} |A_i| \,.$$

Die Dreiecksungleichung:

$$\parallel \vec{A} + \vec{B} \parallel_1 = \max\limits_{i=1,2,3} |A_i + B_i| \leq \max\limits_{i=1,2,3} |A_i| + \max\limits_{i=1,2,3} |B_i| \,.$$

Euklidische Norm: $\parallel \vec{A} \parallel_2 = \sqrt{\vec{A} \cdot \vec{A}} = \sqrt{A_1^2 + A_2^2 + A_3^2}$,

$$\parallel \vec{A} \parallel_2 = 0 \Leftrightarrow \quad \text{wenn} \quad A_i = 0 \,,$$

$$\parallel \lambda\vec{A} \parallel_2 = |\lambda|\sqrt{\vec{A} \cdot \vec{A}} = |\lambda| \parallel \vec{A} \parallel \,.$$

Die Dreiecksungleichung beweisen wir mit der Minkowski-Ungl. [KA78]

$$\parallel \vec{A} + \vec{B} \parallel_2 = \sqrt{\sum_{i=1}^3 |A_i + B_i|^2} \leq \sqrt{\sum_{i=1}^3 |A_i|^2} + \sqrt{\sum_{i=1}^3 |B_i|^2}$$

$$\leq \parallel \vec{A} \parallel_2 + \parallel \vec{B} \parallel_2 \,.$$

1.4 Behauptung: $|\vec{H}| = |\vec{D}|$. Ohne Einschränkung nehmen wir an, daß entsprechend Bild 1.6 die Winkel $(\vec{A}, \vec{B})$ und $(\vec{A}, \vec{C}) = \frac{\pi}{2}$ sind. Dann ist auch der Winkel

$(\vec{A}, \vec{B} + \vec{C}) = \frac{\pi}{2}$. Stehen z.B. die Vektoren $\vec{B}$ und $\vec{C}$ nicht senkrecht aufeinander, so zerlegen wir den Körper in Teilkörper, die dann die Bedingung der Orthogonalität wieder erfüllen. Es gilt:

$$|\vec{H}| = \sqrt{(\vec{A} \times \vec{B})^2 + (\vec{A} \times \vec{C})^2} = \sqrt{|\vec{A}|^2|\vec{B}|^2 \sin^2(\vec{A}, \vec{B}) + |\vec{A}|^2|\vec{C}|^2 \sin^2(\vec{A}, \vec{C})},$$

und wegen $\sin(\vec{A}, \vec{B}) = 1$ und $\sin(\vec{A}, \vec{C}) = 1$ folgt $|\vec{H}| = |\vec{A}|\sqrt{|\vec{B}|^2 + |\vec{C}|^2}$. Weiterhin ist

$$|\vec{D}| = |\vec{A}||\vec{B} + \vec{C}| \sin(\vec{A}, \vec{B} + \vec{C}) = |\vec{A}|\sqrt{|\vec{B}|^2 + |\vec{C}|^2},$$

da $\sin(\vec{A}, \vec{B} + \vec{C}) = 1$ ist. Damit haben wir $|\vec{H}| = |\vec{D}|$ gezeigt.   □

1.5 Wir setzen $\vec{B} + \vec{C} = \vec{D}$. Nun kann man $\vec{A} \times \vec{D}$ im kartesischen Koordinatensystem darstellen:

$$\vec{A} \times \vec{D} = \begin{vmatrix} \vec{e}_1 & \vec{e}_2 & \vec{e}_3 \\ A_1 & A_2 & A_3 \\ B_1 + C_1 & B_2 + C_2 & B_3 + C_3 \end{vmatrix} = \begin{vmatrix} \vec{e}_1 & \vec{e}_2 & \vec{e}_3 \\ A_1 & A_2 & A_3 \\ B_1 & B_2 & B_3 \end{vmatrix} + \begin{vmatrix} \vec{e}_1 & \vec{e}_2 & \vec{e}_3 \\ A_1 & A_2 & A_3 \\ C_1 & C_2 & C_3 \end{vmatrix}.$$

Die beiden rechts stehenden Determinanten sind identisch mit $\vec{A} \times \vec{B} + \vec{A} \times \vec{C}$.

1.6 Die Spiegelungsebene ist durch ihren Normalenvektor $\vec{N}$ vorgegeben, Bild 5.1. Damit $\vec{N}$ Einheitsvektor ist, setzen wir $\vec{N} = -\frac{1}{\sqrt{2}}\vec{e}_1 + \frac{1}{\sqrt{2}}\vec{e}_3$. Die Spiegelungsmatrix ist dann

$$(A_{ij}) = (E_{ij}) - 2(N_i)(N_j)^T = \begin{pmatrix} 0 & 0 & 1 \\ 0 & 1 & 0 \\ 1 & 0 & 0 \end{pmatrix}.$$

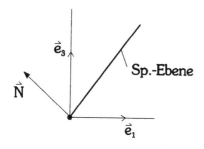

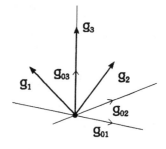

Bild 5.1 Spur der Spiegelungsebene   Bild 5.2 Beliebiges Basissystem

Der Basisvektor $\vec{X} = \vec{e}_3$ wird an der Ebene gespiegelt und auf den Vektor $\vec{Y}$

$$(Y_i) = (A_{ij})(X_j) = \begin{pmatrix} 1 \\ 0 \\ 0 \end{pmatrix} \Rightarrow \vec{Y} = \vec{e}_1$$

abgebildet.

1.7 Wir gehen von dem Zerlegungssatz $\vec{B} \times (\vec{C} \times \vec{D}) = (\vec{B} \cdot \vec{D})\vec{C} - (\vec{B} \cdot \vec{C})\vec{D}$ aus und setzen $\vec{C} \times \vec{D} = \vec{H}$. Dann erhalten wir für

$$(\vec{A} \times \vec{B}) \cdot (\vec{C} \times \vec{D}) = (\vec{A} \times \vec{B}) \cdot \vec{H} = [\vec{A}, \vec{B}, \vec{H}] = \vec{A} \cdot (\vec{B} \times (\vec{C} \times \vec{D}))$$

$$= (\vec{B} \cdot \vec{D})\vec{C} \cdot \vec{A} - (\vec{B} \cdot \vec{C})\vec{D} \cdot \vec{A} = \begin{vmatrix} \vec{A} \cdot \vec{C} & \vec{A} \cdot \vec{D} \\ \vec{B} \cdot \vec{C} & \vec{B} \cdot \vec{D} \end{vmatrix}$$

die erste zu beweisende Beziehung. Wir wenden uns nun dem Beweis des zweiten Teils der Aufgabe zu. Mit $\vec{A} \times \vec{B} = \vec{F}$ folgt aus $(\vec{A} \times \vec{B}) \times (\vec{C} \times \vec{D}) = \vec{F} \times (\vec{C} \times \vec{D})$ unter Zuhilfenahme des Zerlegungssatzes

$$(\vec{A} \times \vec{B}) \times (\vec{C} \times \vec{D}) = (\vec{F} \cdot \vec{D})\vec{C} - (\vec{F} \cdot \vec{C})\vec{D} = (\vec{A} \times \vec{B}) \cdot \vec{D}\vec{C} - (\vec{A} \times \vec{B}) \cdot \vec{C}\vec{D}$$

$$= [\vec{A}, \vec{B}, \vec{D}]\vec{C} - [\vec{A}, \vec{B}, \vec{C}]\vec{D}.$$

2.1 Mit den vorgegebenen Basisvektoren $\mathbf{g}_i = a_i^{0j} \mathbf{g}_{0j}$, Bild 5.2, sind die Koeffizienten $(a_i^{0j}) = \begin{pmatrix} -1 & 0 & 1 \\ 0 & 1 & 1 \\ 0 & 0 & 2 \end{pmatrix}$ bekannt. Der untere Index ist Zeilenindex. Die a_{0j}^k verknüpfen das beliebige kovariante Basissystem $\mathbf{g}_k$ mit dem kartesischen Basissystem $\mathbf{g}_{0j}$ gemäß $\mathbf{g}_{0j} = a_{0j}^k \mathbf{g}_k$. Die a_{0j}^k genügen der Beziehung

$$(a_i^{0j})(a_{0j}^k) = (\delta_i^k) = a_i^{01} a_{01}^k + a_i^{02} a_{02}^k + a_i^{03} a_{03}^k,$$

die in drei inhomogene lineare Gleichungssysteme für je drei Unbekannte zerfällt. Die Lösung dieser Gleichungssysteme ergibt die gesuchten Koeffizienten a_{0j}^k, deren Matrix

$$(a_{0j}^k) = \begin{pmatrix} -1 & 0 & \frac{1}{2} \\ 0 & 1 & -\frac{1}{2} \\ 0 & 0 & \frac{1}{2} \end{pmatrix}$$

ist. Wir können jetzt die Umkehrbeziehung $\mathbf{g}_{0j} = a_{0j}^k \mathbf{g}_k$ angeben.

2.2 Nach Satz 2.2 ist

$$\mathbf{g}^{0i} = \frac{\mathbf{g}_{0j} \times \mathbf{g}_{0k}}{[\mathbf{g}_{01}, \mathbf{g}_{02}, \mathbf{g}_{03}]}, \quad i, j, k \quad \text{zykl.} \quad 1, 2, 3.$$

Wegen $[\mathbf{g}_{01}, \mathbf{g}_{02}, \mathbf{g}_{03}] = 1$ und

$$\mathbf{g}_{0j} \times \mathbf{g}_{0k} = \begin{cases} \mathbf{g}_{0i} & \text{für} \quad i, j, k \quad \text{zykl.} \quad 1, 2, 3, \\ -\mathbf{g}_{0i} & \text{für} \quad i, j, k \quad \text{antizykl.} \quad 1, 2, 3, \\ 0 & \text{sonst} \end{cases}$$

erhalten wir $\mathbf{g}^{0i} = \mathbf{g}_{0i} \quad \forall \, i = 1, 2, 3$.

2.3 Das Grundsystem 2 wird von den kovarianten Basisvektoren

$$\mathbf{g}_i = a_i^{0j} \mathbf{g}_{0j} \quad \text{mit} \quad (a_i^{0j}) = \begin{pmatrix} -1 & 0 & 1 \\ 0 & 1 & 1 \\ 0 & 0 & 2 \end{pmatrix}$$

gebildet. Der untere Index ist hier Zeilenindex. Die kovarianten Metrikkoeffizienten sind dann $g_{ij} = \mathbf{g}_i \cdot \mathbf{g}_j = a_i^{0k} a_j^{0k}$, bzw. in Matrixschreibweise:

$$(g_{ij}) = (a_i^{0k})(a_j^{0k})^T = \begin{pmatrix} -1 & 0 & 1 \\ 0 & 1 & 1 \\ 0 & 0 & 2 \end{pmatrix} \begin{pmatrix} -1 & 0 & 0 \\ 0 & 1 & 0 \\ 1 & 1 & 2 \end{pmatrix} = \begin{pmatrix} 2 & 1 & 2 \\ 1 & 2 & 2 \\ 2 & 2 & 4 \end{pmatrix}.$$

Die kontravarianten Basisvektoren hängen von den a_{0k}^i ab, $\mathbf{g}^i = a_{0k}^i \mathbf{g}^{0k}$. Jetzt ist aber der obere Index Zeilenindex. Die Matrix der a_{0k}^i haben wir in Aufgabe 2.1 bestimmt, allerdings so, daß der untere Index Zeilenindex ist. Deshalb gilt hier

$$(a_{0k}^i) = \begin{pmatrix} -1 & 0 & 0 \\ 0 & 1 & 0 \\ \frac{1}{2} & -\frac{1}{2} & \frac{1}{2} \end{pmatrix}.$$

Die kontravarianten Metrikkoeffizienten folgen aus $g^{ij} = \mathbf{g}^i \cdot \mathbf{g}^j = a_{0k}^i a_{0k}^j$ bzw.

$$(g^{ij}) = \begin{pmatrix} -1 & 0 & 0 \\ 0 & 1 & 0 \\ \frac{1}{2} & -\frac{1}{2} & \frac{1}{2} \end{pmatrix} \begin{pmatrix} -1 & 0 & \frac{1}{2} \\ 0 & 1 & -\frac{1}{2} \\ 0 & 0 & \frac{1}{2} \end{pmatrix} = \begin{pmatrix} 1 & 0 & -\frac{1}{2} \\ 0 & 1 & -\frac{1}{2} \\ -\frac{1}{2} & -\frac{1}{2} & \frac{3}{4} \end{pmatrix}.$$

2.4 Um die Beziehung

$$\mathbf{g}_i \times \mathbf{g}^m = \frac{g_{il}\mathbf{g}_k - g_{ik}\mathbf{g}_l}{[\mathbf{g}_1, \mathbf{g}_2, \mathbf{g}_3]}$$

zu bestätigen, ersetzen wir in dieser Gleichung $\mathbf{g}_i = g_{il}\mathbf{g}^l$. Mit

$$\mathbf{g}^l \times \mathbf{g}^m = \begin{cases} [\mathbf{g}^1, \mathbf{g}^2, \mathbf{g}^3]\mathbf{g}_k & \text{für} & k,l,m \ \text{zykl.} \quad 1,2,3, \\ -[\mathbf{g}^1, \mathbf{g}^2, \mathbf{g}^3]\mathbf{g}_k & \text{für} & k,l,m \ \text{antizykl.} \quad 1,2,3, \\ 0 & \text{sonst} \end{cases}$$

nach Gl. (2.53) erhalten wir dann

$$\mathbf{g}_i \times \mathbf{g}^m = [\mathbf{g}^1, \mathbf{g}^2, \mathbf{g}^3] \left(g_{il}\mathbf{g}_k - g_{ik}\mathbf{g}_l \right) = \frac{(g_{il}\mathbf{g}_k - g_{ik}\mathbf{g}_l)}{[\mathbf{g}_1, \mathbf{g}_2, \mathbf{g}_3]}$$

unter Beachtung von Gl. (2.17), k,l,m zykl. 1,2,3 und i unabh. 1,2,3. $\qquad \square$

2.5 Zum Grundsystem 1 gehören die kovarianten Basisvektoren

$$\mathbf{g}_i = a_i^{0k}\mathbf{g}_{0k} \quad \text{mit} \quad (a_i^{0k}) = \begin{pmatrix} 1 & 0 & 0 \\ 1 & 1 & 0 \\ 1 & 1 & 1 \end{pmatrix};$$

i ist Zeilenindex. In Beispiel 2.1 haben wir die Koeffizienten a_{0k}^i bestimmt. Sie legen die kontravarianten Basisvektoren $\mathbf{g}^i = a_{0k}^i \mathbf{g}^{0k}$ fest. Hierbei ist der obere

Index Zeilenindex. Deshalb ist $(a_{0k}^i) = \begin{pmatrix} 1 & -1 & 0 \\ 0 & 1 & -1 \\ 0 & 0 & 1 \end{pmatrix}$, und die kontravarianten

Basisvektoren lauten:

$$\mathbf{g}^1 = \mathbf{g}^{01} - \mathbf{g}^{02}, \quad \mathbf{g}^2 = \mathbf{g}^{02} - \mathbf{g}^{03}, \quad \mathbf{g}^3 = \mathbf{g}^{03}.$$

Nach diesen Vorarbeiten stellen wir den Vektor $\vec{A}$ im kontravarianten Basissystem dar: $\vec{A} = A_{0l}\,\mathbf{g}^{0l} = A_{0l}\,a_m^{0l}\,\mathbf{g}^m = A_m\,\mathbf{g}^m$ mit

$$(A_m) = (a_m^{0l})(A_{0l}) = \begin{pmatrix} 1 & 0 & 0 \\ 1 & 1 & 0 \\ 1 & 1 & 1 \end{pmatrix} \begin{pmatrix} 6 \\ 3 \\ 2 \end{pmatrix} = \begin{pmatrix} 6 \\ 9 \\ 11 \end{pmatrix}.$$

Die physikalischen Vektorkomponenten hängen von den Metrikkoeffizienten

$$g^{ij} = \mathbf{g}^i \cdot \mathbf{g}^j \Rightarrow (g^{ij}) = \begin{pmatrix} 2 & -1 & 0 \\ -1 & 2 & -1 \\ 0 & -1 & 1 \end{pmatrix}$$

ab. Nach Gl. (2.39) erhalten wir für die physikalischen Komponenten

$$A_m^* = A_m \sqrt{g^{(mm)}} \Rightarrow (A_m^*) = \begin{pmatrix} 6\sqrt{2} \\ 9\sqrt{2} \\ 11 \end{pmatrix}.$$

2.6 Es ist $U = \vec{A} \cdot (\vec{B} \times \vec{C})$. Setzen wir $\vec{A} = A_i\,\mathbf{g}^i$, $\vec{B} = B_k\,\mathbf{g}^k$, $\vec{C} = C_l\,\mathbf{g}^l$, so ergibt sich zunächst $\vec{B} \times \vec{C} = [\mathbf{g}^1, \mathbf{g}^2, \mathbf{g}^3](B_k C_l - B_l C_k)\mathbf{g}_m$ mit k, l, m zykl. $1, 2, 3$. Danach ist $U = [\mathbf{g}^1, \mathbf{g}^2, \mathbf{g}^3](B_k C_l - B_l C_k)A_m$. Durchlaufen k, l, m zyklisch die Werte $1, 2, 3$,

dann ergibt sich die zu beweisende Beziehung $U = [\mathbf{g}^1, \mathbf{g}^2, \mathbf{g}^3]\begin{vmatrix} A_1 & A_2 & A_3 \\ B_1 & B_2 & B_3 \\ C_1 & C_2 & C_3 \end{vmatrix}$.

2.7 $\vec{B} \cdot \vec{C} = B^{0i}C^{0i} = -3$ und demzufolge ist

$$\vec{D} = -6\mathbf{g}_{01} - 9\mathbf{g}_{02} - 3\mathbf{g}_{03} = -3A^{0i}\mathbf{g}_{0i} = -3A^{0i}a_{0i}^k\,\mathbf{g}_k = D^k\,\mathbf{g}_k.$$

$\vec{D}$ lautet im Grundsystem 1 :

$$D^k = -3(a_{0i}^k)^T(A^{0i}) = \begin{pmatrix} 1 & -1 & 0 \\ 0 & 1 & -1 \\ 0 & 0 & 1 \end{pmatrix} \begin{pmatrix} -6 \\ -9 \\ -3 \end{pmatrix} = \begin{pmatrix} 3 \\ -6 \\ -3 \end{pmatrix},$$

mit den $\mathbf{g}_k$ nach Beispiel 2.1.

2.8 Wir suchen die Koeffizienten $\overline{a}_k^l$ für den Zusammenhang $\mathbf{g}_k = \overline{a}_k^l\,\overline{\mathbf{g}}_l$. Es gilt: $\mathbf{g}_k = a_k^{0j}\,\mathbf{g}_{0j} = \overline{a}_k^l\,\overline{\mathbf{g}}_l = \overline{a}_k^l\underline{a}_l^{0j}\,\mathbf{g}_{0j}$. Hieraus folgt die Matrixgleichung $(a_k^{0j}) = (\overline{a}_k^l)(\underline{a}_l^{0j})$.

Die Kehrmatrix zu $(\underline{a}_l^{0j})$ sei (b_{0j}^n). Sie ergibt sich als Lösung der drei Gleichungssysteme

$$(\underline{a}_l^{0j})(b_{0j}^n) = E \Rightarrow \begin{pmatrix} -1 & 0 & 1 \\ 0 & 1 & 1 \\ 0 & 0 & 2 \end{pmatrix} \begin{pmatrix} b_{01}^1 & b_{01}^2 & b_{01}^3 \\ b_{02}^1 & b_{02}^2 & b_{02}^3 \\ b_{03}^1 & b_{03}^2 & b_{03}^3 \end{pmatrix} = \begin{pmatrix} 1 & 0 & 0 \\ 0 & 1 & 0 \\ 0 & 0 & 1 \end{pmatrix}$$

zu $(b_{0j}^n) = \begin{pmatrix} -1 & 0 & \frac{1}{2} \\ 0 & 1 & -\frac{1}{2} \\ 0 & 0 & \frac{1}{2} \end{pmatrix}$. Wir erhalten jetzt mit (a_k^{0j}) aus Beispiel 2.5:

$$(\overline{a}_k^l) = (a_k^{0j})(b_{0j}^n) = \begin{pmatrix} 1 & 0 & 0 \\ 1 & 1 & 0 \\ 1 & 1 & 1 \end{pmatrix} \begin{pmatrix} -1 & 0 & \frac{1}{2} \\ 0 & 1 & -\frac{1}{2} \\ 0 & 0 & \frac{1}{2} \end{pmatrix} = \begin{pmatrix} -1 & 0 & \frac{1}{2} \\ -1 & 1 & 0 \\ -1 & 1 & \frac{1}{2} \end{pmatrix}.$$

Die Basisvektoren sind: $\mathbf{g}_1 = -\overline{\mathbf{g}}_1 + \frac{1}{2}\overline{\mathbf{g}}_3$, $\quad \mathbf{g}_2 = -\overline{\mathbf{g}}_1 + \overline{\mathbf{g}}_2$, $\quad \mathbf{g}_3 = -\overline{\mathbf{g}}_1 + \overline{\mathbf{g}}_2 + \frac{1}{2}\overline{\mathbf{g}}_3$.

2.9 Wir benutzen das eingeführte Hilfssystem. Nach Gl. (2.96) ist
$\mathbf{g}_k = a_k^{0j}\,\mathbf{g}_{0j} = a_k^{0j}\,h_{0j}^n\,\vec{H}_n$. Zwischen dem Hilfssystem $\vec{H}_n$ und dem gedrehten Hilfssystem $\overline{\vec{H}}_m$ besteht der Zusammenhang Gl. (2.98). Wir benötigen jetzt die Umkehrung dieser Gleichung, nämlich $\vec{H}_n = \overline{d}_n^m\overline{\vec{H}}_m$. Da $\vec{H}_n$ und $\overline{\vec{H}}_m$ orthonormierte Basissysteme sind und durch eine orthogonale Transformation (Drehung) auseinander hervorgehen, ist $(\overline{d}_n^m)$ eine orthogonale Matrix, für die $(\overline{d}_n^m) = (\underline{d}_m^n)^T = (\underline{d}_m^n)^{-1}$ gilt.
Demzufolge ist $(\overline{d}_n^m) = \begin{pmatrix} 1 & 0 & 0 \\ 0 & \cos\varphi & -\sin\varphi \\ 0 & \sin\varphi & \cos\varphi \end{pmatrix}$ die transponierte Drehmatrix. Nach den Gln. (2.96) und (2.94) ist $\mathbf{g}_{0i} = h_{0i}^k\,\vec{H}_k$, $\quad \vec{H}_k = h_k^{0i}\mathbf{g}_{0k}$ $\quad$ mit $\quad h_{0i}^k = h_k^{0i}$ und $\overline{\mathbf{g}}_{0k} = \overline{h}_{0k}^m\overline{\vec{H}}_m$, $\quad \overline{\vec{H}}_m = \overline{h}_m^{0r}\overline{\mathbf{g}}_{0r}$. Den Zusammenhang zwischen den Hilfssystemen und den jeweiligen kartesischen Koordinaten vermitteln ebenfalls orthogonale Matrizen. Deshalb gilt:
$(\overline{h}_m^{0k}) = (\overline{h}_{0k}^m)^T = (h_m^{0k})$ nach Gl. (2.101). Wir erhalten damit die gesuchte Beziehung
$\mathbf{g}_k = a_k^{0j}\,h_{0j}^n\,\overline{d}_n^m\,h_m^{0r}\,\overline{\mathbf{g}}_{0r}$.

3.1 Wir führen den Beweis mittels vollständiger Induktion.
Induktionsanfang: Der Tensor 1. Stufe, $\mathbf{A}^{(k)}$ mit $k = 1$, hat 2 Darstellungen, die ko- und kontravariante. Der Tensor 2. Stufe, also $k = 2$, hat 4 Darstellungen.
Induktionsvoraussetzung: Der Tensor n-ter Stufe, also $k = n$, hat 2^n Darstellungen.
Induktionsbehauptung: Der Tensor $(n + 1)$-ter Stufe, also $k = n + 1$, hat 2^{n+1} Darstellungen.
Übergang vom Tensor n-ter Stufe zum Tensor $(n + 1)$-ter Stufe:

$$\mathbf{T}^{(n+1)} = \mathbf{A}^{(n)}\,\mathbf{B}^{(1)} \Rightarrow 2^n \cdot 2 = 2^{(n+1)} \quad \text{Darstellungen}.$$

3.2 Der Tensor $\mathbf{T}$ hat im Grundsystem 1 die Darstellung

$$\mathbf{T} = T^{kl}\,\mathbf{g}_k\mathbf{g}_l \quad \text{mit} \quad T^{kl} = \begin{pmatrix} 2 & -1 & -1 \\ 0 & -2 & 3 \\ -1 & 1 & 1 \end{pmatrix} .$$

Nun ist $\mathbf{T} = T^{ij}\,\mathbf{g}_i\mathbf{g}_j = T^{ij}\,g_{ik}g_{jl}\mathbf{g}^k\mathbf{g}^l = T_{kl}\,\mathbf{g}^k\mathbf{g}^l \Rightarrow (T_{kl}) = (g_{ki})(T^{ij})(g_{jl})$. Die kovarianten Metrikkoeffizienten des Grundsystems 1 entnehmen wir Beispiel 2.3. Dann folgt für

$$(T_{kl}) = \begin{pmatrix} 1 & 1 & 1 \\ 1 & 2 & 2 \\ 1 & 2 & 3 \end{pmatrix} \begin{pmatrix} 2 & -1 & -1 \\ 0 & -2 & 3 \\ -1 & 1 & 1 \end{pmatrix} \begin{pmatrix} 1 & 1 & 1 \\ 1 & 2 & 2 \\ 1 & 2 & 3 \end{pmatrix} = \begin{pmatrix} 2 & 3 & 6 \\ 4 & 8 & 15 \\ 5 & 11 & 19 \end{pmatrix} ;$$

k ist Zeilenindex. Die Darstellung in den gemischten Komponenten lautet:

$$\mathbf{T} = T_k{}^l\,\mathbf{g}^k\mathbf{g}_l = T^{il}g_{ik}\mathbf{g}^k\mathbf{g}_l \quad \text{und} \quad \mathbf{T} = T^k{}_l\,\mathbf{g}_k\mathbf{g}^l = T^{kj}g_{jl}\mathbf{g}_k\mathbf{g}^l .$$

Daraus ergeben sich:

$$(T_k{}^l) = (g_{ki})(T^{il}) = \begin{pmatrix} 1 & -2 & 3 \\ 0 & -3 & 7 \\ -1 & -2 & 8 \end{pmatrix} \quad \text{und} \ (T^k{}_l) = (T^{kj})(g_{jl}) = \begin{pmatrix} 0 & -2 & -3 \\ 1 & 2 & 5 \\ 1 & 3 & 4 \end{pmatrix} .$$

3.3 Der Spannungstensor $\mathbf{S} = S^{kl}\,\mathbf{g}_k\mathbf{g}_l$ hat die Komponenten:

$$(S^{kl}) = (a_{0i}^k)(\sigma^{0i0j})(a_{0j}^l)^T = \begin{pmatrix} 6 & -3 & 0 \\ -3 & \frac{15-2\sqrt{2}}{4} & -\frac{6-\sqrt{2}}{4} \\ 0 & -\frac{6-\sqrt{2}}{4} & \frac{3}{2} \end{pmatrix} .$$

(a_{0i}^k) haben wir dem Beispiel 2.3 entnommen. Der obere Index ist Zeilenindex. In gemischter Darstellung ergeben sich die Komponenten zu:

$$(S_k{}^l) = (g_{ki})(S^{il}) = \begin{pmatrix} 3 & -3+\frac{9-\sqrt{2}}{4} & \frac{\sqrt{2}}{4} \\ 0 & -3+\frac{9-\sqrt{2}}{2} & \frac{\sqrt{2}}{2} \\ 0 & -\frac{\sqrt{2}}{4} & \frac{3+\sqrt{2}}{2} \end{pmatrix} .$$

3.4

Grundsystem 1: $\quad \mathbf{g}_i = a_i^{0j}\,\mathbf{g}_{0j}, \quad (a_i^{0j}) = \begin{pmatrix} 1 & 0 & 0 \\ 1 & 1 & 0 \\ 1 & 1 & 1 \end{pmatrix},$

Grundsystem 2: $\quad \overline{\mathbf{g}}_k = \underline{a}_k^{0l}\,\mathbf{g}_{0l}, \quad (\underline{a}_k^{0l}) = \begin{pmatrix} -1 & 0 & 1 \\ 0 & 1 & 1 \\ 0 & 0 & 2 \end{pmatrix} .$

Die Transformationsmatrix $(\underline{a}_i^j)$ zwischen den Systemen $\mathcal{B}$ und $\overline{\mathcal{B}}$, für $\overline{\mathbf{g}}_i = \underline{a}_i^j \mathbf{g}_j$, ist die Kehrmatrix zu der in Aufgabe 2.8 bestimmten Matrix

$$(\overline{a}_k^l) = \begin{pmatrix} -1 & 0 & \frac{1}{2} \\ -1 & 1 & 0 \\ -1 & 1 & \frac{1}{2} \end{pmatrix} \Rightarrow \overline{a}_k^l \underline{a}_l^j = \delta_k^j \Rightarrow (\underline{a}_i^j) = \begin{pmatrix} -1 & -1 & 1 \\ -1 & 0 & 1 \\ 0 & -2 & 2 \end{pmatrix}.$$

Die kovarianten Metrikkoeffizienten in $\overline{\mathcal{B}}$:

$$\overline{g}_{kl} = \overline{\mathbf{g}}_k \cdot \overline{\mathbf{g}}_l \quad \Rightarrow \quad (\overline{g}_{kl}) = (\underline{a}_k^m)(g_{mn})(\underline{a}_l^n)^T = \begin{pmatrix} 2 & 1 & 2 \\ 1 & 2 & 2 \\ 2 & 2 & 4 \end{pmatrix}.$$

3.5 Die Umfangsgeschwindigkeit eines mit der Winkelgeschwindigkeit $\vec{\omega}$ im Abstand $\vec{x}$ drehenden Festkörpers ist $\vec{v} = \vec{\omega} \times \vec{x} = \vec{x} \cdot \boldsymbol{\Omega}$. Wir sollen die Identität der beiden Beziehungen zeigen. Einerseits ist

$$\vec{v} = \vec{\omega} \times \vec{x} = \omega_i x_j \mathbf{g}^i \times \mathbf{g}^j = \frac{1}{\sqrt{g}}(\omega_i x_j - \omega_j x_i) \mathbf{g}_k = v^k \mathbf{g}_k, \quad i, j, k \quad \text{zykl.} \quad 1, 2, 3,$$

und zum anderen ist $\vec{v} = \vec{x} \cdot \boldsymbol{\Omega} = x_i \mathbf{g}^i \cdot \Omega^{kl} \mathbf{g}_k \mathbf{g}_l = x_i \Omega^{il} \mathbf{g}_l = v^l \mathbf{g}_l$. Die Komponenten des Geschwindigkeitsvektors sind:

$$(v^l)^T = (x_i)^T (\Omega^{il}) = \frac{1}{\sqrt{g}} \begin{pmatrix} x_1 & x_2 & x_3 \end{pmatrix} \begin{pmatrix} 0 & \omega_3 & -\omega_2 \\ -\omega_3 & 0 & \omega_1 \\ \omega_2 & -\omega_1 & 0 \end{pmatrix}.$$

Wir erhalten das gleiche Resultat wie nach der obigen Beziehung, nämlich:

$$(v^l)^T = \frac{1}{\sqrt{g}} \begin{pmatrix} -\omega_3 x_2 + \omega_2 x_3 & \omega_3 x_1 - \omega_1 x_3 & -\omega_2 x_1 + \omega_1 x_2 \end{pmatrix}.$$

3.6 Wir bilden ohne Einschränkung die Spur $sp(\mathbf{T}) = T_k^l \mathbf{g}^k \cdot \mathbf{g}_l = T_k^k$ mit den gemischten Komponenten im Bezugssystem $\mathcal{B}$. Die Spur ist invariant, wenn sich bei Koordinatentransformation die Tensorkomponenten nach dem Gesetz (3.27), nämlich $\overline{T}_m^m = T_k^l \underline{a}_m^k \overline{a}_l^m$, transformieren. Wir überführen $sp(\mathbf{T})$ in das System $\overline{\mathcal{B}}$. Mit $\mathbf{g}^k = \underline{a}_m^k \overline{\mathbf{g}}^m$ und $\mathbf{g}_l = \overline{a}_l^n \overline{\mathbf{g}}_n$ folgt $T_k^l \underline{a}_m^k \overline{a}_l^n \overline{\mathbf{g}}^m \cdot \overline{\mathbf{g}}_n = T_k^l \underline{a}_m^k \overline{a}_l^m = \overline{T}_m^m$. Andererseits erhalten wir für die Spur des Tensors im Bezugssystem $\overline{\mathcal{B}}$:
$\overline{\mathbf{T}} = \overline{T}_m^n \overline{\mathbf{g}}^m \overline{\mathbf{g}}_n \quad \Rightarrow \quad sp(\overline{\mathbf{T}}) = \overline{T}_m^m$. $\qquad\qquad\qquad\square$

3.7 Da $\mathbf{S} = \sigma^{0i0j} \mathbf{g}_{0i} \mathbf{g}_{0j}$ im kartesischen Koordinatensystem gegeben ist, gilt für die Spur $sp(\mathbf{S}) = \sigma^{0i0j} = 3\sigma$. Kugeltensor und Deviator sind dann:

$$\mathbf{K} = \frac{1}{3} sp(\mathbf{S})\mathbf{E} = \sigma \mathbf{E}, \quad \mathbf{D} = \mathbf{S} - \mathbf{K} = (\sigma^{0i0j} - \sigma\delta^{ij}) \mathbf{g}_{0i} \mathbf{g}_{0j}$$

$$= D^{0i0j} \mathbf{g}_{0i} \mathbf{g}_{0j} \quad \text{mit} \quad D^{0i0j} = \begin{pmatrix} 0 & \tau & 0 \\ \tau & 0 & 0 \\ 0 & 0 & 0 \end{pmatrix}.$$

Der deviatorische Anteil beschreibt einen ebenen Schubspannungszustand.

3.8 Die gewünschte Abbildung erfolgt in der gemischten Darstellung des Tensors. Es ist nämlich:

$$\mathbf{A} \cdot \vec{X} = \vec{Y} \Rightarrow A_k{}^l \, \mathbf{g}^k \mathbf{g}_l \cdot X_m \, \mathbf{g}^m = A_k{}^l X_l \, \mathbf{g}^k = Y_k \, \mathbf{g}^k$$

und demzufolge $Y_k = A_k{}^l X_l$.

3.9 Nach Voraussetzung sind $\mathbf{T}$ und $\vec{\omega}$ Tensoren. Folglich gelten die Transformationsbeziehungen (3.27) und (2.84), nämlich $\overline{T}_{mn} = \underline{a}_m^k \, T_{kl} \, \underline{a}_n^l$ und $\overline{\omega}^p = \overline{a}_r^p \, \omega^r$. Wir zeigen nun, daß unter diesen Voraussetzungen $\vec{\overline{q}} = \vec{q}$ gilt:

$$
\begin{aligned}
\vec{\overline{q}} = \overline{\mathbf{T}} \cdot \vec{\overline{q}} &= \overline{T}_{mn} \, \overline{\omega}^n \, \overline{\mathbf{g}}^m = \underline{a}_m^k \, T_{kl} \, \underline{a}_n^l \, \overline{a}_r^n \, \omega^r = \underline{a}_m^k \, T_{kl} \, \omega^r \, \delta_r^l \\
&= T_{kl} \, \omega^l \, \underline{a}_m^k \, \overline{\mathbf{g}}^m = T_{kl} \, \omega^l \, \mathbf{g}^k = \mathbf{T} \cdot \vec{\omega} = \vec{q},
\end{aligned}
$$

da die Beziehung $\mathbf{g}^k = \underline{a}_m^k \, \overline{\mathbf{g}}^m$ besteht.

3.10 Die Grundinvarianten sind von einem Tensor $\mathbf{S}$ 2. Stufe im kartesischen Koordinatensystem zu bilden. Nach Gl. (3.26) gilt die Beziehung $\overline{S}^{kl} = \overline{a}_m^k \, \overline{a}_n^l \, S^{mn}$ zwischen den Tensorkomponenten in den kartesischen Bezugssystemen $\mathcal{B}$ und $\overline{\mathcal{B}}$. Die Grundinvarianten von $\mathbf{S}$ entnehmen wir der Gl. (3.80). Danach ist $\overline{J}_2 = \overline{S}^{kl} \, \delta_{kl} = \overline{a}_m^k \, \overline{a}_n^l \, S^{mn} \, \delta_{kl} = \overline{a}_m^k \, \overline{a}_n^k \, S^{mn}$. Nun gilt bei der Transformation kartesischer Bezugssysteme die Orthogonalitätsrelation $\overline{a}_n^k = \underline{a}_k^n$ und damit

$$\overline{J}_2 = \overline{a}_m^k \, \underline{a}_k^n \, S^{mn} = \delta_m^n \, S^{mn} = S^{mm} = J_2 .$$

Die Invarianz der zweiten Grundinvarianten haben wir damit bewiesen. Entsprechend verfahren wir mit der ersten Grundinvarianten

$$\overline{J}_1 = \frac{1}{2} \overline{S}^{kl} \, \overline{S}^{lk} = \frac{1}{2} \overline{a}_m^k \, \overline{a}_n^l \, S^{mn} \, \overline{a}_p^l \, \overline{a}_q^k \, S^{pq} = \frac{1}{2} \overline{a}_m^k \, \underline{a}_k^q \, \overline{a}_n^l \, \underline{a}_l^p \, S^{mn} \, S^{pq} = \frac{1}{2} S^{mn} \, S^{nm} = J_1$$

und der nullten Grundinvarianten

$$
\begin{aligned}
\overline{J}_0 &= \frac{1}{3} \overline{S}^{ij} \, \overline{S}^{jk} \, \overline{S}^{ki} = \frac{1}{3} \overline{a}_m^i \, \overline{a}_n^j \, S^{mn} \, \overline{a}_o^j \, \overline{a}_p^k \, S^{op} \, \overline{a}_q^k \, \overline{a}_r^i \, S^{qr} \\
&= \frac{1}{3} \overline{a}_m^i \, \underline{a}_i^r \, \overline{a}_n^j \, \underline{a}_j^o \, \overline{a}_p^k \, \underline{a}_k^q \, S^{mn} \, S^{op} \, S^{qr} = \frac{1}{3} S^{mn} \, S^{np} \, S^{pm} = J_0 .
\end{aligned}
$$

3.11 $\mathbf{T} = T^{i_1 \cdots i_j \cdots i_k \cdots i_n} \, \mathbf{g}_{i_1} \cdots \mathbf{g}_{i_n}$ sei ein Tensor n-ter Stufe mit $n > 2$. Wir wählen zwei beliebige Indizes $i_j < i_k$ aus, die nicht benachbart angeordnet sind und die wir vertauschen wollen. Zwischen den Indizes $i_j \cdots i_k$ liegen weitere $k - j - 1 \geq 1$ Indizes. Durch eine Folge von $2(k - j) - 1$ Vertauschungen benachbarter Indizes lassen sich die Indizes i_j und i_k vertauschen. Nach Definition 3.12 ist dann $T^{i_1 \cdots i_j \cdots i_k \cdots i_n} = T^{i_1 \cdots i_k \cdots i_j \cdots i_n}$, und damit ist $\mathbf{T}$ ein vollständig symmetrischer Tensor.

3.12 Wir gehen aus von $\mathbf{e}^{(3)} = e^{klm} \, \mathbf{g}_k \mathbf{g}_l \mathbf{g}_m = e^{klm} \, g_{kn} g_{lo} g_{mp} \, \mathbf{g}^n \mathbf{g}^o \mathbf{g}^p$. Hieraus folgt $e_{nop} = e^{klm} \, g_{kn} g_{lo} g_{mp}$. Wegen Gl. (3.110) läßt sich schreiben:

$$e_{nop} = \frac{1}{\sqrt{g}}\big(g_{kn}g_{lo} - g_{ln}g_{ko}\big)g_{mp}, \qquad \left\{ \begin{array}{lll} k,l,m & \text{zykl.} & 1,2,3 \\ n,o,p & \text{unabh.} & 1,2,3\,, \end{array} \right.$$

$$= \frac{1}{\sqrt{g}} \begin{vmatrix} g_{1n} & g_{1o} & g_{1p} \\ g_{2n} & g_{2o} & g_{2p} \\ g_{3n} & g_{3o} & g_{3p} \end{vmatrix}, \quad n,o,p \quad \text{unabh.} \quad 1,2,3\,.$$

Durchlaufen die Indizes n, o, p unabh. die Werte $1, 2, 3$, so verschwindet die Determinante immer dann, wenn zwei Spalten oder zwei Zeilen gleich sind. Das ist der Fall, wenn zwei der Indizes gleich sind. Also haben wir noch zu untersuchen, wie sich die Determinante verhält, wenn n, o, p zykl. und antizykl. die Werte $1, 2, 3$ durchlaufen. Bei zyklischer Vertauschung ergibt sich jedesmal $e_{nop} = \frac{1}{\sqrt{g}} \det (g_{kl}) = \sqrt{g}$, wovon man sich leicht überzeugt, und bei antizyklischer Vertauschung ist $e_{nop} = -\frac{1}{\sqrt{g}} \det (g_{kl}) = -\sqrt{g}$. e_{nop} genügt damit der Gl. (3.109), und es gilt die Darstellung $\mathbf{e}^{(3)} = e_{nop}\, \mathbf{g}^n \mathbf{g}^o \mathbf{g}^p$.

3.13 Wir kürzen ab:

$$\vec{A} \times \vec{B} = \vec{H} = e_{klm} A^l B^m \mathbf{g}^k = H_k \mathbf{g}^k \quad \text{und} \quad \vec{C} \times \vec{D} = \vec{K} = e^{nop} C_o D_p \mathbf{g}_n = K^n \mathbf{g}_n\,.$$

Nun ist $\vec{H} \cdot \vec{K} = H_k K^k = e^{kop}_{klm} A^l B^m C_o D_p = \delta^{op}_{lm} A^l B^m C_o D_p$. Nach Gl. (3.127) gilt

$$\delta^{op}_{lm} = \begin{vmatrix} \delta^o_l & \delta^p_l \\ \delta^o_m & \delta^p_m \end{vmatrix} = \delta^o_l \delta^p_m - \delta^p_l \delta^o_m\,, \text{ und damit wird}$$

$$\begin{aligned} (\vec{A} \times \vec{B}) \cdot (\vec{C} \times \vec{D}) &= A^l B^m C_o D_p \delta^o_l \delta^p_m - A^l B^m C_o D_p \delta^p_l \delta^o_m \\ &= A^l C_l\, B^m D_m - A^l D_l\, B^m C_m \\ &= (\vec{A} \cdot \vec{C})(\vec{B} \cdot \vec{D}) - (\vec{A} \cdot \vec{D})(\vec{B} \cdot \vec{C})\,. \end{aligned}$$

4.1 Allgemein gilt zwischen der ko- und kontravarianten Darstellung eines Vektors $\vec{A} = A_i\, \mathbf{g}^i = A^k \mathbf{g}_k$. Wegen $\mathbf{g}^i = g^{ik} \mathbf{g}_k$, Gl. (2.23), folgt $A^k = A_i\, g^{ik}$. Weiterhin bestehen nach den Gln. (2.37) und (2.39) die Zusammenhänge

$$A^k = \frac{A^{*k}}{\sqrt{g_{(kk)}}} \quad \text{und} \quad A_i = \frac{A^*_i}{\sqrt{g^{(ii)}}}$$

zwischen den kontravarianten und kovarianten Vektorkomponenten. Damit folgt

$$\frac{A^{*k}}{\sqrt{g_{(kk)}}} = \frac{A^*_i}{\sqrt{g^{(ii)}}} g^{ik}\,.$$

Die ko- und kontravarianten Metrikkoeffizienten der Zylinderkoordinate sind nach den Gln. (4.24) und (4.25) bekannt. Von Null verschieden sind: $g_{11} = g_{33} = 1$, $g_{22} = (x^1)^2$ und $g^{11} = g^{33} = 1$ und $g^{22} = \frac{1}{(x^1)^2}$. Damit erhalten wir:

$$\begin{aligned}
A^{*1} &= A_1^* g^{11} + x^1 A_2^* g^{21} + A_3^* g^{31} = A_1^* \\
A^{*2} &= x^1 \big(A_1^* g^{12} + x^1 A_2^* g^{22} + A_3^* g^{32} \big) = A_2^* \\
A^{*3} &= A_1^* g^{13} + A_2^* g^{23} + A_3^* g^{33} = A_3^*,
\end{aligned}$$

d.h. die Behauptung. Auf Grund dieser Aussage gilt im Zylinderkoordinatensystem auch $\mathbf{g}^{*k} = \mathbf{g}_k^*$.   □

4.2 Die kovarianten Basisvektoren der ebenen elliptischen Koordinaten sind unter Beachtung der Gl. (4.13):

$$\mathbf{g}_k = a_k^{0l}\, \mathbf{g}_{0l} \quad \text{mit} \quad (a_k^{0l}) = \left(\frac{\partial x^{0l}}{\partial x^k} \right) = \left(\begin{array}{cc} \alpha \cos x^1 \cosh x^2 & -\alpha \sin x^1 \sinh x^2 \\ \alpha \sin x^1 \sinh x^2 & \alpha \cos x^1 \cosh x^2 \end{array} \right).$$

Die kovarianten Metrikkoeffizienten:

$$\begin{aligned}
g_{11} &= \alpha^2 (\cos x^1)^2 (\cosh x^2)^2 + \alpha^2 (\sin x^1)^2 (\sinh x^2)^2, \\
g_{12} &= g_{21} = 0, \\
g_{22} &= \alpha^2 (\sin x^1)^2 (\sinh x^2)^2 + \alpha^2 (\cos x^1)^2 (\cosh x^2)^2.
\end{aligned}$$

Das elliptische Koordinatensystem ist ein orthogonales System. Der Betrag des gerichteten Linienelementes:

$$(ds)^2 = d\vec{r} \cdot d\vec{r} = \mathbf{g}_k \cdot \mathbf{g}_l\, dx^k dx^l = g_{kl}\, dx^k dx^l = g_{11}(dx^1)^2 + g_{22}(dx^2)^2.$$

Das Flächendifferential:

$$d\vec{o} = (\mathbf{g}_1 \times \mathbf{g}_2) = \alpha^2 \left[(\cos x^1)^2 (\cosh x^2)^2 + (\sin x^1)^2 (\sinh x^2)^2 \right] \mathbf{g}^{03}\, dx^1 dx^2.$$

Das Spatprodukt:

$$\begin{aligned}
dV &= \left[\mathbf{g}_1\, dx^1, \mathbf{g}_2\, dx^2, \mathbf{g}_{03}\, dx^{03} \right] = d\vec{o} \cdot \mathbf{g}_{03}\, dx^{03} \\
&= \alpha^2 \left[(\cos x^1)^2 (\cosh x^2)^2 + (\sin x^1)^2 (\sinh x^2)^2 \right] dx^1\, dx^2\, dx^{03}.
\end{aligned}$$

4.3 Das kovariante Basissystem:

$$\mathbf{g}_k = a_k^{0i}\, \mathbf{g}_{0i} \quad \text{mit} \quad (a_k^{0i}) = \left(\begin{array}{ccc} \sin x^2 \cos x^3 & \sin x^2 \sin x^3 & \cos x^2 \\ x^1 \cos x^2 \cos x3 & x^1 \cos x^2 \sin x^3 & -x^1 \sin x^2 \\ -x^1 \sin x^2 \sin x^3 & x^1 \sin x^2 \cos x^3 & 0 \end{array} \right),$$

die kovarianten Metrikkoeffizienten

$$g_{ik} = \mathbf{g}_i \cdot \mathbf{g}_k \Rightarrow (g_{ik}) = \left(\begin{array}{ccc} 1 & 0 & 0 \\ 0 & (x^1)^2 & 0 \\ 0 & 0 & (x^1)^2 (\sin x^2)^2 \end{array} \right),$$

das Spatprodukt $[\mathbf{g}_1, \mathbf{g}_2, \mathbf{g}_3] = \sqrt{g} = (x^1)^2 \sin x^2$, das Volumenelement

$$dV = [\mathbf{g}_1\, dx^1, \mathbf{g}_2\, dx^2, \mathbf{g}_3\, dx^3] = \sqrt{g}\, dx^1 dx^2 dx^3 = (x^1)^2 \sin x^2\, dx^1 dx^2 dx^3,$$

das Flächenelement auf der Kugeloberfläche mit dem Radius R

$$\mathrm{d}\vec{o} = \mathbf{g}_2 \times \mathbf{g}_3|_{x^1=R}\, \mathrm{d}x^2 \mathrm{d}x^3 = R^2 \sin x^2\, \mathbf{g}_1\, \mathrm{d}x^1 \mathrm{d}x^3\,.$$

Das kontravariante Basissystem:

$$\mathbf{g}^k = a_{0l}^k\, \mathbf{g}^{0l} \quad \text{mit} \quad (a_{0l}^k) = \begin{pmatrix} \sin x^2 \cos x^3 & \sin x^2 \sin x^3 & \cos x^2 \\ \frac{\cos x^2}{x^1} \cos x^3 & \frac{\cos x^2}{x^1} \sin x^3 & -\frac{\sin x^2}{x^1} \\ -\frac{\sin x^3}{x^1 \sin x^2} & \frac{\cos x^3}{x^1 \sin x^2} & 0 \end{pmatrix}.$$

Die Koeffizienten a_{0l}^k ergeben sich als Lösung der Gleichungssysteme $a_j^{0i}\, a_{0i}^k = \delta_j^k$.
Die kontravarianten Metrikkoeffizienten lauten

$$(g^{kl}) = \begin{pmatrix} 1 & 0 & 0 \\ 0 & \frac{1}{(x^1)^2} & 0 \\ 0 & 0 & \frac{1}{(x^1)^2(\sin x^2)^2} \end{pmatrix},$$

und das Spatprodukt der kontravarianten Basisvektoren ist

$$[\mathbf{g}^1, \mathbf{g}^2, \mathbf{g}^3] = \sqrt{\det(g^{kl})} = \frac{1}{(x^1)^2 \sin x^2} = \frac{1}{\sqrt{g}}\,.$$

4.4 Das skalare Linienelement ist ein echter Skalar, wenn es invariant gegenüber Koordinatentransformation ist. Wir untersuchen also das Quadrat des skalaren Linienelementes bei Wechsel des Bezugssystems. In dem System $\mathcal{B}$ gilt:

$$(\mathrm{d}s)^2 = \mathrm{d}\vec{r} \cdot \mathrm{d}\vec{r} = \mathbf{g}_k \cdot \mathbf{g}_l\, \mathrm{d}x^k\, \mathrm{d}x^l = g_{kl}\, \mathrm{d}x^k\, \mathrm{d}x^l\,,$$

und in $\overline{\mathcal{B}}$ gilt: $(\mathrm{d}\bar{s})^2 = \mathrm{d}\overline{\vec{r}} \cdot \mathrm{d}\overline{\vec{r}} = \overline{\mathbf{g}}_m \cdot \overline{\mathbf{g}}_n\, \mathrm{d}\overline{x}^m\, \mathrm{d}\overline{x}^n = \overline{g}_{mn}\, \mathrm{d}\overline{x}^m\, \mathrm{d}\overline{x}^n$. Die Metrikkoeffizienten und die Koordinatendifferentiale genügen bei Wechsel des Bezugssystems den Gleichungen: $\overline{g}_{mn} = \underline{a}_m^r\, \underline{a}_n^s\, g_{rs}\,,\quad \mathrm{d}\overline{x}^m = \overline{a}_k^m\, \mathrm{d}x^k\,,\quad \mathrm{d}\overline{x}^n = \overline{a}_i^n\, \mathrm{d}x^i$. Damit erhält man für

$$(\mathrm{d}\bar{s})^2 = \underline{a}_m^r \overline{a}_k^m\, \underline{a}_n^s \overline{a}_i^n\, g_{rs}\, \mathrm{d}x^k\, \mathrm{d}x^i = \delta_k^r\, \delta_i^s\, g_{rs}\, \mathrm{d}x^k\, \mathrm{d}x^i = g_{ki}\, \mathrm{d}x^k\, \mathrm{d}x^i = (\mathrm{d}s)^2\,.$$

4.5 Wir suchen $g_{,m}^{kr}$. Dazu differenzieren wir partiell $\mathbf{g}^k = g^{kl} \mathbf{g}_l$ nach x^m. Mit den Gln. (4.82) und (4.69) folgt: $-\Gamma_{nm}^k\, \mathbf{g}^n = g_{,m}^{kl}\, \mathbf{g}_l + g^{kl}\, \Gamma_{lm}^p\, \mathbf{g}_p\, |\cdot \mathbf{g}^r$ und schließlich $g_{,m}^{kr} = -\Gamma_{nm}^k g^{nr} - \Gamma_{lm}^r g^{kl}$.

4.6 In den Gln. (4.86), (4.117) und (4.118) muß $\vec{A}$ im kontravarianten Basissystem vorgegeben werden. Wir stellen jetzt $\vec{A}$ im kovarianten Basissystem dar. Unter Beachtung von Gl. (4.69) gilt:

$$\mathrm{rot}\vec{A} = \mathbf{g}^l \times \frac{\partial}{\partial x^l}(A^k \mathbf{g}_k) = (A_{,l}^k + A^n \Gamma_{nl}^k)\mathbf{g}^l \times \mathbf{g}_k = A_{;l}^k\, g^{lj}\, \mathbf{g}_j \times \mathbf{g}_k\,.$$

Mit $\mathbf{g}_j \times \mathbf{g}_k = e_{ijk}\,\mathbf{g}^i$ und Gl. (3.109) folgt:

$$\text{rot}\vec{A} = e_{ijk}\,A^k_{;l}\,g^{lj}\,\mathbf{g}^i\,, \quad i,j,k \quad \text{unabh. } 1,2,3\,,$$
$$= \sqrt{g}\big(A^k_{;l}\,g^{lj} - A^j_{;l}\,g^{lk}\big)\,\mathbf{g}^i\,, \quad i,j,k \quad \text{zykl. } 1,2,3\,, \quad l \text{ unabh. } 1,2,3\,.$$

In den letzten beiden Beziehungen kann man nach Gl. (4.131) die kontravariante Ableitung einführen. Es gilt:

$$\text{rot}\vec{A} = e_{ijk}\,A^{k;j}\,\mathbf{g}^i\,, \quad i,j,k \quad \text{unabh. } 1,2,3\,,$$
$$= \sqrt{g}\big(A^{k;j} - A^{j;k}\big)\,\mathbf{g}^i\,, \quad i,j,k \quad \text{zykl. } 1,2,3\,.$$

Die letzte Beziehung enthält noch eine Null. Es gilt auch

$$\text{rot}\vec{A} = e_{ijk}\,A^k_{,l}\,g^{jl}\,\mathbf{g}^i\,, \quad i,j,k \quad \text{unabh. } 1,2,3\,,$$
$$= \sqrt{g}\big(A^k_{,l}\,g^{lj} - A^j_{,l}\,g^{lk}\big)\,\mathbf{g}^i\,, \quad i,j,k \quad \text{zykl. } 1,2,3\,.$$

4.7 Nach Gl. (4.91) ergeben sich die Christoffel-Symbole zu $(\Gamma^m_{kl}) = (a^m_{0n})(\frac{\partial a^{0n}_k}{\partial x^l})$ für $l = 1,2,3$. Die Transformationskoeffizienten zwischen den Basisvektoren der Zylinderkoordinaten und den kartesischen Koordinaten sind nach den Gln. (4.27) und (4.22):

$$(a^m_{0n}) = \begin{pmatrix} \cos x^2 & \sin x^2 & 0 \\ -\frac{\sin x^2}{x^1} & \frac{\cos x^2}{x^1} & 0 \\ 0 & 0 & 1 \end{pmatrix} \quad \text{und} \quad (a^{0n}_k) = \begin{pmatrix} \cos x^2 & -x^1\sin x^2 & 0 \\ \sin x^2 & x^1\cos x^2 & 0 \\ 0 & 0 & 1 \end{pmatrix}\,.$$

Der obere Index ist Zeilenindex. Die 27 Christoffel-Symbole stellen wir in drei Matrizen dar, nämlich in $(\Gamma^m_{k1}), (\Gamma^m_{k2})$ und (Γ^m_{k3}). Im einzelnen erhalten wir

$$(\Gamma^m_{k1}) = \begin{pmatrix} \cos x^2 & \sin x^2 & 0 \\ -\frac{\sin x^2}{x^1} & \frac{\cos x^2}{x^1} & 0 \\ 0 & 0 & 1 \end{pmatrix} \begin{pmatrix} 0 & -\sin x^2 & 0 \\ 0 & \cos x^2 & 0 \\ 0 & 0 & 0 \end{pmatrix} = \begin{pmatrix} 0 & 0 & 0 \\ 0 & \frac{1}{x^1} & 0 \\ 0 & 0 & 0 \end{pmatrix}$$

und entsprechend

$$(\Gamma^m_{k2}) = \begin{pmatrix} 0 & -x^1 & 0 \\ \frac{1}{x^1} & 0 & 0 \\ 0 & 0 & 0 \end{pmatrix}\,, \quad (\Gamma^m_{k3}) = \begin{pmatrix} 0 & 0 & 0 \\ 0 & 0 & 0 \\ 0 & 0 & 0 \end{pmatrix}\,.$$

Mit den Transformationskoeffizienten

$$(a^m_{0l}) = \begin{pmatrix} \sin x^2\cos x^3 & \sin x^2\sin x^3 & \cos x^2 \\ \frac{\cos x^2}{x^1}\cos x^3 & \frac{\cos x^2}{x^1}\sin x^3 & -\frac{\sin x^2}{x^1} \\ -\frac{\sin x^3}{x^1\sin x^2} & \frac{\cos x^3}{x^1\sin x^2} & 0 \end{pmatrix}$$

und

$$(a^{0n}_k) = \begin{pmatrix} \sin x^2\cos x^3 & x^1\cos x^2\cos x^3 & -x^1\sin x^2\sin x^3 \\ \sin x^2\sin x^3 & x^1\cos x^2\sin x^3 & x^1\sin x^2\cos x^3 \\ \cos x^2 & -x^1\sin x^2 & 0 \end{pmatrix}$$

der Kugelkoordinaten erhalten wir in analoger Vorgehensweise die Christoffel-Symbole. Bis auf $\Gamma^1_{22} = -x^1$, $\Gamma^1_{33} = -x^1(\sin x^2)^2$, $\Gamma^2_{12} = \Gamma^2_{21} = \frac{1}{x^1}$, $\Gamma^2_{33} = -\sin x^2 \cos x^2$, $\Gamma^3_{31} = \Gamma^3_{13} = \frac{1}{x^1}$, $\Gamma^3_{23} = \Gamma^3_{32} = \cot x^2$ sind alle restlichen Christoffel-Symbole Null.

4.8 Nach Gl. (4.70) gilt allgemein $\operatorname{div}\vec{v} = v^k_{,k} + v^k \Gamma^l_{kl}$. Die Christoffel-Symbole der Zylinderkoordinaten haben wir in Aufgabe 4.7 bereitgestellt. Danach sind $\Gamma^2_{12} = \Gamma^2_{21} = \frac{1}{x^1}$, $\Gamma^1_{22} = -x^1$, und alle restlichen Symbole sind Null. Folglich ist

$$\operatorname{div}\vec{v} = v^1_{,1} + v^2_{,2} + v^3_{,3} + v^1 \Gamma^2_{12} = v^1_{,1} + v^2_{,2} + v^3_{,3} + \frac{v^1}{x^1}.$$

Die physikalischen Komponenten v^{*k} ergeben sich aus Gl. (2.37), $v^k = \frac{v^{*k}}{\sqrt{g(kk)}}$, zu $v^{*1} = v^1$, $v^{*2} = x^1 v^2$ und $v^{*3} = v^3$. Damit erhalten wir $\operatorname{div}\vec{v} = v^{*1}_{,1} + \frac{v^{*1}}{x^1} + \frac{1}{x^1} v^{*2}_{,2} + v^{*3}_{,3}$. Mit den in der technischen Literatur üblichen Bezeichnungen ist $\operatorname{div}\vec{v} = \frac{\partial v_r}{\partial r} + \frac{v_r}{r} + \frac{1}{r}\frac{\partial v_\varphi}{\partial \varphi} + \frac{\partial v_z}{\partial z}$.

4.9 Der Gradient eines Tensors **T** 2. Stufe führt auf einen Tensor **C** 3. Stufe

$$\mathbf{C}^{(3)} = \nabla\mathbf{T} = \mathbf{g}^j \frac{\partial}{\partial x^j}(T_{kl}\,\mathbf{g}^k\mathbf{g}^l) = \mathbf{g}^j\left[T_{kl,j}\,\mathbf{g}^k\mathbf{g}^l + T_{kl}\,\mathbf{g}^k_{,j}\mathbf{g}^l + T_{kl}\,\mathbf{g}^k\mathbf{g}^l_{,j}\right].$$

Mit Gl. (4.82) erhalten wir

$$\mathbf{C}^{(3)} = \left[T_{kl,j} - T_{nl}\Gamma^n_{kj} - T_{kn}\Gamma^n_{lj}\right]\mathbf{g}^j\mathbf{g}^k\mathbf{g}^l = T_{kl;j}\,\mathbf{g}^j\mathbf{g}^k\mathbf{g}^l$$

und die gesuchte kovariante Ableitung der kovarianten Tensorkomponente

$$T_{kl;j} = T_{kl,j} - T_{nl}\Gamma^n_{kj} - T_{kn}\Gamma^n_{lj}.$$

Die kovariante Ableitung der gemischten Tensorkomponente folgt aus

$$\mathbf{C}^{(3)} = \mathbf{g}^j \frac{\partial}{\partial x^j}(T_k{}^l\,\mathbf{g}^k\mathbf{g}_l) = \left[T_k{}^l_{,j} - T_n{}^l\Gamma^n_{kj} + T_k{}^n\Gamma^l_{nj}\right]\mathbf{g}^j\mathbf{g}^k\mathbf{g}_l$$

zu $T_k{}^l_{;j} = T_k{}^l_{,j} - T_n{}^l\Gamma^n_{kj} + T_k{}^n\Gamma^l_{nj}$.

4.10 In Aufgabe 4.9 haben wir die kovariante Ableitung der Komponenten eines Tensors 2. Stufe gebildet. Da die Metrikkoeffizienten g_{kl} die Komponenten des Einheitstensors sind, gilt $g_{kl;j} = g_{kl,j} - g_{nl}\Gamma^n_{kj} - g_{kn}\Gamma^n_{lj}$. Wir leiten nun $\mathbf{g}_k = g_{kl}\,\mathbf{g}^l$ partiell ab:

$$\mathbf{g}_{k,j} = g_{kl,j}\,\mathbf{g}^l + g_{kl}\,\mathbf{g}^l_{,j} \quad \Rightarrow \quad \Gamma^m_{kj}\,\mathbf{g}_m = g_{kl,j}\,\mathbf{g}^l - g_{kl}\Gamma^l_{nj}\,\mathbf{g}^n \mid \cdot \mathbf{g}_r .$$

Hieraus ergibt sich $g_{kl,j} = \Gamma^m_{kj}g_{ml} + g_{kr}\Gamma^r_{lj}$. In der Ausgangsgleichung ersetzen wir $g_{kl,j}$ und erhalten

$$g_{kl;j} = \Gamma^m_{kj}g_{ml} + g_{kr}\Gamma^r_{lj} - g_{nl}\Gamma^n_{kj} - g_{kn}\Gamma^n_{lj}.$$

Da die Summationsindizes beliebig gewählt werden können, verschwindet die rechte Gleichungsseite, und wir erhalten $g_{kl;j} = 0$. □

4.11 Nach Gl. (4.111) ist $v_{0j;0i} = v_{0j,0i} - v_{0m}\Gamma^{0m}_{0j0i} = v_{0j,0i}$, da sämtliche Christoffel-Symbole des kartesischen Koordinatensystems verschwinden. Die Gradientenbildung von $\vec{v}$ nach beliebigen krummlinigen Koordinaten x^l ergibt

$$\mathrm{grad}\,\vec{v} = \mathbf{g}^l \frac{\partial}{\partial x^l}\left(v_{0j}\mathbf{g}^{0j}\right) = \mathbf{g}^l\left(v_{0j,l}\mathbf{g}^{0j} + v_{0j}\mathbf{g}^{0j}_{,0i}\frac{\partial x^{0i}}{\partial x^l}\right)$$
$$= \left(v_{0j,l} - v_{0m}\,\Gamma^{0m}_{0j0i}\,a^{0i}_l\right)\mathbf{g}^l\mathbf{g}^{0j} = \mathbf{T}\,.$$

Die kovariante Ableitung der Tensorkomponente ist $v_{0j;l} = v_{0j,l} - v_{0m}\Gamma^{0m}_{0j0i}a^{0i}_l$. Da $\Gamma^{0m}_{0j0i} = 0$ ist $\forall\, i,j,m = 1,2,3$, folgt hieraus die Behauptung $v_{0j;l} = v_{0j,l}$. Der Tensor $\mathbf{T}$ ist die Richtungsableitung eines Vektors $\vec{v}$ im kartesischen Koordinatensystem nach beliebigen krummlinigen Koordinaten x^l.

4.12 Es ist $\mathrm{rot}(U\vec{A}) = \nabla \times (\overset{\downarrow}{U}\,\vec{A}) + \nabla \times (U\,\overset{\downarrow}{\vec{A}}) = -\vec{A} \times \mathrm{grad}\,U + U\,\mathrm{rot}\vec{A}$. □

4.13 Es sei $\vec{B} \times \mathrm{rot}\vec{A} = \vec{B} \times \vec{C}$ mit $\vec{C} = \mathrm{rot}\vec{A} = e^{klm}A_{m;l}\mathbf{g}_k = C^k\mathbf{g}_k$ und

$$C^k = e^{klm}A_{m;l} = e^{klm}A_{m,l}\,, \quad k,l,m \quad \text{unabh.} \quad 1,2,3\,.$$

Benutzen wir für $\vec{B} = B^r\mathbf{g}_r$ die Darstellung im kovarianten Basissystem, so folgt nach Gl. (3.111) für

$$\vec{B} \times \vec{C} = \left(\mathbf{e}^{(3)}\cdot\vec{C}\right)\cdot\vec{B} = e_{nop}\mathbf{g}^n\mathbf{g}^o\cdot\mathbf{g}_r\,B^r\mathbf{g}^p\cdot\mathbf{g}_k\,C^k = e_{nop}B^o C^p\mathbf{g}^n = \delta^{lm}_{no}A_{m;l}B^o\mathbf{g}^n\,.$$

Mit $\delta^{lm}_{no} = \delta^l_n\delta^m_o - \delta^m_n\delta^l_o$ erhalten wir

$$\vec{B} \times \mathrm{rot}\vec{A} = \left(A_{m;n} - A_{n;m}\right)B^m\mathbf{g}^n = \left(A_{m,n} - A_{n,m}\right)B^m\mathbf{g}^n\,.$$

4.14 Nach Gl. (3.123) ist $e^{ijk} = [\mathbf{g}^i,\mathbf{g}^j,\mathbf{g}^k]$ das Spatprodukt der kontravarianten Basisvektoren. Die Gl. (2.68) verknüpft das Quadrat dieses Spatproduktes mit der Determinante der kontravarianten Metrikkoeffizienten

$$(e^{ijk})^2 = [\mathbf{g}^i,\mathbf{g}^j,\mathbf{g}^k]^2 = \begin{vmatrix} g^{ii} & g^{ij} & g^{ik} \\ g^{ji} & g^{jj} & g^{jk} \\ g^{ki} & g^{kj} & g^{kk} \end{vmatrix} = g\,.$$

Da der Gradient ein linearer partieller Ableitungsoperator ist, ergibt sich die kovariante Ableitung von g zu:

$$2(e^{ijk})(e^{ijk})_{;l} = \begin{vmatrix} g^{ii}_{;l} & g^{ij}_{;l} & g^{ik}_{;l} \\ g^{ji} & g^{jj} & g^{jk} \\ g^{ki} & g^{kj} & g^{kk} \end{vmatrix} + \begin{vmatrix} g^{ii} & g^{ij} & g^{ik} \\ g^{ji}_{;l} & g^{jj}_{;l} & g^{jk}_{;l} \\ g^{ki} & g^{kj} & g^{kk} \end{vmatrix} + \begin{vmatrix} g^{ii} & g^{ij} & g^{ik} \\ g^{ji} & g^{jj} & g^{jk} \\ g^{ki}_{;l} & g^{kj}_{;l} & g^{kk}_{;l} \end{vmatrix} = 0\,.$$

Wegen Gl. (4.126) verschwindet die rechte Seite dieser Gleichung. Da das Spatprodukt von Null verschieden ist, muß $(e^{ijk})_{;l} = 0$ gelten. Die Beziehung $e_{ijk;l} = 0$ beweist man analog.   □

4.15 Es gilt

$$
\begin{aligned}
\mathrm{div}(\vec{A} \times \vec{B}) &= \nabla \cdot (\overset{\downarrow}{\vec{A}} \times \vec{B}) + \nabla \cdot (\vec{A} \times \overset{\downarrow}{\vec{B}}) = [\nabla, \overset{\downarrow}{\vec{A}}, \vec{B}] + [\nabla, \vec{A}, \overset{\downarrow}{\vec{B}}] \\
&= [\vec{B}, \nabla, \overset{\downarrow}{\vec{A}}] - [\vec{A}, \nabla, \overset{\downarrow}{\vec{B}}] = \vec{B} \cdot \mathrm{rot}\,\vec{A} - \vec{A} \cdot \mathrm{rot}\,\vec{B} \,.
\end{aligned}
$$

Des weiteren ist $\mathrm{rot}(\vec{A} \times \vec{B}) = \nabla \times (\overset{\downarrow}{\vec{A}} \times \vec{B}) + \nabla \times (\vec{A} \times \overset{\downarrow}{\vec{B}})$. Der Zerlegungssatz Gl. (1.41) gestattet die Umformung

$$
\begin{aligned}
\mathrm{rot}(\vec{A} \times \vec{B}) &= (\nabla \cdot \vec{B})\, \overset{\downarrow}{\vec{A}} - (\nabla \cdot \overset{\downarrow}{\vec{A}})\, \vec{B} + (\nabla \cdot \overset{\downarrow}{\vec{B}})\, \vec{A} - (\nabla \cdot \vec{A})\, \overset{\downarrow}{\vec{B}} \\
&= \vec{B} \cdot \mathrm{grad}\,\vec{A} - \vec{B}\,\mathrm{div}\,\vec{A} + \vec{A}\,\mathrm{div}\,\vec{B} - \vec{A}\,\mathrm{grad}\,\vec{B} \,.
\end{aligned}
$$

4.16 Nach Gl. (4.159) ist $\Delta\Phi = (\Phi_{,kl} - \Phi_{,m}\,\Gamma_{kl}^{m})\,g^{kl}$. Die kontravarianten Metrikkoeffizienten der Zylinderkoordinaten entnehmen wir Gl. (4.25). Die von Null verschiedenen Christoffel-Symbole sind nach Aufgabe 4.8: $\Gamma_{22}^{1} = -x^1$, $\Gamma_{12}^{2} = \Gamma_{21}^{2} = \frac{1}{x^1}$. Damit ergibt sich:

$$
\begin{aligned}
\Delta\Phi = \Phi_{,11}g^{11} + \Phi_{,22}g^{22} + \Phi_{,33}g^{33} \quad &- \quad \Phi_{,1}(\Gamma_{11}^{1}g^{11} - \Gamma_{22}^{1}g^{22} - \Gamma_{33}^{1}g^{33}) \\
&- \quad \Phi_{,2}(\Gamma_{11}^{2}g^{11} - \Gamma_{22}^{2}g^{22} - \Gamma_{33}^{2}g^{33})
\end{aligned}
$$

bzw.

$$
\Delta\Phi = \Phi_{,11} + \frac{1}{x^1}\Phi_{,1} + \frac{1}{(x^1)^2}\Phi_{,22} + \Phi_{,33} = \frac{\partial^2\Phi}{(\partial x^1)^2} + \frac{1}{x^1}\frac{\partial\Phi}{\partial x^1} + \frac{1}{(x^1)^2}\frac{\partial^2\Phi}{(\partial x^2)^2} + \frac{\partial^2\Phi}{(\partial x^3)^2} \,.
$$

4.17 Mit $\vec{H} = \mathrm{grad}\,\Phi = \mathbf{g}^{k}\frac{\partial\Phi}{\partial x^k} = \Phi_{,k}\,\mathbf{g}^{k} = H_k\,\mathbf{g}^{k}$ und
$\mathrm{rot}\,\vec{H} = e^{ijk}H_{k;j}\,\mathbf{g}_i = e^{ijk}H_{k,j}\,\mathbf{g}_i$ nach Gl. (4.87) ergibt sich unmittelbar

$$
\mathrm{rot}\,\mathrm{grad}\,\Phi = e^{ijk}\Phi_{,kj}\,\mathbf{g}_i = \frac{1}{\sqrt{g}}\big(\Phi_{,kj} - \Phi_{,jk}\big)\,\mathbf{g}_i = 0 \,.
$$

Setzen wir $\mathrm{rot}\,\vec{A} = e^{klm}A_{m;l}\,\mathbf{g}_k = H^k\,\mathbf{g}_k$, so ergibt sich

$$
\begin{aligned}
\mathrm{div}\,\vec{H} = \mathrm{div}\,\mathrm{rot}\,\vec{A} &= \mathbf{g}^{i} \cdot \frac{\partial}{\partial x^i}(H^k\,\mathbf{g}_k) = \mathbf{g}^{i} \cdot (H^k_{,i} + H^n\Gamma_{ni}^{k})\,\mathbf{g}_k = H^k_{;k} \\
&= \big(e^{klm}A_{m;l}\big)_{;k} = e^{klm}A_{m;lk} \quad \text{nach Gl. (4.148)}.
\end{aligned}
$$

Somit gilt $\mathrm{div}\,\mathrm{rot}\,\vec{A} = \frac{1}{\sqrt{g}}(A_{m;lk} - A_{m;kl}) = 0$.   □

4.18 Es sei $\vec{A} = A_k\,\mathbf{g}^k$. Damit ergeben sich:

$$\operatorname{rot}\operatorname{rot}\vec{A} = \left(A_{i;hj} - A_{h;ij}\right)g^{ij}\,\mathbf{g}^h = \left[\left(A_{i;h}\right)^{\cdot i} - \left(\left(A_h\right)^{\cdot j}\right)_{;j}\right]\mathbf{g}^h$$

und $\operatorname{grad}\operatorname{div}\vec{A} = \left(A_{k;l}\,g^{kl}\right)_{;i}\mathbf{g}^i = A_{k;li}\,g^{lk}\,\mathbf{g}^i$. $\qquad\square$

4.19 In Gl. (4.206) ersetzen wir $\xi = x^2$ und $\eta = x^3$ und drücken $\operatorname{rot}\vec{v}$ durch die kovariante Ableitung aus

$$\oint_\Lambda \left(\frac{\partial x^{0k}}{\partial x^2}\,\overset{\cdot}{x}{}^2 + \frac{\partial x^{0k}}{\partial x^3}\,\overset{\cdot}{x}{}^3\right)v_{0k}\,\mathrm{d}t = \int_O \frac{\partial x^{0i}}{\partial x^2}\frac{\partial x^{0j}}{\partial x^3}\left(v_{0j;0i} - v_{0i;0j}\right)\mathrm{d}x^2\mathrm{d}x^3\,.$$

Nach Gl. (4.13) ist $\frac{\partial x^{0k}}{\partial x^l} = a_l^{0k}$ und speziell $\frac{\partial x^{0k}}{\partial x^2} = a_2^{0k}$ und $\frac{\partial x^{0k}}{\partial x^3} = a_3^{0k}$. In Aufgabe 4.11 haben wir die Beziehungen $v_{0j;0i} = v_{0j,0i}$ und $v_{0j;l} = v_{0j,l}$ bewiesen. Damit können wir schreiben:

$$\frac{\partial x^{0i}}{\partial x^2}v_{0j;0i} = a_2^{0i}v_{0j,0i} = a_2^{0i}\frac{\partial v_{0j}}{\partial x^l}\frac{\partial x^l}{\partial x^{0i}} = a_2^{0i}a_{0i}^l v_{0j,l} = v_{0j,2} = v_{0j;2}$$

und ebenso $\frac{\partial x^{0j}}{\partial x^3}v_{0i;0j} = a_3^{0j}a_{0j}^l\frac{\partial v_{0i}}{\partial x^l} = v_{0i,3} = v_{0i;3}$. Der Integralsatz hat die Darstellung:

$$\oint_\Lambda \left(a_2^{0k}v_{0k}\,\overset{\cdot}{x}{}^2 + a_3^{0k}v_{0k}\,\overset{\cdot}{x}{}^3\right)\mathrm{d}t = \int_O \left(a_3^{0j}v_{0j;2} - a_2^{0i}v_{0i;3}\right)\mathrm{d}x^2\mathrm{d}x^3\,.$$

Aus der Definition 4.5 und Gl. (4.133) läßt sich

$$\mathbf{g}_{k;l} = \mathbf{g}_{k,l} - \Gamma_{kl}^m\,\mathbf{g}_m = \left(a_k^{0i}\mathbf{g}_{0i}\right)_{,l} - a_m^{0i}\Gamma_{kl}^m\,\mathbf{g}_{0i} = \left(a_k^{0i}\mathbf{g}_{0i}\right)_{;l} = \vec{O} \quad \text{bzw.} \quad \left(a_k^{0i}\right)_{;l} = 0$$

ableiten. Damit wird $a_k^{0i}v_{0i;m} = \left(a_k^{0i}v_{0i}\right)_{;m} = v_{k;m}$ und speziell $a_3^{0j}v_{0j;2} = v_{3;2}$ und $a_2^{0i}v_{0i;3} = v_{2;3}$. Schließlich erhalten wir

$$\oint_\Lambda \left(v_2\,\overset{\cdot}{x}{}^2 + v_3\,\overset{\cdot}{x}{}^3\right)\mathrm{d}t = \int_O \left(v_{3;2} - v_{2;3}\right)\mathrm{d}x^2\mathrm{d}x^3\,.$$

Diese Gleichung ist mit Gl. (4.205) identisch, denn in Gl. (4.205) kann man $\operatorname{rot}\vec{v}$ auch mit der kovarianten Ableitung, Gl. (4.118), bilden. $\qquad\square$

Literatur

[Bac83] Backhaus, G.: *Deformationsgesetze.* Berlin: Akademie-Verlag 1983.

[Bet87] Betten, J.: *Tensorrechnung für Ingenieure.* Stuttgart: Teubner-Verlag 1987.

[BS91] Bronstein, J.N.; Semendjajew, K.A.: *Taschenbuch der Mathematik.* 25. Aufl. Leipzig: Teubner-Verlag 1991.

[deB82] De Boer, R.: *Vektor-und Tensorrechnung für Ingenieure.* Berlin: Springer-Verlag 1982.

[BK88] Bourne, D.E.; Kendall, P.C.: *Vektoranalysis.* Stuttgart: Teubner-Verlag 1988.

[BHW94] Burg, K.; Haf, H.; Wille, F.: *Höhere Mathematik für Ingenieure.* Bd. 1-5. 3., 3., 3., 2., 1. Aufl. Stuttgart: Teubner-Verlag 1992-1994.

[DH55] Duschek, A.; Hochrainer, A.: *Grundzüge der Tensorrechnung in analytischer Darstellung.* 3 Bände. Wien: Springer-Verlag 1948/1955.

[Edg89] Edgar, R.S.: *Field Analysis and Potential Theorie.* Berlin: Springer-Verlag 1989.

[Eis71] Eisenreich, G.: *Vorlesung über Vektor- und Tensorrechnung.* Leipzig: Teubner-Verlag 1971.

[GR94] Göpfert, A.; Riedrich, T.: *Funktionalanalysis.* 4. Aufl. Leipzig: Teubner-Verlag 1994.

[Gru85] Grundmann, R.: *A Quick Look into Development of the Fluid Mechanical Equations in Surface Oriented Coordinate Systems.* Belgium: von Karman Institute for Fluid Dynamics, Course Note 128, Rhode Saint Genese 1985.

[Gru76] Grundmann, R.: Basic Equations for Non-Reacting Newtonian Fluids in Curvilinear, Non-Orthogonal, and Accelerated Coordinate Systems. DLR-FB 76-47, Köln: 1976.

[HRS93] Harbarth, K.; Riedrich, T.; Schirotzek, W.: *Differentialrechnung für Funktionen mit mehreren Variablen.* 8. Aufl. Leipzig: Teubner-Verlag 1993.

[KA78] Kantorowitsch, L.W.; Akilow, G.P.: *Funktionalanalysis in normierten Räumen.* Berlin: Akademie-Verlag 1978.

[Käs54] Kästner, S.: *Vektoren, Tensoren, Spinoren.* Berlin: Akademie-Verlag 1954.

[Kli93] Klingbeil, E.: *Tensorrechnung für Ingenieure.* 2. Aufl. Mannheim: Wissenschaftsverlag 1993.

[Kne61] Kneschke, A.: *Differentialgleichungen und Randwertprobleme.* Bd.2. Leipzig: Teubner-Verlag 1961.

[KP93] Körber, K.H.; Pforr, E.A.: *Integralrechnung für Funktionen mit mehreren Variablen.* 8. Aufl. Leipzig: Teubner-Verlag 1993.

[Lag56] Lagally, M.: *Vorlesungen über Vektorrechnung.* 5. Aufl. Leipzig: Akadem. Verlagsgesellschaft Geest & Portig 1956.

[Lip93] Lippmann, H.: *Angewandte Tensorrechnung.* Berlin: Springer-Verlag 1993.

[Mad64] Madelung, E.: *Die mathematischen Hilfsmittel des Physikers.* 7. Aufl. Berlin: Springer-Verlag 1964.

[MSV89] Manteuffel, K.; Seiffart, E.; Vetters, K.: *Lineare Algebra.* 7. Aufl. Leipzig: Teubner-Verlag 1989.

[RG76] Robert, K.; Grundmann, R.: *Basic equations for non-reacting Newtonian fluids in curvilinear, non-orthogonal and accelerated coordinate systems.* DLR FB 76-47, 1976.

[S-P88] Schultz-Piszachich, W: *Tensoralgebra und -analysis.* 4. Aufl. Leipzig: Teubner-Verlag 1988.

[S-P73] Schultz-Piszachich, W.: *Vektordifferentialoperationen im Zusammenhang mit den Bilanzgleichungen der chemischen Verfahrenstechnik.* Chem. Technik, 25. Jg. Teil I, Heft 8, Teil II, Heft9, Teil III, Heft 10, 1973.

[Si89] Sigl, R.: *Einführung in die Potentialtheorie.* 2. Aufl. Wichmann Verlag 1989.

[Spu89] Spurk, J.: *Strömungslehre.* Berlin: Springer-Verlag 1989.

[Tru89] Truckenbrodt, E.: *Fluidmechanik.* Bd. 1 und 2 Berlin: Springer-Verlag 1989.

[v.d.W93] van der Waerden, B. L.: *Algebra I.* 9. Aufl. Berlin: Springer-Verlag 1993.

[Wa81] Wagner, R.: *Grundzüge der linearen Algebra.* Stuttgart: Teubner-Verlag 1981.

Sachregister